双语无机及分析化学实验

◆ 主　编　张丽影
副主编　王　茹
主　审　范圣第　华瑞年

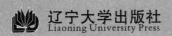
辽宁大学出版社
Liaoning University Press

图书在版编目（CIP）数据

双语无机及分析化学实验：汉、英 / 张丽影主编.
-- 沈阳：辽宁大学出版社，2014.10（2019.1 重印）
ISBN 978-7-5610-7850-1

Ⅰ．①双… Ⅱ．①张… Ⅲ．①无机化学—化学实验—双语教学—高等学校—教材—汉、英②分析化学—化学实验—双语教学—高等学校—教材—汉、英 Ⅳ．①O61-33②O65-33

中国版本图书馆 CIP 数据核字（2014）第 243087 号

出 版 者：辽宁大学出版社有限责任公司
　　　　　（地址：沈阳市皇姑区崇山中路 66 号　邮政编码：110036）
印 刷 者：鞍山新民进电脑印刷有限公司
发 行 者：辽宁大学出版社有限责任公司
幅面尺寸：185mm×260mm
印　　张：16.75
字　　数：310 千字
出版时间：2014 年 10 月第 1 版
印刷时间：2019 年 1 月第 4 次印刷
责任编辑：刘　葵
封面设计：韩　实
责任校对：齐　月

书　　号：ISBN 978-7-5610-7850-1
定　　价：29.00 元

联系电话：024－86864613　　　网　　址：http：//press.lnu.edu.cn
邮购热线：024－86830665　　　电子邮件：lnupress@vip.163.com

前　言

无机及分析化学实验是高等学校化学、化工及其相近专业的第一门专业基础课，是化学化工类工程技术人才整体知识结构的重要组成部分。它对于学生养成严谨、实事求是的科学态度，掌握精准、细致的实验技能，培养分析、判断问题的能力都起到重要作用。

我校开展渗透式双语教学已有多年，为适应我校无机及分析化学实验教学的实际需要，我们在日常实验教学的基础上，编写了这本《双语无机及分析化学实验》。本书在内容上，博采众长，突出旨在培养学生创新能力的综合性、设计性实验；在形式上，中英结合，相互对照，以扩大学生专业英语词汇量为主要目标，兼顾学科教学进度，循序渐进。

本书共分为五部分，第一至第四部分为实验基本要求、常用仪器设备、实验基本操作及实验数据处理；第五部分为实验部分，精选 42 个实验，其中基础性实验 26 个，综合性、设计性实验 16 个，全部采用中英文对照方式编写。

本教材第一章至第四章由张丽影编写，第五章中基础性实验由张丽影、王茹编写；综合性、设计性实验由华瑞年教授编写；英文部分由张丽影、王茹编写；附录由王茹编写。全书由范圣第教授及华瑞年教授主审，特别感谢两位教授在教材编写过程中给予的大力支持。此外，在本教材的编写过程中，那立艳老师、高明波老师以及无机及分析化学课程组的各位老师都提出了许多宝贵意见，借本书出版之际，对他们表示衷心的感谢。本书参考文献为我们提供了很大帮助，在此一并对文献作者表示感谢。

在编写本教材的过程中，我们力求实验内容选取得当，英文表述准确，但由于编者水平有限，不足之处在所难免，敬请各位专家、读者批评指正。

编　者

2014.7

目　　录

第一章　实验基本要求

1.1　实验教学目的

化学是一门以实验作为基础的自然科学，通过化学实验教学可以使学生获得生动的感性知识，从而更好地理解、巩固所学化学知识。通过化学实验培养学生分析问题和解决问题的能力，培养学生的创新精神。

无机及分析化学实验是化学实验科学的重要分支，是基础化学实验平台的重要组成部分，也是高等工科院校化工、生工、轻工等专业的主要基础课程。它突破了原无机化学和分析化学实验分科设课的界限，使之融为一体，使学生在实践中学习、巩固、深化和提高化学的基本知识、基本理论，掌握基本操作技术，培养实践能力和创新能力。通过实验教学，我们要达到以下五个方面的目的：

（1）通过实验获得感性知识，加深对课堂讲授的基本理论和基础知识的理解，培养用实验方法获取新知识的能力，使课堂教授的重要理论和概念得到验证、巩固、充实和提高，并适当地扩大知识面。

（2）正确掌握实验操作的各种基本技能和重要常用仪器的使用方法，培养独立工作能力和独立思考能力，为今后从事各科实验打下良好的基础。

（3）培养细致观察和及时记录实验现象以及归纳、综合、正确处理数据、用文字表达结果的能力；培养分析实验结果的能力和一定的组织实验、科学研究和创新的能力。

（4）了解实验室工作的有关知识，如实验室试剂与仪器的管理、实验可能发生的一般事故及其处理、实验室废液的处理方法等。

（5）通过实验逐步树立"实践第一"的观点，培养学生养成实事求是的科学态度和科学的逻辑思维方法，培养敬业、一丝不苟和团队协作的工作精神，养成良好的实验室工作习惯。

1.2　实验学习方法

做好无机及分析化学实验，达到上述实验目的，除应有正确的学习态度外，还需正确的学习方法。简单总结如下：

1. 做好预习

为使实验获得良好效果，实验前需认真阅读实验教材及理论课教材的相关内容，并注意阅读其他有关参考资料。明确实验目的与要求，理解实验原理，弄清操作步骤和注意事项，设计好数据记录格式，在此基础上写出预习报告。其内容包括实验的简单原理和步骤、操作要点和记录数据的表格。实验前预习报告要经指导教师检查后方可开始实验。

2. 认真实验

进入实验室后不急于动手做实验，根据分组情况到指定位置实验台，仔细检查实验所用仪器设备，如有损坏应及时报告指导教师给予更换，未提前声明，责任由本次实验操作者承担。对于首次使用的仪器设备，在不了解使用方法的情况下，不允许乱开电源，乱试仪器，更不允许私自拆卸，经指导教师允许后方可使用。实验原则上应根据实验教材上所提示的方法、步骤和试剂进行操作，设计性实验或者对一般实验提出新的实验方案，应与指导教师讨论、修改和定稿后方可进行实验。

实验时，保持安静，遵守纪律，听从安排，认真仔细地完成每一步操作；实验过程中，应严格按规定进行操作，仔细观察实验现象，并如实详细记录实验现象和数据；如发现实验现象和理论不符或实验结果误差过大，应认真分析，并仔细查找原因，有疑问时力争自己解决问题，也可相互轻声讨论或询问指导教师或重做，直至获得满意结果；应随时记录实验数据，实验数据要实事求是，详细准确，不允许使用铅笔，不得随意涂改。实验结束后，在实验室使用记录本及仪器使用记录本上签字，将实验中使用的玻璃仪器清洗干净，整理药品，实验台上所有仪器恢复原状，排列整齐，经指导教师检查合格，并在实验记录本上签字后，方可离开实验室。

3. 认真撰写实验报告

实验报告的撰写是实验的重要组成部分，同时也是评定该次实验成绩的主要依据。实验结束后，根据原始记录分析实验现象，整理实验数据。写好实验报告后，按照与指导教师约定的时间及时上交实验报告。报告要求简单明了，详略得当，叙述清楚，字迹清晰，整洁美观。

实验报告的内容应包括：

（1）实验目的；

（2）实验原理；

（3）实验步骤：尽量采用表格、图表、符号等形式清晰明了地表示；

（4）实验现象、数据记录：实验现象要仔细观察，全面正确表达，数据记录要完整；

（5）现象解释、结论或数据处理：

根据实验现象作出简明扼要的解释，并写出主要化学反应方程式或离子式，分题目作出小结或最后结论。若有数据计算，所依据的公式和主要数据务必表达清楚；

（6）结果讨论：

针对本实验中产生的实验现象，遇到的疑难问题，或数据处理时出现的结果展开讨论。分析实验误差的原因，总结实验收获，也可对实验方法、教学方法、实验内容等提出自己的意见或建议等。

无机及分析化学实验涉及多种实验类型，如提纯制备类、定量分析类、定量及数据测定类以及性质验证类等。其中前三类实验的报告可按照上述步骤书写，第四类性质验证类实验以试管实验为主，小实验较多，内容广而杂。重点在于观察、记录和解释实验现象，并加以归纳得出结论。因此，实验报告的格式可做适当修改，尽量使用符号和化学方程式来说明反应。实验报告的书写可采用表格式或分项式，具体示范如下：

表格式：

序号	实验项目	实验步骤	实验现象	现象解释
1	实验项目名称	步骤简明扼要，尽量使用符号进行表示	反应过程中是否有气体、沉淀生成，溶液颜色是否发生变化等	以化学反应方程的形式说明发生了什么变化，注意某些情况下可有多个反应方程式

分项式：

序号、实验项目名称：

实验步骤：

实验现象：

现象解释：（书写要求同表格式）。

4. 遵守实验室规则

无机及分析化学实验是学生进入大学后接触到的第一门实验课程，本实验的教学对培养学生良好的实验素质起到至关重要的作用，因而必须严格要求学生遵守实验室规则，养成良好的实验习惯。

（1）严格遵守实验时间，不迟到，不早退，保持室内安静，未经指导教师同意擅自缺席者，取消本次实验成绩，最终成绩降低一个等级。

（2）实验室工作必须保持严肃、严密、严格、严谨。室内保持整洁有序，不准喧哗、打闹，严禁吸烟、吃东西、喝饮料，不许随地吐痰、扔废物。

（3）进入实验室后，严格按照教师指定的实验台及分组进行实验，严禁互相交换实验台，如发生实验仪器、器材损坏或其他违纪行为，后果仍以原指定位置的学生负责。

（4）实验时，节约使用药品、水电及煤气灯。废纸、火柴梗等倒入垃圾桶，废液倒入废液桶，严禁倒入水槽，防止水池堵塞和腐蚀。有毒液体集中处理。

（5）实验结束后，每名同学应将仪器清洗干净，放回规定的位置，把实验台擦净，仔细检查本实验台仪器设备是否恢复原状，并在实验室使用记录本及仪器使用记录本上做好记录，待指导教师检查合格并签字后，方可离开。

（6）实验全部结束后，由指导教师指定的同学担任值日生，负责实验室卫生清扫及药品整理工作，最后检查水龙头是否关紧、电源闸刀是否断开。值日生整理完毕后，在值日生表上签字，经指导教师同意后，离开实验室。

1.3　实验室安全守则

在化学实验中会接触许多有一定危险毒害性的化学试剂和易于损坏的仪器设备，如忽视安全问题，麻痹大意，则可能发生各种事故。因此对于初次进行化学实验的学生，必须进行安全教育。且每次实验前都要仔细阅读实验室中的安全注意事项。在实验过程中，要遵守以下安全守则：

1. 化学试剂使用安全守则

化学试剂中的部分试剂具有易燃、易爆、腐蚀性或毒性等特性，化学试剂除使用时注意安全和按操作规程操作外，保管时也要注意安全，要防火、防水、防挥发、防曝光和防变质。化学试剂的保存，应根据试剂的毒性、易燃性、腐蚀性和潮解性等各不相同的特点，采用不同的保管方法。

（1）一般单质和无机盐类的固体，应放在试剂柜内，无机试剂要与有机试剂分开存放，危险性试剂应严格管理，必须分类隔开放置，不能混放在一起。

（2）易燃液体：主要是有机溶剂、极易挥发成气体，遇明火即燃烧。实验中常用的有苯、乙醇、乙醚和丙酮等，应单独存放，要注意阴凉通风，特别要注意远离火源。

（3）易燃固体：无机物中如硫磺、红磷、镁粉和铝粉等，着火点都很低，也应注意单独存放。存放处应通风、干燥。白磷在空气中可自燃，应保存在水里，并放于避光阴凉处。

（4）遇水燃烧的物品：金属锂、钠、钾、电石和锌粉等，可与水剧烈反应，放出可燃性气体。锂要用石蜡密封，钠和钾应保存在煤油中，电石和锌粉等应放在干燥处。

（5）强氧化剂：氯酸钾、硝酸盐、过氧化物、高锰酸盐和重铬酸盐等都具有强氧化性，当受热、撞击或混入还原性物质时，就可能引起爆炸。保存这类物质，一定不能与还原性物质或可燃物放在一起，应存放在阴凉通风处。

（6）见光分解的试剂：如硝酸银、高锰酸钾等；与空气接触易氧化的试剂：如氯化亚锡、硫酸亚铁等，都应存于棕色瓶中，并放在阴凉避光处。

（7）容易侵蚀玻璃的试剂：如氢氟酸、含氟盐、氢氧化钠等应保存在塑料瓶内。

（8）剧毒试剂：如氰化钾、三氧化二砷（砒霜）、升汞等，应特别地有专人妥善保管，取用时应严格做好记录，以免发生事故。

2. 实验室安全防火守则

（1）以防为主，杜绝火灾隐患。了解各类有关易燃易爆物品知识及消防知识。遵守各种防火规则。使用易挥发易燃液体试剂（如乙醚、丙酮、石油醚等）时，要保持室内通风良好。绝不可在明火附近倾倒、转移这类试剂。

（2）进行加热、灼烧、蒸馏等操作时，必须严格遵守操作规程。易燃液体废液，要用专用容器收集后统一处理，绝不可直接倒入下水道，以免引发爆炸事故。

（3）加热易燃溶剂，必须用水浴或封闭电炉，严禁用灯焰或电炉直接加热。点燃煤气灯时，应先关闭风门，后点火，再调节风量；停用时要先闭风门，再关煤气，要防止煤气灯内燃。使用酒精灯时，灯内燃料最多不得超过灯体容积的 2/3。不足 1/4 时应先灭灯后再添酒精。点火时要用火柴或打火机点，绝不可用另一燃着的酒精灯去点。灭灯时要用灯帽盖灭，绝不可用嘴去吹，以免引起灯里酒精内燃。电炉不可直接放在木制实验台上长时间使用，加热设备周围严禁放置可燃、易燃物及挥发性易燃液体。

（4）加热试样或实验过程中小范围起火时，应立即用湿石棉布或湿抹布扑灭明火，并拔去电源插头，关闭总电闸。易燃液体（多为有机物）着火时，切不可用水去浇。范围较大的火情，应立即用消防砂、泡沫灭火器或干粉灭火器来扑灭。精密仪器起火，应用四氯化碳灭火器。实验室起火，不宜用水扑救。

（5）在实验室内、过道等处，须经常备有适宜的灭火材料，如消防砂、石棉布、毯子及各类灭火器等。消防砂要保持干燥。电线及电器设备起火时，必须先切断总电源开关，再用四氯化碳灭火器灭熄，并及时通知供电部门。不许用水或泡沫灭火器来扑灭燃烧的电线电器。人员衣服着火时，立即用毯子之类物品蒙盖在着火者身上灭火，必要时也可用水扑灭。但不宜慌张跑动，避免使气流流向燃烧的衣服，再使火焰增大。

3. 实验室安全用电守则

（1）用电线路和配置应由变电所维修室安装检查，不得私自随意拉接。

（2）专线专用，杜绝超负荷用电。

（3）使用烘箱、电路等高热电器要有专人看守。恒温箱需经长时间使用检查，确定确实恒温后方可过夜使用。

（4）不用电器时必须拉闸断电或拔下插头。

（5）保险丝烧坏要查明原因，更换保险丝要符合规格，或找变电所更换。

（6）经常检查电路、插头、插座，发现破损立即维修或更换。

4. 实验室中意外事故的处理

实验过程中应十分注意安全，如发生意外事故可采取下列相应措施：

（1）烫伤：可用高锰酸钾或苦味酸溶液揩洗灼烧处，再擦上凡士林或烫伤药膏。

（2）受强酸腐蚀：立即用大量水冲洗，然后用碳酸氢钠溶液清洗，再用水冲洗后，擦上凡士林。

（3）受强碱腐蚀：立即用大量水冲洗，然后用柠檬酸或硼酸饱和溶液清洗，再擦上凡士林。

（4）割伤：立即用药棉揩擦伤口，擦上紫药水用纱布包扎。

（5）毒气侵入：吸入有毒气体（如 CO、Cl_2、H_2S 等）而感到不舒服时，应及时到窗口或实验室外呼吸新鲜空气。

5. 其他实验操作注意事项

（1）洗液、强酸、强碱等具有强烈的腐蚀性，使用时应特别注意，不要溅在皮肤、衣服或鞋袜上。

（2）有刺激性或有毒气体的实验，应在通风橱内进行，嗅闻气体时，应用手轻拂气体，把少量气体扇向自己再闻，不能将鼻孔直接对着瓶口。

（3）加热试管时，不要将试管口对着自己或他人，也不要俯视正在加热的液体，以免液体溅出使自己受到伤害。

（4）有毒试剂（如氰化物、汞盐、铅盐、钡盐、重铬酸盐等）要严格避免进入口内或接触伤口，也不能随便到入水槽，应到入回收瓶回收处理。

（5）稀释浓硫酸时，应将浓硫酸慢慢注入水中，并不断搅动，切勿将水倒入浓硫酸中，以免迸溅，造成灼伤。

（6）禁止随意混合各种试剂药品，以免发生意外事故。

（7）实验完毕，将实验台面整理干净，洗净双手，关闭水、电、气等阀门后离开实验室。

第二章　实验仪器设备

2.1　实验基本仪器

仪器名称	规格	主要用途	注意事项
玻璃棒	玻璃制成的实心细棒	主要用于搅拌、引流等操作	①用过的玻璃棒必须用水洗涤后才能与另一种物质接触，以免污染试剂 ②若用玻璃棒帮助转移液体时，应将盛放液体的容器口贴紧玻璃棒的下端，将玻璃棒靠在接受容器的内壁上，使液体沿玻璃棒缓缓流下
试管	玻璃或塑料制成	主要用作少量试剂的反应容器，常用于定性试验	①可直接用火加热，加热后不能骤冷 ②试管内盛放的液体量，不加热不超过 1/2，若加热不超过 1/3 ③加热试管内的固体物质时，管口应略向下倾斜，以防凝结水回流至试管底部而使试管破裂
比色管	有开口和具塞两种，以最大容积表示，如 25 mL、50 mL	主要用于比较溶液颜色的深浅，用于快速定量分析中的目视比色	不能用试管刷刷洗，以免刮伤内壁，脏的比色管可用铬酸洗液浸泡

续表

仪器名称	规格	主要用途	注意事项
锥形瓶	以容积表示，如250 mL、100 mL	反应容器，因便于摇动，主要用于滴定操作	①加热时，底部应垫石棉网 ②可加热至较高温度，但温度不易变化过于剧烈，防止受热不均而破裂
碘量瓶	以容积表示，如250 mL	用于碘量法	注意保护磨口，以防产生漏隙
烧杯	以容积表示，规格较多，从 25mL 至 5000 mL 不等	用于配制溶液、煮沸、蒸发、浓缩溶液及少量物质的制备等	①可承受较高温度，加热时烧杯底要垫石棉网，防止受热不均而破裂 ②所盛反应液体不得超过烧杯容量的 2/3，防止搅拌时液体溅出或沸腾时液体溢出
烧瓶	以容积表示，如250 mL、100 mL、50 mL 等	反应容器，反应物较多或需要较长时间加热时使用	可承受较高温度，加热时烧杯底要垫石棉网，防止受热不均而破裂
量筒	以容积表示，如200 mL、100 mL、50 mL 等，上口大、下口小的称作量杯	用于量取一定体积的液体，在配制和量取浓度和体积不要求很精确的试剂时常用它来直接量取溶液	①应竖直放置或持直，读数时视线应和液面水平，读取与弯月面相切的刻度 ②不可加热，不可用做实验如溶解、稀释等容器，防止破裂 ③不可量热的液体
容量瓶	以容积表示，如250 mL、100 mL、50 mL 等 容量瓶有无色和棕色之分，棕色瓶用于配制需要避光的溶液	用于配制体积要求准确的溶液，或作溶液的定量稀释	①不能加热，不能在其中溶解固体 ②瓶塞是磨口的不能互换，以防漏隙

仪器名称	规格	主要用途	注意事项
称量瓶	称量瓶有高型和扁型两种	主要用于使用分析天平时称取一定量的试样	不能用火直接加热,瓶盖是磨口的不能互换
移液管	移液管是中间有一膨大部分称为球部的玻璃管,球部上和下均为较细窄的颈,上端管刻有一条标线,亦称"单标线移液管" 吸量管是有分刻度的玻璃管,用于移取非固定量的溶液	用于准确移取一定体积液体的量具	①管口上无"吹出"字样者,使用时末端的溶液不允许吹出 ②移液管和吸量管均不能加热
滴定管	滴定管有常量和微量滴定管之分,常量滴定管有酸式和碱式两种,酸式滴定管用来盛酸、氧化剂、还原剂等溶液 碱式滴定管用来盛碱溶液 滴定管有无色和棕色之分,无色的滴定管又有带蓝线和不带蓝线两种	滴定管是滴定时使用的精密仪器,用来测量自管内流出溶液的体积	①使用时注意量取溶液时应先排除滴定管尖端部分的气泡 ②不能加热以及量取热的液体 ③酸碱滴定管不能互换使用
滴瓶	滴瓶有无色和棕色之分	用于盛装各种试剂,棕色瓶用于盛装应避光的试剂	①使用滴瓶时注意滴管要专用,不能"张冠李戴",不准乱放,不得弄脏,防止玷污试剂 ②用滴管吸液时不能吸得太满,也不能平放或倒置,防止试剂侵蚀橡皮胶头 ③滴加试剂时,滴管要垂直,使每次滴加试剂的量一样

仪器名称	规格	主要用途	注意事项
洗瓶	塑料，多为 500 mL	用蒸馏水或去离子水洗涤沉淀和容器时使用	不可装入自来水
漏斗	常见的有 60°角短颈标准漏斗、60°角长颈标准漏斗	主要用于过滤操作和向小口容器倾倒液体	不能用火直接加热
分液漏斗	常见的有球形、梨形和筒形等。	分液漏斗主要用于互不相溶的两种液体分层和分离 球形分液漏斗适用于萃取分离操作；梨形分液漏斗可用于分离互不相溶的液体；筒形在合成反应中常用来随时加入反应试液	①分液漏斗不能加热 ②玻璃活塞不能互换
玻璃砂芯漏斗	由烧结玻璃料制成，也叫耐酸漏斗。根据其孔径大小，分成 G1 到 G6 六种规格。	用于过滤酸液和用酸类处理	①在加热或冷却时应注意缓慢进行 ②使用时不宜过滤氢氟酸、热浓磷酸、热或冷的浓碱液
布氏漏斗和抽滤瓶	布氏漏斗以直径表示，如 10 cm，8 cm 等 抽滤瓶以容积表示，如 500 mL，250 mL 等	用于减压过滤	不能用火直接加热

仪器名称	规格	主要用途	注意事项
试剂瓶	常见试剂瓶有小口试剂瓶、大口试剂瓶 试剂瓶有无色和棕色之分，又有磨口和非磨口之分	试剂瓶用于盛装各种试剂，大口试剂瓶常用于盛放固体药品，小口试剂瓶常用于盛放液体药品，棕色瓶用于盛装应避光的试剂	①非磨口试剂瓶用于盛装碱性溶液或浓盐溶液，使用橡皮塞或软木塞 ②磨口试剂瓶盛装酸、非强碱性试剂或有机试剂，瓶塞不能调换，以防漏气 ③若长期不用，应在瓶口和瓶塞间加放纸条便于开启 ④不能用火直接加热，不能在瓶内久贮浓碱、浓盐溶液
点滴板	瓷制，有白色和黑色两种，按凹穴数目分，有十二穴、九穴、六穴等	用于点滴反应，一般不需要分离的沉淀反应，尤其是显色反应	①不能加热 ②白色沉淀用黑板，有色沉淀用白板
酒精灯	以酒精为燃料	用于加热	①酒精灯的灯芯要平整，如已烧焦或不平整，要用剪刀修正 ②添加酒精时，不超过酒精灯容积的 2/3；酒精不少于 1/4 ③绝对禁止向燃着的酒精灯里添加酒精，以免失火 ④绝对禁止用酒精灯引燃另一只酒精灯，要用火柴点燃 ⑤用完酒精灯，必须用灯帽盖灭，不可用嘴去吹 ⑥不要碰倒酒精灯，万一洒出的酒精在桌上燃烧起来，应立即用湿布或沙子扑盖

续表

仪器名称	规格	主要用途	注意事项
酒精喷灯	有座式酒精喷灯和挂式酒精喷灯两种 座式酒精喷灯的酒精贮存在灯座内，挂式酒精喷灯的酒精贮存罐悬挂于高处	火焰温度可达800～100℃，用于高温加热	①严禁使用开焊的喷灯 ②严禁用其他热源加热灯壶 ③若经过两次预热后，喷灯仍然不能点燃时，应暂时停止使用，检查接口处是否漏气，喷出口是否堵塞和灯芯是否完好，待修好后方可使用 ④喷灯连续使用时间为30～40分钟为宜 ⑤在使用中如发现灯壶底部凸起时应立刻停止使用，查找原因
表面皿	以直径表示，如15 cm、12 cm、9 cm等	主要用作烧杯的盖，防止灰尘落入和加热时液体迸溅等	不能直接用火加热
蒸发皿	有平底和圆底两种形状，口大底浅蒸发速度快	主要用于使液体蒸发	①耐高温但不宜骤冷 ②蒸发溶液时一般放在石棉网上加热，如液体量多可直接加热，但液体量以不超过深度的2/3为宜
坩埚	材料分瓷、石英、铁、银、镍、铂等。以容积表示，有50 mL、40 mL、30 mL等	用于灼烧固体	①灼烧时，放在泥三角上直接加热，不需用石棉网 ②取下的灼热坩埚不能直接放置在桌面上，而要放在石棉网上 ③灼热的坩埚不能骤冷
坩埚钳	材料为铁或铜，表面常镀镍、铬	夹持坩埚加热或往高温电炉、马弗炉中放、取坩埚，亦可用于夹取热的蒸发皿	①使用时必须用干净的坩埚钳，防止弄脏坩埚中药品 ②坩埚钳用后，应尖端向上平放在实验台上，如温度很高则应放在石棉网上防止烫坏实验台 ③实验完毕，将钳子擦干净，放入实验柜中，干燥放置

续表

仪器名称	规格	主要用途	注意事项
石棉网	以石棉和铁丝作为材料，以铁丝网边长表示	加热时常垫在平底玻璃仪器与热源中间，由于石棉是一种不良导体，它能使受热物体均匀受热，不致造成局部高温	①石棉脱落的不能用 ②不能与水接触，以免石棉脱落或铁丝锈蚀 ③不可卷折，石棉涂层松脆易损坏
泥三角	材料为铁丝和瓷管，有大小之分	用于盛放加热的坩埚和小蒸发皿	①灼热的泥三角不要滴冷水，以免瓷管破裂 ②选择泥三角时，要使放置在上面的坩埚所露出的上部，不超过本身高度的1/3
三角架	材料为铁	放置较大或较重的加热容器，或与石棉网、铁架台等配合在一套实验装置中作支持物	①放置加热容器（水浴锅除外）应垫以石棉网 ②下面加热灯焰的位置要合适，一般用氧化焰加热
干燥器	干燥器的中下部口径略小，上面放置带孔的瓷板，瓷板上放置待干燥的物品，瓷板下面放有干燥剂 常用的干燥剂有 P_2O_5、碱石灰、硅胶、$CaSO_4$、CaO、$CaCl_2$、$CuSO_4$、浓硫酸等 固态干燥剂可直接放在瓷板下面，液态干燥剂放在小烧杯中再放到瓷板下面 直径从 100 mm 至 500 mm 不等	主要用于保持固态、液态样品或产物的干燥，也用来存放防潮的小型贵重仪器和已经烘干的称量瓶、坩埚等	①要沿边口涂抹一薄层凡士林研合均匀至透明，使顶盖与干燥器本身保持密合，不致漏气 ②开启顶盖时，应稍稍用力使干燥器顶盖向水平方向缓缓错开，取下的顶盖应翻过来放稳 ③热的物体应冷却到略高于室温时，再移入干燥器内干燥 ④干燥器洗涤过后要吹干或风干，切勿用加热或烘干的方法去除水气 ⑤久存的干燥器或室温低，顶盖打不开时，可用热毛巾或暖风吹化开启

续表

仪器名称	规格	主要用途	注意事项
研钵	有玻璃研钵、瓷研钵、铁研钵和玛瑙研钵等	主要用于研磨固体物质	①玻璃研钵、瓷研钵适用于研磨硬度较低的物料，硬度大的物料应用玛瑙研钵 ②研钵不能用火直接加热，不能敲击，只能压或研碎 ③研磨物质的总量不宜超过研钵容积的1/3，易爆物质如$KClO_3$等只能轻轻压碎不能研磨
蝴蝶夹　铁夹　铁圈　铁架台	由铁架、铁圈及铁夹等组合而成	用于固定或放置反应容器 蝴蝶夹用于固定酸式滴定管和碱式滴定管	①仪器固定在铁架台上时，仪器和铁架的重心应落在铁架台的底盘中间 ②用铁夹夹持仪器时，应以仪器不能转动为宜，不能过紧过松，过松易脱落，过紧可能夹破仪器 ③加热后的铁圈不能撞击或摔落在地

2.2　常用分析仪器

1. 分析天平

分析天平是定量分析工作中不可缺少的重要仪器，充分了解仪器性能及熟练掌握其使用方法，是获得可靠分析结果的保证。分析天平的种类很多，有普通分析天平、半自动/全自动加码电光投影阻尼分析天平及电子分析天平等。

无机及分析化学实验室中最为常用的是电子分析天平，其种类很多，有精密电子天平、万分之一精密电子天平、千分之一电子天平、百分之一电子天平等。

（1）天平工作环境

电子天平为高精度测量仪器，故仪器安装位置应注意：安装平台需稳定、平坦，避免震动，同时避免阳光

图 2—1　电子天平

直射和受热；避免在湿度大的环境中工作，也要避免将天平放置在空气直接流通的通道上。

（2）天平的安装

严格按照仪器说明书操作。

（3）天平的使用

①调水平：天平开机前，应观察天平后部水平仪内的水泡是否位于圆环的中央，否则通过天平的地脚螺栓调节，左旋升高，右旋下降。

②预热：天平在初次接通电源或长时间断电后开机时，至少需要 30 分钟的预热时间。因此，实验室电子天平在通常情况下，不要经常切断电源。

③校正：按校正键 CAL，天平将显示 100.0000，轻轻放上专用矫正砝码，盖上防风罩，等屏幕显示 100.0000 时，拿下校正砝码，屏幕显示 0.0000；再次放上校正砝码，屏幕显示 $100.0000 \pm 0.0001g$，方可使用，否则必须重新校正。

④称量：

——按下 ON/OFF 键，接通显示器；

——等待仪器自检。当显示器显示零时，自检过程结束，天平可进行称量；

——将洁净称量瓶或称量纸置于秤盘上，关上侧门，按显示屏两侧的 Tare 键去皮，待显示器显示零时，在称量瓶中或称量纸上加所要称量的试剂，直到所需重量为止。

——称量完毕，及时除去称量瓶（纸），关上侧门，按 ON/OFF 键，关断显示器。

（4）注意事项

①天平应放置在牢固平稳水泥台或木台上，室内要求清洁、干燥及较恒定的温度，同时应避免光线直接照射到天平上。天平在安装时已经过严格校准，故不可轻易移动天平，否则校准工作需重新进行。

②称量时应从侧门取放物质，读数时应关闭箱门以免空气流动引起天平摆动。前门仅在检修或清除残留物质时使用。

③电子分析天平若长时间不使用，则应定时通电预热，每周一次，每次预热 2h，以确保仪器始终处于良好使用状态。

④天平箱内应放置吸潮剂（如硅胶），当吸潮剂吸水变色，应立即高温烘烤更换，以确保吸湿性能。

⑤挥发性、腐蚀性、强酸强碱类物质应盛于带盖称量瓶内称量，防止腐蚀天平。

⑥严禁不使用称量纸直接称量！每次称量后，应清洁天平，避免对天平造成污染而影响称量精度，以及影响他人工作。

如发现天平显示值不稳定，称量结果出现缓慢增大或减小或称量时间加长，较难稳定，或称量重复性很差，这大都是由以下样品本身的物理影响因素造成。

最常见的原因是：

——天平安放位置不适当；

——样品和容器温度影响；

——样品的吸湿性和挥发性（缓慢放出水分）；

——样品和容器的静电现象；

——磁性样品和容器的磁化影响；

——影响电子天平称量结果的样品本身的自然物理因素等。

2. pH 计

pH 计，也称酸度计，主要用于精密测量液体介质的酸碱度值（pH 值）。人们根据生产和生活的需要，科学地研究生产了许多型号的酸度计：

按测量精度

——可分为 0.2 级、0.1 级、0.01 级或更高精度。

按仪器体积

——分为笔式（迷你型）、便携式、台式及在线连续监控测量的在线式。

按用途

——分为实验室用 pH 计，工业在线 pH 计等。

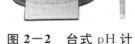

图 2-2 台式 pH 计

选择 pH 计的精度级别是根据用户测量所需的精度决定，而后根据用户方便使用而选择各式形状的 pH 计。

（1）工作原理

pH 计所测量的 pH 值是用来表示溶液酸碱度的一种方法，它用溶液中 H^+ 浓度的负对数来表示，即：

$$pH = -\lg [H^+]$$

pH 计一般由三部分组成，

①参比电极：基本功能是维持一个恒定的电位，作为测量各种偏离电位的对照。Ag/AgCl 电极是目前 pH 计中最常用的参比电极。

②玻璃电极：其基本功能是建立一个对所测量溶液的氢离子活度发生变化作出反应的电位差。把对 pH 敏感的电极和参比电极放在同一溶液中，组成一

个原电池，该电池的电位是玻璃电极和参比电极电位的代数和。

$$E_{电池}＝E_{参比}＋E_{玻璃}$$

如温度恒定，这个电池的电位随待测溶液 pH 的变化而变化，而测量 pH 计中电池产生的电位是困难的，因其电动势非常小，且电路的阻抗又非常大（1～100MΩ），因而必须把信号放大，使其足以推动标准毫伏表或毫安表。

③电流计：其功能是将原电池的电位放大若干倍，放大的信号通过电表显示，电表指针偏转的程度表示其推动信号的强度。为了使用上的需要，pH 电流表的表盘刻有相应的 pH 数值；而数字式 pH 计则直接以数字显示出 pH 值。

在实际测量中，pH 计所使用的 pH 指示电极是玻璃电极和参比电极组合在一起的塑壳可充式复合电极（如图 2－3 所示），它的主要部分是一个玻璃泡，泡的下半部为特殊组成的玻璃薄膜，敏感膜是 SiO_2（$x＝72\%$）基质中加入 Na_2O（$x＝22\%$）和 CaO（$x＝6\%$）烧结而成的特殊玻璃膜，厚度约为 $30～100\ \mu m$。在玻璃管中装有 pH 一定的溶液（内参比溶液），其中插入一根 Ag/AgCl 电极作为内参比

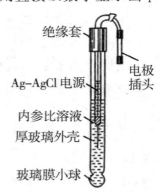

图 2－3　塑壳可充式复合电极

电极。pH 玻璃电极之所以能测定溶液 pH 值，是由于玻璃膜与试液接触时会产生与待测溶液 pH 有关的膜电位。

电极浸入待测溶液中，将溶液中的 H^+ 离子浓度转换成 mV 级电压讯号，送入电计。电计将该信号放大，并经过对数转换成 pH 值，然后由毫伏级显示仪表显示出 pH 值。

（2）操作方法

在使用 pH 计的过程中，一定要合理维护电极，按要求配制标准缓冲液和正确操作电计，减小 pH 示值误差，从而提高化学实验数据的可靠性。

现以赛多利斯 PB－10 酸度计为例，简要说明酸度计的操作方法。

①开机

线路、电路连接：

——将变压器插头与酸度计的电源接口对接；将电极插头与温度补偿插头，分别于酸度计的对应插头对接。

开机：

——接通电源开关，即开机，使仪器预热 30 分钟。打开电极填液孔，拧下电极保护帽，用蒸馏水清洗电极，并用滤纸吸干备用。

②标定

界面中各键的含义：

Mode：转换键，用于 pH、Mv 和相对 Mv 测量方式转换；

Setup：设定键，用于清除缓冲液，调出电极校准数据或选择自己识别缓冲液；

Standardize：校准键，用于识别缓冲液进行校准；

Enter：确认键，用于菜单选择确认。

——按"Mode"键把测量选择调到 pH 测定界面，按"Enter"键即可。

——按"Setup"键 1 次，屏幕显示"Clear"，表示清除以前所有的校正数据，然后按"Enter"键清除过去的数据。

——把电极插入 pH ＝ 6.86 的缓冲液中，充分搅拌，按"Standardize"键，酸度计自动识别缓冲液，并将闪烁显示缓冲液值，在达到稳定状态后，通过"Enter"键确认，即可校正定位点；pH 计显示电极的斜率为 100.0%。

——用蒸馏水清洗电极，并用滤纸吸干，再插入 pH ＝ 4.0（或 pH ＝ 9.18）缓冲液中，充分搅拌，按"Standardize"键，酸度计自动识别缓冲液，并将闪烁显示缓冲液值，在达到稳定状态后，通过"Enter"键确认，即可校正斜率点 1。pH 计显示电极的斜率，其值应处 95%～105%间，否则说明缓冲液已经不可用，应重新配制标定用缓冲液再进行校正。

——用蒸馏水清洗电极，并用滤纸吸干，再插入 pH ＝ 9.18（或 pH ＝ 4.0）缓冲液中，充分搅拌，按"Standardize"键，酸度计自动识别缓冲液，并将闪烁显示缓冲液值，在达到稳定状态后，通过"Enter"键确认，即可校正斜率点 2。pH 计显示电极的斜率，其值应处 95%～105%间，否则说明缓冲液已经不可用，应重新配制标定用缓冲液再进行校正。

仪器完成标定。用蒸馏水清洗电极，并用滤纸吸干备用；或放回防护帽中，下次清洗干净后再使用。

③测量 pH 值

——被测液与标定用缓冲液温度相同时，把电极用被测溶液清洗一次，再放入被测溶液，用玻璃棒搅拌溶液，使溶液均匀，在显示屏上读出溶液的 pH 值。

——被测液与标定用缓冲液温度不相同时，把电极用被测溶液清洗一次，再放入被测溶液，用玻璃棒搅拌溶液，使溶液均匀，酸度计自动进行温度补偿，显示屏上读出溶液的 pH 值。

④测量完毕

——测量完毕后，用蒸馏水清洗电极，并用滤纸吸干，套上电极保护套。

——使用频繁时，电极用饱和氯化钾溶液浸泡，使电极玻璃球保持湿润。

（3）使用注意事项

①仪器在使用前必须进行校准，如仪器不关机，可连续测定，一旦关机再次使用时就需校正。但使用 12 小时以上，即使不关机也必须校正一次。

②在进行 pH 值测量时，要保证电极球泡完全进入到被测量介质内，这样才能获得更加准确的测量结果。

③校正电极的缓冲溶液一般第一次用 pH＝6.86 的溶液，第二次用接近被测溶液 pH 值的缓冲液，如被测溶液为酸性时，缓冲液应选 pH＝4.00；如被测溶液为碱性时，则选 pH＝9.18 的缓冲液。

④测量时，电极的引入导线应保持静止，否则会引起测量不稳定。

⑤保持电极球泡的湿润，如发现干枯，在使用前应在 3 mol·L^{-1}氯化钾溶液或微酸性的溶液中浸泡几小时，以降低电极的不对称电位。

⑥配置 pH＝6.86 和 pH＝9.18 的缓冲液所用的水，应预先煮沸 15 min，除去溶解的二氧化碳。在冷却过程中应避免与空气接触，以防止二氧化碳的污染。

3. 电导率仪

电导率仪是用来测量液体介质之间传递电流能力的仪器，一般用于化工、环保、制药、科研等溶液中电导率值的连续监测。电导率仪按便携性可分为便携式电导率仪、台式电导率仪和笔式电导率仪；按用途可分为实验室用电导率仪和工业电导率仪等。

图 2-4 电导率仪

①工作原理

电导（G）是电阻（R）的倒数。因此，当两个电极（通常为铂电极或铂黑电极）插入溶液中，可以测出两电极间的电阻 R。根据欧姆定律，温度一定时，这个电阻值与电极间距 L（cm）成正比，与电极的截面积 A（cm^2）成反比，即：

$$R = \rho \frac{l}{A}$$

其中，ρ 为电阻率，是长 1cm，截面积为 1cm^2 导体的电阻，其大小决定于物质的本性。

据上式，导体的电导（G）可表示成下式：

$$G = \frac{1}{R} = \frac{1}{\rho} \cdot \frac{A}{l} = \kappa \cdot \frac{A}{l} = \kappa \cdot \frac{1}{J}$$

其中，$\kappa = \dfrac{1}{\rho}$ 称为电导率，$J = \dfrac{l}{A}$ 称为电极常数。

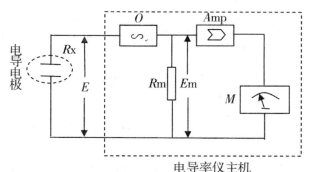

图 2－5　电导率仪工作电路原理图

图 2－5 是电导率仪的电路原理图。左半部分是由电导电极（Rx）、高频交流电源（O）和量程电阻（Rm）相互串联构成的测量回路，而右半部分则是由量程电阻（Rm）、放大电路（Amp）和显示仪表（M）构成的放大显示回路。电导电极的两个测量电极板平等地固定在一个玻璃杯内，以保持两电极间的距离和位置不变，这样，电极的有效截面积 A 及其间距 L 均为定值。因此可准确得知 J 值。测量过程中为减少由于溶液内离子成分向电极表面聚集而形成的极化效应，测量电导池电阻时，往往使用高频交流电源。

当高频交流电源工作时，在电导电极和量程电阻两端分别产生电位差 E 和 Em，则 Rx 可由下式求出：$Rx = E \times Rm/Em$。J、Rm 和 E（实际上是由高频交流电源提供的 $E+Em$）均为已知常数。测量过程中溶液 κ 值的变化（即 Rx 的变化）会引起电导率仪测量回路中 Em 的变化，该信号经放大电路放大、整流后，通过显示仪表显示出来，即实现了对溶液 κ 值的测量。目前，市场上出售的各种电导率仪，尽管外观各异，测量原理基本上均如上述。

（2）操作方法

电导率仪型号有很多种，使用前需认真阅读说明书。

现以 DDS－307 型电导率仪为例，简要说明电导率仪的使用方法。

操作面板见图 2－6 所示，图中

1 为仪器显示屏——1/2 位液晶显示；

2 为温度补偿调节器——10～40 ℃；

3 为常数选择开关——0.01、0.1、1 及 10

cm^{-1}四种；

4 为校正调节器；

5 为量程选择开关——Ⅰ、Ⅱ、Ⅲ、Ⅳ四档。

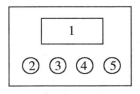

图 2－6　DDS－307 型电导率仪操作面板

①电极的使用

按被测介质电导率的高低，选择不同常数的电导电极，并且测试方法也不同。

一般当介质电导率小于 $0.1\ \mu S \cdot cm^{-1}$ 时选用 $0.01\ cm^{-1}$ 常数的电极，而且应流动测量。

当电导率在 $1 \sim 0.1\ \mu S \cdot cm^{-1}$ 之间时选用常数 $0.1\ cm^{-1}$ 的 DJS－0.1 型光亮电极，任意状态下测量。

当电导率在 $1 \sim 100\ \mu S \cdot cm^{-1}$ 之间时选用常数为 $1\ cm^{-1}$ 的 DJS－1 型光亮电极，

当电导率在 $100 \sim 1000\ \mu S \cdot cm^{-1}$ 时选用常数 $1\ cm^{-1}$ 的 DJS－1 型铂黑电极。

当电导率在 $1000 \sim 10000\ \mu S \cdot cm^{-1}$ 时选用常数为 $1\ cm^{-1}$ 或 $10\ cm^{-1}$ 常数的 DJS－1 型铂黑电极或 DJS－10 型铂黑电极，

当电导率大于 $10000\ \mu S \cdot cm^{-1}$ 时应选用 $10\ cm^{-1}$ 常数的 DJS－10C 型铂黑电极。

②温度补偿调节器的使用

用温度计测出被测介质的温度后，把"温度"旋钮置于相应的温度刻度上。若把旋钮置于 25℃ 刻度上，即为基准温度下补偿，也即无补偿方式。

③常数选择开关的选择：

——若选用 $0.01\ cm^{-1} \pm 20\%$ 常数的电极，则置于 0.01 档。

——若用 $0.1\ cm^{-1} \pm 20\%$ 常数的电极，则置于 0.1 档。

——若选用 $1\ cm^{-1} \pm 20\%$ 常数的电极，则置于 1 档。

——若选用 $10\ cm^{-1} \pm 20\%$ 常数的电极，则置于 10 档。

④常数的设定方法：

量程开关置于校正档：

——对 $0.01\ cm^{-1}$ 电极，常数选择开关置于 0.01 档，若使用的电极常数为 0.0095，则调节校正旋钮使仪器显示为 0.950。

——对 $0.1\ cm^{-1}$ 电极，常数选择开关置于 0.1 档，若使用的电极常数为 0.095，则调节校正旋钮使仪器显示为 9.5。

——对 $1\ cm^{-1}$ 电极，常数选择开关置于 1 档，若使用的电极常数为 0.95，则调节校正旋钮使仪器显示为 95.0。

——对 $10\ cm^{-1}$ 电极，常数选择开关置于 10 档，若使用的电极常数为 9.5，则调节校正旋钮使仪器显示为 950。

⑤测量步骤

——把开关置于校正档。按上述第②～④步骤。

——将电极插头插入插口，再将电极浸入待测溶液中。

——把量程开关扳至测量档,选择合适的量程(量程开关应由第Ⅳ量程起逐步转向Ⅲ、Ⅱ、Ⅰ量程)使仪器尽可能显示多位有效数字。此时,仪器显示的读数×常数后,即为溶液的电导率。

(3)使用注意事项

①电极应定期进行常数标定。

②电极的引线,插头应保持干燥。在测量高电导(即低电阻)时应使插头接触良好,以减小接触电阻。

③高纯水应流动状态测量,并使用洁净容器。

④为确保测量精度,电极使用前应用小于 $0.5\ \mu S \cdot cm^{-1}$ 的蒸馏水(或去离子水)冲洗二次,然后用被测试水样冲洗三次后方可测量。

⑤因温度补偿系数采用固定的 2% 的温度系数补偿,故对高纯水测量应尽量采用不补偿方式进行测定。

⑥在测量过程中如需重新校正仪器,只需将量程开关置校正档即可重新校正仪器,而不必将电极插头拔出。

4. 分光光度计

分光光度计已成为现代无机及分析化学实验室的常规仪器。常用于检定物质、推测化合物的分子结构、络合物组成和稳定常数的测定以及纯度检验等。

(1)工作原理

分光光度计的基本原理是溶液中的物质在光的照射激发下,产生对光的吸收效应,物质

图 2—7 紫外—可见分光光度计

对光的吸收具有选择性。各种不同的物质都具有其各自的吸收光谱,因而当某单色光通过溶液时,其能量就会被吸收而减弱,光能量减弱的程度和物质的浓度有一定的比例关系,也即符合于朗伯—比尔定律,即当一束平行单色光通过含有吸光物质的稀溶液时,溶液的吸光度与吸光物质浓度、液层厚度乘积成正比。

$$A = kcl$$

式中:比例常数 k 与吸光物质的本性、入射光波长及温度等因素有关。c 为吸光物质浓度;l 为透光液层厚度。

各种型号的分光光度计,就其基本结构而言,由五个部分组成,即光源、单色器、吸收池、检测器及信号显示系统。

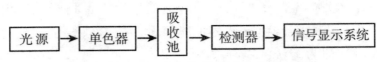

图 2－8　分光光度计工作原理

①光源：在分光光度计中，常用的光源有两类：热辐射光源和气体放电光源。热辐射光源用于可见光区，如钨灯和卤钨灯；气体放电光源用于紫外光区，如氢灯和氘灯。

②单色器：单色器的主要组成：入射狭缝、出射狭缝、色散元件和准直镜等部分。单色器质量的优劣，主要决定于色散元件的质量。色散元件常用棱镜和光栅。

③吸收池：吸收池又称比色皿或比色杯，按材料可分为玻璃吸收池和石英吸收池，前者不能用于紫外区。吸收池的种类很多，其光径可在 0.1～10 cm 之间，其中以 1 cm 光径吸收池最为常用。

④检测器：检测器的作用是检测光信号，并将光信号转变为电信号。现今使用的分光光度计大多采用光电管或光电倍增管作为检测器。

⑤信号显示系统：常用的信号显示装置有直读检流计、电位调节指零装置以及自动记录和数字显示装置等。

（2）操作方法

由于分光光度计的型号有多种，操作时需严格参照所使用型号仪器的说明书。

现以美普达 UV－1800 紫外可见分光光度计为例，简要说明分光光度计的操作方法：

①开机自检：确认仪器光路中无阻挡物，关上样品室盖，打开仪器电源开始自检。

②预热：仪器自检完成后进入预热状态，若要精确测量，预热时间需在 30 分钟以上。

③确认比色皿：将样品移入比色皿前先确认比色皿是否干净、无残留物，若测试波长小于 400 nm，请使用石英比色皿。

④测量：

——主界面中选择"光度测量"，按"Enter"键进入光度测量的设置界面。

——进入"Goto λ"设置波长，数字键输入波长值，按"Enter"键设定波长值。

——"Set"键进入设置参数，选择"吸光度"、"透过率"或"能量"模式，按"Enter"键确认，"Return"键返回。

──"Start/Stop"键进入测量界面。

──将参比置于光路中,"Zero"键校准100% T/0Abs。

──将样品置于光路中,"Start/Stop"键测量,结果显示在数据列表中,重复本操作,完成所有的样品测量。

⑤测量完毕

测量完毕后,清理样品室,将比色皿清洗干净,倒置晾干后收起。关闭电源,盖好防尘罩,结束试验。

(3)使用注意事项

在使用紫外—可见分光光度计时,必须要注意一些使用后的维护、保养和一些基本使用注意事项,才能达到更好的使用效果。

①使用的吸收池必须洁净,并注意配对使用。

②取吸收池时,手指应拿毛玻璃面的两侧,装盛样品以池体的4/5为度,使用挥发性溶液时应加盖,透光面要用擦镜纸由上而下擦拭干净,检视应无溶剂残留。吸收池放入样品室时应注意方向相同。

③供试品溶液吸收度以在0.3~0.7之间为宜,超过1.0时要做适当稀释。

④开关测量室盖时动作要轻缓,不要在仪器上方倾倒测试样品,以免样品污染仪器表面,损坏仪器。

⑤比色皿在盛装样品前,应用所盛装样品冲洗两次,测量结束后比色皿应用蒸馏水清洗干净后倒置晾干。若比色皿内有颜色挂壁,可用无水乙醇浸泡清洗。

⑥测定紫外吸收时,需选用石英比色皿。

⑦测量过程中不可打开测量室的窗门,否则会影响测量结果的准确性

5. 荧光分光光度计

荧光分光光度计是用于扫描荧光标记物所发出荧光光谱的一种仪器。其能够提供包括激发光谱、发射光谱以及荧光强度、量子产率、荧光寿命、荧光偏振等许多物理参数,从各个角度反映分子的成键和结构情况。荧光光谱法具有灵敏度高、选择性强、用样量少、方法简便、工作曲线线形范围宽等优点,可广泛应用于生命科学、医学、药学和药理学、有机和无机化学等领域。

图2-9　荧光分光光度计

(1)工作原理

物质荧光的产生是由在通常状况下处于基态的物质分子吸收激发光后变为

激发态，这些处于激发态的分子不稳定，在返回基态的过程中将一部分的能量又以光的形式放出，从而产生荧光。不同物质由于分子结构的不同，其激发态能级的分布具有各自不同的特征，这种特征反映在荧光上表现为各种物质都有其特征荧光激发和发射光谱。因此可用荧光激发和发射光谱的不同来定性地进行物质的鉴定。

在溶液中，当荧光物质的浓度较低时，其荧光强度与该物质的浓度通常有良好的正比关系，即 $I_f = KC$，利用这种关系可以进行荧光物质的定量分析，与分光光度法类似，荧光分析通常也采用标准曲线法进行。

各种型号的荧光分光光度计，就其基本结构而言，都是由五个基本部分组成，即光源、激发单色器、发射单色器、样品室及检测器。

①光源：为高压汞蒸气灯或氙弧灯，后者能发射出强度较大的连续光谱，且在 $300 \sim 400$ nm 范围内强度几乎相等，故较常用。

②激发单色器：置于光源和样品室之间的为激发单色器或第一单色器，筛选出特定的激发光谱。

③发射单色器：置于样品室和检测器之间的为发射单色器或第二单色器，常采用光栅为单色器。筛选出特定的发射光谱。

④样品室：通常由石英池（液体样品用）或固体样品架（粉末或片状样品）组成。测量液体时，光源与检测器成直角安排；测量固体时，光源与检测器成锐角安排。

⑤检测器：一般用光电管或光电倍增管作检测器。可将光信号放大并转为电信号。

图 2—10 为荧光分光光度计的结构示意图，由高压汞灯或氙灯发出的紫外光和蓝紫光经滤光片照射到样品池中，激发样品中的荧光物质发出荧光，荧光经过滤和反射后，被光电倍增管所接受，然后以图或数字的形式显示出来。

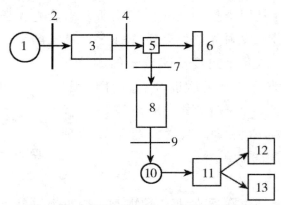

图 2—10　荧光分光光度计结构示意图

1—光源；2、4、7、9—狭缝；3—激发光单色器；5—样品池；6—表面吸光物质；8—发射光单色器；10—光电倍增管；11—放大器；12—指示器；13—记录仪。

（2）操作方法

①样品准备

——液体样品根据用户提供的技术指标，检查浓度范围是否合适，如需要稀释，则要考虑所需溶剂类型和稀释倍数。

——固体样品为均匀粉末、片状或具有光滑平面的块状样品，均可直接测定。

②操作步骤

——开机：接通电源，打开主机开关，点燃（打开）光源后，根据说明书要求启动计算机。

——检测前准备：参照仪器说明书，在 20 天内至少进行一次激发校准和发射校准，检测前仪器应预热。

工作条件的选择：环境温度应在 20±5 ℃；相对湿度不大于 70%；电源稳定，无磁场、电场干扰。根据样品的特性及荧光强度，选择合适的仪器工作条件（如狭缝、PM 增益、响应时间等）。

——基本测定

荧光强度：

选择合适的测量参数，设置 λ_{ex}（激发波长）、λ_{em}（发射波长），采用定点读数或扫描方式，即可测得所选波长处的荧光强度。

定量测定：

配制一系列已知浓度的标准溶液，在一定的测定条件下，设置 λ_{ex}、λ_{em}，按照由稀至浓的次序，测定标准溶液的荧光强度，绘制荧光强度—浓度的工作曲线，不改变仪器参数测定未知溶液的荧光强度，由工作曲线即可求出未知溶液的浓度。

荧光激发光谱测定：

设置仪器参数，扫描发射波长，找到 max λ_{em}，以此为发射波长，记录发射强度作为激发波长的函数，便得到激发光谱。

荧光发射光谱测定：

设置仪器参数，扫描激发波长，找到 max λ_{ex}，以此为激发波长，记录发射强度与发射波长间的函数关系，便得到荧光发射光谱。

（3）使用注意事项

①在实验开始前，应提前打开仪器预热，并配制好所需的溶液，对于已经配制好的溶液，在不用时需放在 4 ℃冰箱中保存，放置时间超过一星期的溶液

要重新配制。

②实验所用样品池是四面透光的石英池，拿取时用手指掐住池体的上角部，不能接触到四个面，清洗样品池后应用擦镜纸对其四个面进行轻轻擦拭。

③在测试样品时，注意荧光强度范围的设定不要太高，以免测得的荧光强度超过仪器的测定上限。

④实验结束后，要及时地清理台面，处理废液，清洗和放置好样品池，将下次要用的溶液放回冰箱，并按规定登记实验记录，养成良好的实验习惯。

6. 红外光谱仪

利用物质对红外光区电磁辐射选择性吸收的特性来进行结构分析、定性和定量分析的方法，称为红外吸收光谱法。所用分析仪器为红外光谱分析仪。

图 2—11　红外光谱仪

（1）工作原理

当样品受到频率连续变化的红外光照射时，分子吸收某些特定频率的辐射，并由其振动或转动运动引起偶极矩的变化，产生分子振动和转动能级从基态到激发态的跃迁，使相应于这些吸收区域的透射光强度减弱。记录红外光的百分透射比与波数或波长关系曲线，就得到红外光谱。

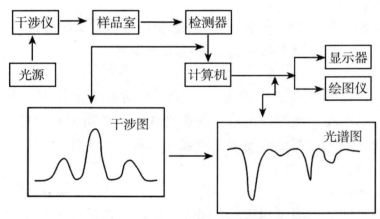

图 2—12　红外光谱仪结构示意图

目前所使用的红外光谱仪主要由色散型红外光谱仪及傅里叶变换红外光谱仪。

傅里叶红外光谱仪因具有处理速度极快、适合仪器联用、不需分光、信号强、灵敏度高以及仪器结构紧凑等优点，在实验室中使用较为普遍。

各种型号的傅里叶红外光谱仪，其结构都是由五个基本部分组成，即光源、干涉仪、样品池、检测器及数据记录与处理系统。

①光源：红外光谱仪中所用的光源通常是一种惰性固体材料，通电加热使之发射高强度的连续红外辐射。常用的是 Nernst 灯或硅碳棒。

②干涉仪：核心部分为 Michelson 干涉仪，它将光源来的信号以干涉图的形式送往计算机进行 Fourier 变换的数学处理，最后将干涉图还原成光谱图。由于照射光为复合光，干涉图为中央具有极大值的对称形波。如果将样品放在光路中，由于样品吸收掉某些频率范围的能量，所得干涉图的波形也随之发生改变。计算机将其进行傅立叶变换的数字处理，就将干涉图还原为我们熟悉的光谱图。

③吸收池：因玻璃、石英等材料不能透过红外光，红外吸收池要用可透过红外光的 NaCl、KBr、CsI 等晶体盐岩材料制成吸收池窗片。用 NaCl、KBr、CsI 等材料制成的窗片需注意防潮，以防潮解后透光性变差。固体试样常与纯 KBr 混匀压片，然后直接进行测定。

④检测器：常用的红外检测器有高真空热电偶、高莱池、热释电检测器和碲镉汞检测器。

傅立叶变换红外光谱仪采用热释电（TGS）和碲镉汞（MCT）检测器。这两种检测器的响应速度快；适宜于高速扫描。

⑤数据记录与处理系统：由计算机控制。

（2）操作方法

要获得一张高质量红外光谱图，除仪器本身的因素外，还必须有良好的红外光谱测定技术。

红外光谱测定技术分为两类。

一类是指检测方法，如透射、衰减全反射、漫反射、光声及红外发射等。通常测定的都是透射光谱。

一类是指制样技术，采用的制样技术主要有压片法、糊法、膜法、溶液法、衰减全反射和气体吸收池法等。

红外光谱的试样可以是液体、固体或气体，一般应要求：单一组分的纯物质，纯度应＞98％或符合药典规格（多组分抗生素不列入红外光谱鉴别）。试样应适当干燥。试样的浓度和测试厚度应选择适当，以使光谱图中的大多数吸收峰的透射比处于 10％～80％范围内。

试样满足上述条件后，还需经过特殊处理，方可进行红外光谱测定。

①气体样品

气态样品可在玻璃气槽内进行测定，它的两端粘有红外透光的 NaCl 或 KBr 窗片。先将气槽抽真空，再将试样注入。

②液体和溶液试样

——液体池法

沸点较低，挥发性较大的试样，可注入封闭液体池中，液层厚度一般为 $0.01 \sim 1$ mm。

——液膜法

沸点较高的试样，直接滴在两片盐片之间，形成液膜。

对于一些吸收很强的液体，当用调整厚度的方法仍然得不到满意的谱图时，可用适当的溶剂配成稀溶液进行测定。常用的红外光谱溶剂应在所测光谱区内本身没有强烈的吸收，不侵蚀盐窗，有 CCl_4、CCl_3、CS_2、C_6H_{14}、环己烷等。

③固体试样

——压片法

将 $1 \sim 2$ mg 试样与 200 mg 纯 KBr 研细均匀，置于模具中，用 $(5 \sim 10) \times 10^7$ Pa 压力在油压机上压成透明薄片，即可用于测定。试样和 KBr 都应经干燥处理，研磨到粒度小于 2 微米，以免散射光影响。

——石蜡糊法

将干燥处理后的试样研细，与液体石蜡或全氟代烃混合，调成糊状，夹在盐片中测定。

——薄膜法

主要用于高分子化合物的测定。可将它们直接加热熔融后涂制或压制成膜。也可将试样溶解在低沸点的易挥发溶剂中，涂在盐片上，待溶剂挥发后成膜测定。

试样经制样后，在红外光谱仪上测定，不同厂家、不同型号的红外光谱仪操作流程略有不同，需认真阅读仪器说明书。

得到红外光谱图后，根据其特征峰位置得到所需要物质的结构信息。

（3）使用注意事项

①环境条件：红外实验室的室温应控制在 $15 \sim 30$ ℃，相对湿度应小于 65%，适当通风换气，以避免积聚过量的二氧化碳和有机溶剂蒸汽。

②采用压片法时，以 KBr 最常用。若供试品为盐酸盐，可比较氯化钾压片和溴化钾压片法的光谱，若二者没有区别，则使用 KBr。KBr 最好应为光学试剂级，至少也要分析纯级。使用前应适当研细（200 目以下），并在 120 ℃以上烘 4 小时以上后置干燥器中备用。如发现结块，则应重新干燥。制备好的空 KBr 片应透明，与空气相比，透光率应在 75% 以上。

③压片法时取用的供试品量一般为 $1 \sim 2$ mg，供试品研磨应适度，通常以粒度 $2 \sim 5$ μm 为宜。供试品过度研磨有时会导致晶格结构的破坏或晶型的转

化。

　　④压片时，应先取供试品研细后再加入 KBr 再次研细研匀，这样比较容易混匀。研磨所用的应为玛瑙研钵，因玻璃研钵内表面比较粗糙，易粘附样品。研磨时应按同一方向（顺时针或逆时针）均匀用力，如不按同一方向研磨，有可能在研磨过程中使供试品产生转晶，从而影响测定结果。研磨力度不用太大，研磨到试样中不再有肉眼可见的小粒子即可。

　　⑤压片模具及液体吸收池等红外附件，使用完后应及时擦拭干净，必要时清洗，保存在干燥器中，以免锈蚀。

第三章 实验基本操作

3.1 仪器的洗涤与干燥

1. 玻璃仪器的洗涤

用不洁静的仪器进行实验，往往得不到准确的结果。因此，进行化学实验前首先要求把仪器洗涤干净，实验做过后也要立即对用过的仪器进行洗涤。洗涤玻璃仪器的方法如下：

（1）对试管、烧杯等普通玻璃仪器，可在容器内先注入 1/3 左右的自来水，选用大小合适的毛刷蘸取去污粉刷洗。用水冲洗后仪器内壁能均匀地被水润湿而不粘附水珠，表明仪器已基本洗干净。如有水珠粘附仪器内壁，表示仪器内壁仍有油脂或其他污迹污染，应重新洗涤以去除油污。用自来水洗净后的试管等一般应再用少量蒸馏水冲洗 2～3 次。

使用毛刷洗涤试管时，注意刷子顶端的毛必须顺着伸入试管中，并用食指顶住试管末端，避免刷洗时用力过猛而将试管底部击穿。洗涤试管应一只一只地洗，不要同时抓住几只试管一起刷洗。

（2）在使用精确定量仪器（如滴定管、移液管、容量瓶等）时，这些仪器的洗净程度要求高，而且这些仪器形状又特殊，不宜用刷子刷洗，因而常用洗液进行洗涤。方法是先将仪器用水冲洗，然后加入少量洗液，转动容器使其内壁全部为洗液浸润，经一段时间后，将洗液倒回原瓶，再用自来水冲洗干净，最后用蒸馏水冲洗 2～3 次。

洗液由浓 H_2SO_4 和饱和 $K_2Cr_2O_7$ 溶液组成（配制方法是称取 $K_2Cr_2O_7$ 固体 25 克，溶于 50 mL 水中，冷却后往溶液中慢慢加入浓 H_2SO_4 150 mL，边加边搅拌，切勿将 $K_2Cr_2O_7$ 溶液加到浓 H_2SO_4 中）。

使用洗液时，必须注意以下几点：

①使用洗液前，应先用水刷洗仪器，尽量除去其中污物；

②应尽量把仪器中残留水倒掉，以免将洗液稀释，影响洗涤效果；

③洗液用后应倒回原瓶，以便重复使用；

④洗液具有很强的腐蚀性，易灼伤皮肤及衣物，使用时应注意安全；

⑤变成绿色的洗液（$K_2Cr_2O_7$ 被还原成为 $Cr_2(SO_4)_3$ 的颜色），不再具有氧化性和去污能力。

2. 仪器内沉淀垢迹的洗涤方法

在实验时，一些不溶于水的沉淀垢迹常常牢固地粘附在容器内壁，需根据其性质，选用适当的试剂，通过化学方法除去。几种常见垢迹的处理方法见表 3—1。

表 3—1　常见垢迹处理方法

污 垢 痕 迹	洗 涤 方 法
粘附在器壁上的 MnO_2、$Fe(OH)_3$、碱土金属的碳酸盐等	用盐酸处理，MnO_2 垢迹需浓度在 6mol·L^{-1} 以上 的 HCl 才能洗掉
沉积在器壁上的铜和银	用硝酸处理
沉积在器壁上的难溶性银盐	一般用 $Na_2S_2O_3$ 洗涤。Ag_2S 垢迹用浓热 HNO_3 处理
粘附在器壁上的硫磺	用煮沸的石灰水处理
残留在容器内的 Na_2SO_4 或 $NaHSO_4$ 固体	加水煮沸使其溶解，趁热倒掉
不溶于水、酸或碱的有机化合物和胶质等污迹	用有机溶剂洗，常用的有乙醇、丙酮、苯、四氯化碳、石油醚等
煤焦油污迹	用浓碱浸泡（约一天左右），再用水冲洗
蒸发皿和坩埚内的污迹	一般可用浓 HNO_3 和王水洗涤
瓷研钵内的污迹	取少量食盐放在研钵内研洗，倒去食盐，再用水洗净

3. 仪器的干燥

（1）晾干：把洗净的仪器倒置于干净的仪器框中或木钉上晾干。

（2）烤干：用煤气灯或酒精灯小火烤干。

（3）吹干：用吹风器吹干。

（4）烘干：将洗净的仪器放在电烘箱中烘干（控制烘箱温度在 105 ℃左右），仪器放进烘箱前应尽量把水倒净，并在烘箱的最下层放一个搪瓷盘，接受从容器上滴下的水珠，以免直接滴在电炉丝上损坏炉丝。

（5）有机溶剂的快速干燥：先用少量有机溶剂（如丙酮、无水乙醇等）淋洗一遍，然后晾干。

（6）带有刻度的容量仪器，如移液管、容量瓶、滴定管等不能用高温加热之法干燥。

3.2　容量仪器的使用及溶液配制

定量分析中常用的玻璃量器（简称量器）有滴定管、移液管（吸管）、容量瓶（量瓶）、量筒和量杯等。

1. 量筒及其使用

量筒是最常用的度量液体体积的仪器，它有各种容量不同的规格，可根据不同需要选用，尽量使量取液体的准确度高一些。读取量筒中液体的体积数值时，应使视线与量筒液面的弯月面最低点保持水平（图 3－1）。仰视结果偏低，俯视结果偏高。

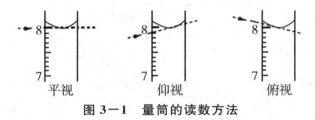

平视　　　　　　仰视　　　　　　俯视
图 3－1　量筒的读数方法

2. 容量瓶及其使用

容量瓶是用来配制一定准确体积溶液或稀释溶液到一定浓度的容器，容量瓶有多种规格，如 50 mL、100 mL、250 mL 等。当容量瓶内液面凹月面与容量瓶上端细颈处的刻度线相切时，瓶内液体体积可准确至 ± 0.01 mL；如上述三种容量瓶按要求达到刻度线时，容量瓶内液体体积分别准确达到 50.00 mL、100.00 mL、250.00 mL。

使用容量瓶前，应先检查瓶塞部位是否漏水，方法是将容量瓶盛约 1/2 体积的水，盖上塞子，左手按住瓶塞，右手拿住瓶底，倒置容量瓶。观察瓶塞周围有无漏水现象，再转动瓶塞 180°，如仍不漏水，即可使用。

用固体配制溶液，需要先在烧杯中用少量溶剂把固体溶解（必要时可加热）。待溶液冷至室温时，再把溶液转移到容量瓶中（图 3－2a）。然后用蒸馏水冲洗烧杯壁 2～3 次，冲洗液都移至容量瓶中，再加水至容量瓶标线处（接近标线时，用滴管或洗瓶逐滴加水至弯月面最低处恰好与标线相切）。最后摇动容量瓶，使瓶中溶液混合均匀，摇动时，右手手指抵住瓶底边缘（不可用手心握住），左手按住瓶塞，把容量瓶倒置过来缓慢地摇动（图 3－2b、c），如此重复多次即可。

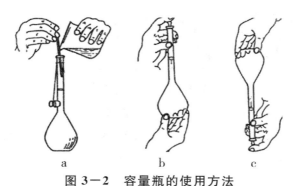

图 3－2　容量瓶的使用方法

3. 移液管及使用

移液管是准确量取一定体积（如 25.00 mL）液体的仪器，有两种类型。一种为球形移液管，只有一条标线，只能用来移取一种体积的液体；另一种为刻度移液管（也叫吸量管），上面有多条刻度标线，可用来量取多种体积的溶液。

（1）移液管的洗涤

使用移液管之前应先对其认真洗涤。洗涤时，先用蒸馏水洗涤 2～3 次，再用待移液洗涤 2～3 次，每次洗涤的操作都相似，具体操作方法如下：把移液管的尖端部分插入液体（图 3－3a），用洗耳球在移液管上端将少量液体吸上来，然后用右手食指堵住移液管上端口，把移液管从液体中提出，然后慢慢将其一边旋转一边放平，

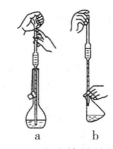

图 3－3　移液管的使用方法

让管内液体慢慢流淌致使整支移液管都被润湿，这样就达到了洗涤的目的。洗完一次后，再将液体从移液管中放出。如此重复多次，直至按规定将移液管洗涤干净。使用蒸馏水洗，是为了洗净移液管，使用待移取液洗涤，是为了防止移液管内残留的蒸馏水将待移取液稀释。

（2）移液管的使用

移取液体时，先把移液管尖端部分深深插入液体中，再用洗耳球在移液管上端慢慢把液体吸至高于刻度线后迅速用右手食指堵住移液管的上端口，将移液管提离液面后，使其垂直并微微移动食指，使液体凹月面恰好下降到与刻度线相切，然后用食指压紧管口，使液面不再下降。小心将移液管转入接受容器内，使管尖靠在接受容器的内壁，保持移液管垂直而接受容器倾斜，松开右手食指，让液体自由流出（图 3－3b）。待液体不再流出后，约等 15 秒钟取出移

液管。因移液管溶液只计算自由流出的液体，故留在管内的最后一滴残留液不能吹出。移液管不使用时，应放在移液管架上，不能随便放在桌子上。实验完毕后应及时用水把移液管洗干净。

4. 滴定管及其使用

滴定管主要在容量分析中作滴定用，也可用于准确取液。滴定管有两种，一种是下端有玻璃活塞的酸式滴定管（简称酸管），另一种是下端有乳胶管和玻璃球代替活塞的碱式滴定管（简称碱管）。除碱性溶液用碱管盛装外，其他溶液一般都用酸管盛装。

滴定管的使用方法如下：

（1）检查

使用前应检查酸管的活塞是否配合紧密，碱管的乳胶管是否老化，玻璃球是否合适。如不合要求就进行更换。然后检查是否漏液：检查酸管时，关闭活塞，在管中注满自来水，直立静置两分钟，仔细观察有无水滴漏出，特别要注意是否有水从活塞缝隙处渗出，然后将活塞旋转 $180°$，再直立观察两分钟，看有没有水漏下；检查碱管时，直立观察两分钟即可。

若碱管漏液，可能是玻璃球过小或乳胶管老化弹性不好，应根据具体情况进行更换。

若酸管漏液或活塞转动不灵活，则应给活塞涂油，方法如下：将酸管平放在桌上，取下活塞，先用滤纸吸干活塞、活塞槽上的水，把少许凡士林涂在活塞的两头（切勿堵住小孔），然后将活塞插入活塞槽中，按同一方向旋转活塞多次，直至从外面观察全部透明且不漏水。最后用乳胶圈套在活塞的末端，以防止活塞脱落破损。

（2）洗涤

滴定管在使用前都要进行洗涤，将滴定管内的污物洗涤干净后，用蒸馏水和盛装液各淌洗三次，每次应使滴定管的全部内壁和尖嘴玻管都得到淌洗，淌洗液的用量每次为 $6\sim10$ mL。淌洗的目的是确保盛装溶液的浓度保持不变。

（3）装液

在淌洗过的滴定管中，从贮液瓶中直接倒入溶液至 "0" 刻度以上，观察下端尖嘴部位是否有空气泡，若有气泡，可倾斜滴定管，迅速旋转活塞，让溶液冲出将气泡带走。对碱管中的气泡，可将乳胶管向上弯曲，用手指挤压玻璃球稍上沿的乳胶管，让溶液冲出，气泡即

图 3—4　碱式滴定管的排气方法

被赶走（如图 3－4）。

（4）读数

滴定前，将管内液面调节至 0.00～1.00 mL 范围内的某一刻度，等待 1～2 分钟若液面位置不变，则可读取滴定前管内液面位置的读数，滴定结束后，再读取管内液面位置的读数，两次读数之差，即为滴定所用溶液的体积。

读数时应注意以下问题：

①滴定管尖嘴处不应留有液滴，尖嘴内不应留有气泡；

②滴定管应保持垂直，为此，通常将滴定管从滴定管夹上取下用右手拇指和食指拿住滴定管上端无刻度的地方，在其自然下垂时读数；

③常用的滴定管容积为 50 mL，它的最小刻度为 0.1 mL，两个最小刻度之间还可估读到 0.01 mL。故读数时应读到以毫升为单位的数字的小数后的第二位，如 15.75 mL。而读为 15.8 mL 或 15.746 mL 都是错误的。

④每次读数前应等待 1～2 分钟让附着在管内壁的溶液流下再读数。读数时，对无色或浅色溶液应读滴定管内液面弯月面最低处的位置，对深色溶液（如 $KMnO_4$、I_2 水等），由于弯月面不清晰可读取液面最高点的位置。不论读什么位置，都应保持视线与应读位置平行。否则读数会产生误差，如图 3－5 所示。新型的滴定管背面为白底，中间有一条从上到下的蓝线，俗称"蓝线滴定管"。使用此种滴定管，在读数时，应使视线正对有刻度的一面，让背面的蓝线正好处于中央。这样，蓝线在液面处有一断点，此断点的位置正是读数的位置。

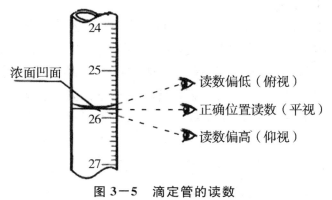

图 3－5　滴定管的读数

（5）滴定操作

将滴定管垂直地固定在滴定管夹上，在铁台上放一块白瓷板（若滴定台上有白底则不必，以便更清楚地观察滴定过程中溶液颜色的变化。

操作酸管时，让有刻度一面对着自己，活塞柄在右方，由左手拇指、食指和中指配合动作，控制活塞旋转，无名指和小指向手心弯曲轻贴于尖脚端（图

3—6a)，旋转活塞时要轻轻向手心用力，以免活塞松动漏液。

操作碱管时，用左手拇指和食指在玻璃球右侧稍上处挤压乳胶管，使玻璃珠与乳胶管间形成一条缝隙，溶液即可流出（图3—6b）。不要挤压玻璃珠下方的乳胶管，否则，气泡会进入玻璃尖嘴。

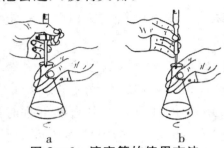

图3—6　滴定管的使用方法

滴定操作可以在锥形瓶或烧杯中进行，若在锥形瓶中进行，用右手拇指、食指和中指持锥形瓶进行，使瓶底距离滴定台2～3 cm，滴定管尖嘴伸入瓶内约1 cm，利用手腕的转动使锥形瓶旋转，左手按上述方法操作滴定管，一边滴加溶液一边转动锥形瓶。若在烧杯中进行，可将烧杯放在滴定台上，使滴定管尖嘴伸入杯内约1 cm，用右手持玻棒，边滴加溶液边用玻棒搅拌。

滴定操作中要注意以下问题：

①每次滴定，最好都从0.00 mL或接近0.00 mL的同一刻度开始，以便消除由于滴定管刻度不均匀而产生的误差。

②滴定时，左手不能离开活塞，不能让滴定液不受控制地快速流下。视线应注意于锥形瓶中的溶液。

③滴定过程中，要注意观察滴落点周围溶液颜色的变化，以便控制溶液的滴速。滴定开始时，滴速可较快，使溶液一滴接一滴落下但不能成线流（俗称"成点不成线"）。接近终点时，要逐滴滴加并摇匀，最后采取半滴半滴地加入，即控制溶液在尖嘴口悬而不落，用锥形瓶内壁粘下悬挂的液滴，再用洗瓶吹出少量的蒸馏水冲洗一下锥形瓶内壁，摇匀。如此重复操作，直至达到滴定终点。

④滴定时，溶液可能由于搅动会附到锥形瓶内壁的上部，故在接近终点时，要用洗瓶吹出少量蒸馏水冲洗锥形瓶内壁。

⑤滴定结束，应将管内溶液弃去，洗净滴定管备用。

3.3　试剂及其取用

1. 化学试剂的等级

常用化学试剂根据纯度不同可分不同的规格，目前常用试剂一般分四个级别，见表 3－2。

表 3－2 试剂的规格与适用范围

级别	名称	代号	瓶标颜色	适用范围
一级	优级纯	GR	绿色	痕量分析和科学研究
二级	分析纯	AR	红色	一般定性定量分析实验
三级	化学纯	CP	蓝色	适用于一般的化学制备和教学实验
四级	实验试剂	LR	棕色或其他颜色	一般的化学实验辅助试剂

除上述一般试剂外，还有一些特殊要求的试剂，如指示剂、生化试剂和超纯试剂（如电子纯、光谱纯、色谱纯）等，这些都会在瓶标签上注明，使用时请注意。

表 3－2 列出了试剂的规格与适用范围，供选用试剂时参考。因不同规格试剂其价格相差很大，选用时应注意节约，防止超级使用造成浪费。若能达到应有的实验效果，应尽可能采用级别较低的试剂。

在准备实验时，一般把固体试剂装在广口瓶中，液体试剂或配好的溶液盛放在细口瓶或带滴管的滴瓶中。见光易分解的试剂（如 $AgNO_3$ 等）应盛放在棕色瓶内。每一试剂瓶上都应贴有标签，标签上面写明试剂的名称、浓度（有时需写明配制日期）。最好在标签外面涂上一层蜡来保护。

2. 固体试剂的取用

（1）要用清洁、干燥的药匙（塑料、玻璃或牛角质的）取用，不能直接用手拿取；

（2）已取出的试剂，不能再倒回试剂瓶内，多取的试剂可放在指定容器内供他人用；

（3）取试剂时，瓶塞应倒置在桌上或放在洁净的表面皿上，不能受到污染；试剂取出后应立即盖紧瓶塞，不能盖错。把试剂瓶放回原处；

（4）往试管，特别是湿试管中加入固体试剂时，可将药匙伸入试管约 2/3 处，或将取出的试剂放在一张对折的纸条中再伸入试管，放入试管底部（如图 3－7a）。块状固体则应沿管壁慢慢滑下；

（5）剧毒试剂应在教师指导下取用。

3. 液体试剂的取用

（1）从细口瓶中取试剂时，将其瓶塞取下，倒置于实验台上或置放在洁净的表面皿中，用左手拿住容器，右手握住试剂瓶，让试剂瓶的标签向着手心，倒出所需量的试剂。倒完后，应将试剂瓶口在容器上靠一下，再使瓶子垂直，以免液滴沿外壁流下。将液体从试剂瓶中倒入烧杯中时，亦可用右手握住试剂瓶，左手拿玻璃棒，使棒的下端斜靠在烧杯中，将瓶口靠在玻棒上，让液体沿玻棒往下流（如图 3-7b）。

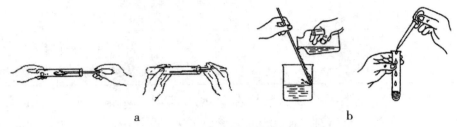

图 3-7 试剂的取用

（2）从滴瓶中取用少量试剂时，提起滴管，使管口离开液面，用手指捏紧滴管上部的橡皮头排去空气，再把滴管伸入试剂瓶中吸取试剂。往试管中滴加试剂时，只能把滴管头放在试管口上方，严禁将滴管伸入试管内。一支滴瓶上的滴管不能用来移取其他试剂瓶中的试剂。不能用实验者的滴管伸入试剂瓶中吸取试剂，以免污染试剂。不得把吸有试剂的滴管横置或滴管口向上斜放，以免液体流入橡皮头内，使试剂受污染或橡皮头被腐蚀。

3.4 加热方法

1. 灯的使用

实验室中，常使用酒精灯、酒精喷灯、煤气灯、电炉等进行加热。

（1）酒精灯的使用方法

酒精灯一般用玻璃制成，其灯罩带有磨口，不用时，必须将灯罩罩上，以免酒精挥发。易燃，使用注意事项见 2.1。

（2）酒精喷灯的使用方法

酒精喷灯一般由金属制成，使用前，先在预热盆中注入酒精至满，然后点燃盆内的酒精，以加热铜质灯管，等盆内酒精将近燃完时，开启开关。这时由于酒精在灼热灯管内气化，并与表面气孔的空气混合，用火柴在管口点燃，可获得较高温度。调节开关的螺丝，可以控制火焰的大小，用完后，向右旋紧开关，即可使灯焰熄灭。

应该注意，在开启开关、点燃火焰之前，必须充分灼烧灯管。否则，酒精在管内不会全部气化，会有液体酒精由管内喷出，形成"火雨"，甚至引起火灾。在这种情况下，必须赶快熄灭喷灯，待稍冷后再往预热盆中添满酒精，重新预热灯管。喷灯不用时，必须关好储罐的开关，以免酒精漏失，造成危险。

2. 加热方法

实验中常用的加热仪器有烧杯、烧瓶、锥形瓶、蒸发皿、坩埚、试管等，这些仪器能够承受一定的温度变化，但不能骤热或骤冷，因而在加热前，必须将容器外面的水擦干，加热后不能立即与潮湿的物体接触。

（1）在试管中加热液体

试管中的液体一般可直接放在火焰上加热（图3-8a），但易分解的物质应在水浴中加热。在火焰上加热试管时，应注意以下几点：

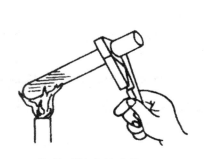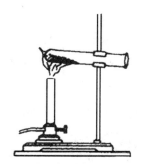

a 加热试管中的液体　　　　　　b 加热试管中的固体

图3-8　加热试管中的液体和固体

①应该用试管夹夹持试管的中上部（微热时可用拇指、食指和中指夹持试管）；

②试管应该稍微向上倾斜；

③应该使液体各部分受热均匀，先加热液体的中上部，再慢慢往下移动，然后不时地移动，不要集中加热某一部分，否则将使蒸气骤然产生，液体冲出管外；

④不要将试管口对着别人和自己，以免溶液溅出时把人烫伤或腐蚀灼伤（尤其是加热浓酸浓碱时，更应注意）；

⑤离心试管由于试管底玻璃较薄，不宜直接加热，应在水浴中加热。

（2）在试管中加热固体

加热试管中少量固体时，应注意以下几点：

①试管应固定在铁夹台上或用试管夹夹住，试管口稍微向下倾斜（图3-8b）；

②加热开始时应对试管各部分均匀加热，来回移动，然后再集中在固体部位加热；

③加热完后，试管很烫，不能用手去拿，也不能很快用水来洗涤，应等试

管冷却后才能洗涤；

④加热固体最好选用硬质玻璃试管。

（3）在烧杯、烧瓶等玻璃仪器中加热液体时，玻璃仪器必须放在石棉网上，否则容易因受热不均匀而破裂。

（4）在水浴中加热

要加热在 100 ℃时易分解的溶液，或需保持一定的温度来进行实验时，就需要用水浴加热（如图 3－9）。水浴锅一般是铜和铝制成的，上面放置大小不同的圆环，以承受不同大小的器皿（必要时，可用盛水的大烧杯来代替水浴锅）。

使用水浴锅时应注意下列两点：

①水浴锅内盛水量不要超过总容量的 2/3，并应随时补充少量的热水，以经常保持其中有占容量 2/3 的水量；

②当不慎将水浴锅中的水烧干时，应立即停止加热，待水浴锅冷却后，再加水继续使用。若需较严格地控制水浴温度，应选用电热型水浴装置。

 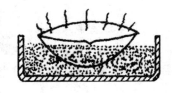

图 3－9　水浴加热　　　　　　　　图 3－10　沙浴

（5）沙浴和油浴加热

当被加热的物质要求受热均匀，而温度又高于 100 ℃时，可使用沙浴或油浴。沙浴是一个盛有均匀细沙的铁盘（图 3－10），加热时，被加热器皿的下部埋在沙中，若要测量沙浴的温度，可把温度计插入沙中。

用油代替水浴锅中的水，即是油浴。

（6）在蒸发皿中加热浓缩液体或加热固体时，要进行充分搅拌，使液体或固体受热均匀。

（7）灼烧

当需要在高温下加热固体时，可以把固体放在坩埚内，用氧化焰加热（图 3－11），开始先用小火使坩埚均匀受热，然后用大火燃烧加热。

要夹取高温下的坩埚时，必须用干净的坩埚钳，而且应把坩埚钳的尖端先放在火焰上预热一下，再去夹取。坩埚钳用后，应尖端向上平放在桌上，如果温度很高，则应平放在石棉网上。

注意不要让还原焰接触坩埚底部，以免在坩埚底部结上炭黑，以致坩埚破裂。当灼烧温度要求不是很高时，也可在瓷蒸发皿中进行。

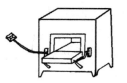

图 3－11　灼烧　　　　图 3－12　管式炉　　　　图 3－13　马福炉

（8）电炉、管式炉和马福炉

实验室还常用电炉、管式炉（图 3－12）和马福炉（图 3－13）等电器进行加热。

3.5　溶液的蒸发、浓缩与结晶

1. 溶液的蒸发和浓缩

对热稳定的溶液，可以直接加热蒸发，但易分解的溶液则需要在水浴上加热蒸发。溶液的蒸发和浓缩一般在蒸发皿中进行，操作时应注意下列各点：

（1）溶液的体积不宜超过蒸发皿容积的 2/3；

（2）溶液不宜剧烈地沸腾，否则容易溅出；

（3）如不是特别要求，不可将溶液蒸干；

（4）在沸水浴上蒸发溶液时，必须随时向水浴锅中加水，以免把水浴锅中的水烧干；

（5）不要使热蒸发皿骤冷，以免炸裂。

2. 结晶

当溶液蒸发或浓缩到一定浓度或过饱和时，如果将溶液冷却或加入几粒晶体（作为晶种）或搅动溶液，都能使晶体析出。

从溶液中析出晶体的颗粒大小与结晶条件有关。如果溶液浓度高，溶质溶解度小，冷却速度快，析出的晶体就细小，相反就得到较大颗粒的晶体。形成晶体颗粒较大时，母液或别的杂质容易被包裹在晶体的内部，使晶体纯度不高。如果将溶液迅速冷却并加以搅拌，则得到的晶体颗粒较细，但纯度较高。

利用不同物质在同一溶剂中溶解度的差异，可以对含有杂质的化合物进行纯化。所谓杂质是指含量较少的一些物质，它们包括不溶性杂质和可溶性杂质两类。操作时先在加热的情况下使被纯化的物质溶于一定量溶剂中，形成饱和溶液，加热过滤除去不溶性杂质，然后使滤液冷却，由于温度降低，被纯化的物质处于过饱和状态，从溶液中结晶析出，而可溶性杂质还远未达到饱和状态，仍留在溶液中。过滤使晶体与母液分离，从而得到较纯的晶体物质。这种操作过程叫重结晶。如果一次重结晶达不到纯度要求，可以进行第二次重结晶，有时需要进行多次结晶操作才能得到较纯净的物质。

3. 晶体的干燥

干燥是为了除去晶体表面的水分。

加热时容易分解的晶体可用吸干法，即把晶体放在两层滤纸上面，用玻棒将晶体铺开，上面再盖上一张滤纸，轻轻压挤，晶体表面的水分即被滤纸吸附，换新的滤纸，重新操作直至晶体干燥为止。注意：此法可能使晶体沾有纤维。

加热时容易分解的晶体也可用易挥发的液体（如有机溶剂）洗涤后晾干或用真空干燥器干燥。

加热时稳定的晶体，可放在表面皿上在电供箱或红外线干燥箱中供干，也可放在蒸发皿内加热蒸干。

3.6 固—液分离和液—液分离

1. 固—液分离

固体和液体的分离，常用倾析法、过滤法和离心分离法。

（1）倾析法

当沉淀的比重或结晶颗粒较大，静置后容易沉降至容器的底部时，常用倾析法分离。操作要点是：将沉淀上部的清液缓慢地倾入另一容器内，使沉淀和溶液分离（图3—14）。洗涤沉淀时，可向沉淀中加入少量洗涤剂充分搅拌后将沉淀静置，让沉淀沉降，再小心地倾析出洗涤液。如此重复2～3次，即可把沉淀洗净。

图3—14 倾析法过滤

（2）过滤法

过滤是最常用的固—液分离方法。当溶液和沉淀的混合物（悬浊液）通过过滤器时，沉淀被留在过滤器内，溶液则通过而漏入接收容器中。过滤后所得溶液叫滤液。

溶液的浓度、黏度、过滤时的压力、过滤器孔隙大小和沉淀物的形状都会影响过滤的速度。热的溶液比冷的溶液容易过滤，溶液的黏度越大，过滤越慢，减压过滤比常压过滤快。过滤器的孔隙要选择适当，太大会使沉淀透过，太小则易被沉淀堵塞，使过滤难以进行。当沉淀呈胶体状时，必须先加热一段时间来破坏胶体，否则它会透过滤纸并堵塞孔隙。

滤纸分定性滤纸和定量滤纸两类。按滤纸孔径的大小，又分为"慢速滤纸"、"中速滤纸"和"快速滤纸"三种。要根据实验需要不同种类和规格的滤纸。

常见的过滤方法有三种，即常压过滤（普通过滤）、减压过滤（抽滤）和热过滤。

①常压过滤

在常压下用普通漏斗过滤的方法称为常压过滤法。当沉淀物为胶体或微细的晶体时，用此法过滤较好，但过滤速度较慢。

图 3-15　滤纸的折叠

过滤时，先取一圆形滤纸对折两次，拨开一层即为 60° 的圆锥形（若用方形滤纸，则对折两次后剪成扇形），如图 3-15 所示，将其放入漏斗中。若滤纸与漏斗不够密合，应适当改变滤纸折叠的角度。此时，滤纸一面是三层，一面是一层，在三层的那一面撕去一小角，再把滤纸放入漏斗中，用食指把滤纸紧贴在漏斗内壁上，用少量蒸馏水润湿滤纸，再用食指或玻棒挤压滤纸四周，挤出滤纸与漏斗之间的气泡，使滤纸紧贴在漏斗壁上。漏斗中滤纸的上边缘应低于漏斗边缘。过滤时，把漏斗放在漏斗架或铁架台上，如图 3-16 所示。调整漏斗架高度，使漏斗尖端紧靠在接收容器的内壁，以使滤液能顺器壁流下，不致四溅。用倾析法（先转移溶液，后转移沉淀）将溶液沿玻棒于三层滤纸处缓缓倾入漏斗中。漏斗中液面高度应低于滤纸上沿 2~3 mm，如果沉淀需要洗涤可在溶液转移完后，往盛沉淀的容器中加入少量洗涤剂，充分搅拌并放置，待沉淀下沉后再把洗涤剂倾入漏斗，如此重复 2~3 次，再把沉淀转移到滤纸上。洗涤时要做到少量多次，以提高洗涤效率。检查滤液中杂质含量，可以判断沉淀是否已经洗净。

图 3－16　普通过滤

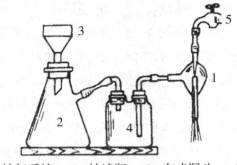

1，5- 抽气系统；　2- 抽滤瓶；　3- 布式漏斗；　4- 安全瓶

图 3－17　　减压过滤

②减压过滤

减压可加速过滤，并使沉淀抽得比较干，但不宜用于过滤颗粒太小的沉淀和胶状沉淀。

减压过滤的仪器装置如图 3－17 所示。布氏漏斗是中间有许多小孔的瓷质漏斗，滤液通过滤纸再从小孔流出。过滤时，先剪好一张比布氏漏斗内径略小的圆形滤纸，滤纸的大小以能盖严布氏漏斗上小孔为准，将滤纸平整地放在抽滤漏斗中，用少量蒸馏水润湿滤纸，把漏斗插入单孔橡皮塞内并塞在抽滤瓶上，注意漏斗下端的斜削面要对着抽滤瓶侧面的支管。用橡皮管把抽滤瓶与抽气装置相连，打开抽气泵，即可抽滤。抽滤时，先用倾析法，加入量不要超过漏斗高度的 2/3，先将上部溶液沿玻棒倒入漏斗中，然后再将沉淀移入漏斗中滤纸的中间部分。过滤时，不能让滤液上升到吸滤瓶支管的水平位置，否则滤液将被抽出抽滤瓶。在抽滤过程中，不得突然关闭抽气泵。如欲取出滤液或停止抽滤，应先将抽滤瓶支管的橡皮管取下，再关上抽气泵，否则水会倒灌进入安全瓶。

过滤完后，应先将抽滤瓶支管的橡皮管折下，关闭泵，取下漏斗，使漏斗颈口朝上，轻轻敲打漏斗的边缘，使滤纸和沉淀脱离漏斗而进入接收容器。滤液则从抽滤瓶的上口倾出，不要从侧面的尖嘴倒出，以免弄脏滤液。

有些浓的强酸、强碱或强氧化性溶液，因滤纸会与它们作用，故不能使用滤纸，可以用洁净的尼龙布代替滤纸，也可在布氏漏斗上铺石棉纤维来代替滤纸。但使用石棉纤维仅适用于过滤量小而沉淀是废弃的情况。对于强酸或强氧化性溶液，还可使用玻璃砂芯漏斗，这种漏斗的烧结玻璃孔径有多种尺寸，可根据要求选用。如图 3－18 所示。

图 3－18　　玻璃砂芯漏斗

玻璃砂芯漏斗不能用来过滤强碱性物质，因为碱会腐蚀玻璃而使漏斗道损坏。玻璃砂芯漏斗使用后要用水洗去可溶物然后用 6 mol·L^{-1} HNO$_3$ 浸泡一段时间，再用水洗净。不要用 H$_2$SO$_4$、HCl 或者洗液去洗玻璃沙漏斗，以免生成不溶物把烧结玻璃的微孔堵塞。

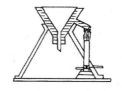

图 3—19　热过滤

③热过滤

如某些溶液中的溶质在温度低时易析出结晶，我们又不希望这些溶质在过滤的过程中析出而留在滤纸上，这就需要进行热过滤。热过滤时，把玻璃漏斗放在铜质的热漏斗内，热漏斗中装有热水，并用酒精灯加热（图 3—19）以维持被过滤液的温度。此外，也可以在过滤时把玻璃漏斗放在水浴锅上用水蒸气进行加热，然后再使用，这样热的溶液在过滤时就不至于冷却。此法比较简单，可代替使用热漏斗的方法。热过滤选用漏斗的颈部越短越好，以免过滤时溶液在漏斗颈内停留过久，因散热降温而析出晶体造成堵塞。

（3）离心分离法

离心分离法的工作原理是选用离心机在高速旋转时产生离心力，将试管中的沉淀迅速聚集于试管底部。常用离心机如图 3—20 所示。

操作时，将盛有悬浊液的离心试管放入离心机的管套内，在与之对称的另一套管内装入一支盛有相同容积水的离心试管，使离心机保持平衡。然后接通电源，由慢到快调整转速，转动 1~3 分钟，关闭电源，使离心机自然停下，切勿用手强制其停下。

图 3—20　离心机

离心操作完毕后，从管套中取出离心试管，再取一支小滴管，先捏紧橡皮头，然后伸入试管中，插入的深度以尖端不接触沉淀为限（图 3—21），然后慢慢放松捏紧的橡皮头吸取上面的清液移去，这样重复几次，尽可能把溶液移去，留下沉淀。如需洗涤沉淀，可往沉淀中加入少量洗涤剂和沉淀剂，充分摇匀后再进行离心分离，弃去溶液。如此重复操作 2~3 次即可。

图 3—21　离心分离

2. 液—液分离

两种密度不同而又互不相溶的液体可以使用分液漏斗来分离。把混合液放入分液漏斗中，静置片刻，两种液体即明显地分层，密度大的在下层，密度小的在上层。先拔去上端的塞子，然后转动下端活塞，下层液体即先流出（注意：流速要慢）。待下层液体全部流出后关闭活塞，密度小的液体就留在分液漏斗中，可将它从上面的口中倒入另一容器内。

分离时应看需要保留哪种液体，若要保留密度大的液体，则在放液体时不要把下层液体完全放出，而要剩下少量，这样，放出的下层液体中就不会有上层液体混杂。反之，若要保留上层液体，则放下层液体时可多放一些，把上层液体也放走少量。若上、下两层液体都需保留，则先放下层液，快放完下层液体时，关闭活塞，重新使用一接收容器，将上、下层分界面附近的液体放入其中，这样，上、下层液体就可完全分开又得到保留。

3.7 试纸的使用

实验中常用某些试纸检查物质性质或某些物质是否存在。试纸的种类很多，无机及分析化学实验中常用到下列试纸：

1. pH 试纸

pH 试纸用于检查溶液的酸碱性，不同 pH 值的溶液可使试纸呈现不同的颜色。常用的 pH 试纸有广泛 pH 试纸和精密 pH 试纸。广泛 pH 试纸可粗略地测量溶液的 pH 值，测量范围是 pH 值 $1 \sim 14$。精密 pH 试纸的测量精确度较高，测量范围较窄，试纸在 pH 值变化较小时就发生颜色变化，故精密 pH 试纸分为好几种，每种的 pH 值测量范围都不同。

pH 试纸的使用方法是：将一小块 pH 试纸放在点滴板或白瓷板上，用玻棒沾一点待测溶液并与 pH 试纸接触（不能把试纸扔进待测液中），试纸被待测溶液润湿变色，然后尽快与标准色阶板比较，确定 pH 值或 pH 范围。

2. KI-淀粉试纸

KI-淀粉试纸用于定性检验一些氧化性气体，如 Cl_2、SO_3 等。使用方法是：用蒸馏水将试纸润湿后卷在玻棒顶端放在试管口，如待测的氧化性气体逸出，就会使试纸中的 I^- 氧化成 I_2，I_2 与淀粉作用，试纸变为蓝紫色。使用时，注意不能让试纸长时间地与氧化性气体接触，特别是气体氧化性强，浓度大时要更加注意，因为 I_2 有可能进一步被氧化为 IO_3^- 而使试纸褪色，影响测定结果。

3. 醋酸铅试纸

$Pb(Ac)_2$ 试纸用于定性检查 H_2S 气体，使用方法与 KI-淀粉试纸相同。如果反应中有 H_2S 产生，则试纸因生成 PbS 而呈褐色或亮灰色。

4. 石蕊试纸

石蕊试纸用于检验气体或溶液的酸碱性，通常有红色石蕊试纸和蓝色石蕊试纸两种。红色石蕊试纸用于检验碱性气体，蓝色石蕊试纸用于检验酸性气体。其使用方法与 KI-淀粉试纸相同。若有酸性气体产生，可使蓝色石蕊试纸变红色；若有碱性气体产生，可使红色石蕊试纸变蓝色。

3.8 气体的发生、收集与干燥

1. 气体的发生

实验室中需要少量气体时，用启普发生器或气体发生装置来制备比较方便。启普发生器是由一个葫芦状的玻璃容器和球形漏斗组成（图 3－22），是实验室制备 H_2、H_2S、CO_2 等气体的重要装置。参加反应的固体试剂（如 Zn、FeS、$CaCO_3$ 等）盛放在中间圆球内（在固体下面放些玻璃棉以防固体掉至下部球内），酸从球形漏斗加入。使用时，打开导气管上的活塞，酸液便进入中间球体与固体接触，发生反应放出气体。不需要气体时，关闭活塞，球体内继续产生的气体则把部分酸液压

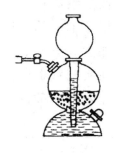

图 3－22 启普发生器

入球形漏斗，使其不再与固体接触而使反应终止。所以，启普发生器在加入足够的试剂后能反复使用多次，而且易于控制，产生气体的速度可通过调节活塞来控制。

向启普发生器中装入试剂的方法是：先将中间球体上部带导气管的塞子拔下，固体试剂由开口处加入中间球体，塞上塞子，打开导气管活塞，将酸液由球形漏斗加入下半球体内，酸液量加至恰好与固体接触即可，最多加至不超过上半球容积的1/3。酸液若加得过多，则产生的气体量太大会把酸液从球形漏斗中压出来。

启普发生器使用一段时间后需要添加固体和更换酸液。更换酸液时，打开下半球的塞子，放出废酸液，塞好塞子，再从球形漏斗中加入新的酸液。添加固体时，可在固体和酸液不接触的情况下，用橡皮塞把球形漏斗的口塞紧，按前述的方法由中间球体的开口处加入。

启普发生器不能加热，装入的固体物质必须呈块状，不适用于颗粒细小的固体反应物。

图 3－23　气体发生装置

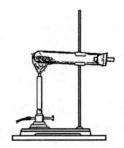

图 3－24　分解固体制取气体

　　要制备粉末状固体和酸液反应产生的气体，如 Cl_2、HCl、SO_2 等，不能使用启普发生器，而应使用如图 3－23 所示的气体发生装置，此装置可加热。使用时，把固体试剂置于蒸馏瓶中，酸液放在滴液漏斗中，打开滴液漏斗活塞，使酸液滴在固体上，便会发生反应产生气体，如果反应缓慢可适当加热。

　　用分解固体物质或几种固体物质反应制取气体（如分解 $KClO_3$ 制 O_2）时，可用如图 3－24 所示装置。操作方法与在试管中加热固体相似。

　　在实验室中还可以从气体钢瓶中直接获得各种气体。钢瓶中的气体是在工厂中充入的，各种气体钢瓶涂有不同颜色的油漆以示区别，详见表 3－3：

表 3－3　各类钢瓶颜色和标字颜色

气体类别	钢瓶颜色	标字颜色	气体类别	钢瓶颜色	标字颜色
O_2	天蓝色	黑 色	N_2	黑 色	黄 色
空气	黑 色	白 色	H_2	深绿色	红 色
NH_3	黄 色	黑 色	Cl_2	黄绿色	黄 色
CO_2	黑 色	黄 色	C_2H_2	白 色	红 色
Ar	灰 色	黄 色			

　　由于钢瓶内压力很大（有时高达 150 个大气压，即 $1.5 \times 10^7 Pa$），内装的气体或易燃，或有毒，所以要特别注意安全。

　　使用钢瓶时要注意以下几条：

　　（1）钢瓶应放在阴凉、干燥、远离热源、周围无易燃易爆品的地方，氧气钢瓶和可燃气体钢瓶要分开存放。

　　（2）氧气钢瓶及专用工具严禁与油类接触（特别是气门嘴和减压器），以防燃烧引起事故。

　　（3）使用钢瓶中的气体时，要用减压器（气压表）。装可燃性气体的钢瓶，取气时气门螺栓应逆时针方向旋转，装氧气和其他不燃性气体的钢瓶，气门螺栓则应顺时针方向旋转，各种气体的气压表不能混用。

　　（4）开启钢瓶时，操作者应站在侧面，即站在与钢瓶接口处垂直的位置上，以免气流射伤人体。

（5）钢瓶中的气体不能全部用完，残留压力应不小于 $5×10^5$ Pa （5 kg/cm²），乙炔等可燃性气体应不小于 $2～3×10^5$ Pa （2～3 kg/cm²），以防空气或其他气体侵入钢瓶。

2．气体的净化和干燥

实验室中制出的气体常常带有水气、酸雾等杂质。如果实验对气体纯度要求高，需要对气体进行干燥和净化。通常使用洗气瓶和干燥塔（瓶）等仪器（图 3－25），选用特定试剂来达到气体干燥和净化的目的。一般是先用水洗去酸雾，然后再通过浓 H_2SO_4 （或无水 $CaCl_2$ 或硅胶等）除去水气。其他杂质应根据具体情况分别处

图 3－25　洗气瓶和干燥塔

理。例如，由锌和稀酸反应生成的氢气常含有少量的硫化氢和砷化氢气体，可通过 $KMnO_4$ 溶液和醋酸铅溶液除去。不同的气体常用的干燥剂见表 3－4：

表 3－4　常用干燥剂

气　体	常用干燥剂	气　体	常用干燥剂
H_2、O_2、N_2 CO、CO_2、SO_2	H_2SO_4 （浓）、P_2O_5 无水 $CaCl_2$、硅胶	Cl_2、HCl H_2S	$CaCl_2$ （无水）
HI	CaI_2	NO	$Ca(NO_3)_2$
NH_3	CaO 或 CaO＋KOH	HBr	$CaBr_2$

3．气体的收集

气体的收集方式主要取决于气体的密度及在水中的溶解度，有如下几种（图 3－26）：

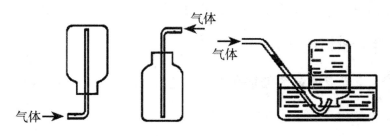

（1）向下排气法　（2）向上排气法　（3）排水集气法

图 3－26　气体的收集方式

（1）在水中溶解度很小的气体（如 O_2、H_2）可用排水集气法收集。

（2）易溶于水而比空气轻的气体（如 NH_3），可用瓶口向下的排气集气法收集。

（3）易溶于水而比空气重的气体（如 CO_2、Cl_2 等），可用瓶口向上的排气集气法收集。

收集气体也可借助真空系统，先将容器抽空，再装入所需的气体。

4. 干燥器的作用

易吸水潮解或需长时间保持干燥的固体应放在干燥器内。

干燥器是保持物品干燥的仪器，它是由厚质玻璃制成。上面是一个磨口边的盖子（盖子的磨口边上一般涂有凡士林），器内底部放有干燥剂，中部有一个可取出的圆形瓷板，上面带有若干孔洞，被干燥物质及其容器就放在瓷板上。打开干燥器时，不应把盖子往上提而应把盖子往水平

图 3—27　干燥器

方向移动（图 3—27），盖子打开后，要把它翻过来放在桌上（不要使涂有凡士林的磨口接触桌面）。放入或取出物体后，必须将盖子盖好，此时也应把盖子往水平方向推移，使盖子的磨口边与干燥器口吻合。

搬动干燥器时，必须用两手的拇指将盖子按住，以防盖子滑落打碎。

温度很高的物体，必须冷却至室温后，方可放入干燥器内，否则器内空气受热膨胀，可能将盖子冲开，即使能盖好，也往往因冷却后，器内空气压力降低至低于器外空气的压力，致使盖子难以打开。

3.9　试管实验的操作

试管和离心试管作为化学反应的容器，具有药品用量少、操作灵活、易于观察实验现象的优点，特别适用于元素和化合物性质的定性实验。

1. 滴瓶中试剂的取用

参见 3.3—3"液体试剂的取用"。

2. 试剂的用量

试管中进行的反应，试剂用量不要求十分准确，只需粗略估计，但用量也不宜太多，通常，液体试剂一般取 $0.5 \sim 2$ mL，固体试剂以能铺满试管底部为宜。在离心试管中进行反应时，试剂的用量应更少一些。

要学会正确估计液体体积和固体的质量。一般，一支试管容积为 20 mL，从滴管滴出 15～20 滴试剂约为 1 mL，故可据此估计出液体的体积。对于固体试剂，可以结合固体的体积和密度来估计质量。

要特别强调的是：不要随意增加试剂用量，试剂用量太多不仅各种试剂难以混合均匀，增加操作的困难，而且不易观察清楚实验现象，同时还造成试剂的浪费。

3. 试管中固体和液体的加热

参见 3.4－2"加热方法"。

4. 试管的振荡

振荡试管是试管操作的重要技能，其目的在于使试管中各种试剂混合均匀，使反应效果更好。振荡试管时应注意：

（1）用拇指、食指和中指拿住试管上部。

（2）用手腕来回甩动振荡试管，但用力不要太猛。

（3）绝对不能用手指堵住试管口上下摇动或翻转试管，也不要让整支试管作水平运动而试管内相对不动。

5. 实验现象的观察

实验现象是化学反应的外部表现，是化学实验中获得的第一手资料。在实验过程中，要注意配合适当的操作，正确观察实验现象。下面介绍几种无机化学实验中的主要实验现象和观察方法。

（1）观察气体的生成

首先观察气体产生的部位。对于固体与液体的反应，要注意界面上是否有气体产生；而对于液体与液体的反应，要注意液体内部是否有气体逸出。若反应需加热，要注意区分反应产生的气体和沸腾放出的气体。其次要注意气体的颜色和气味，必要时还要用适当的方法检验气体的性质以确定反应中产生了何种气体。通常利用颜色判断 NO 和 NO_2，用石蕊试纸检验气体的酸碱性，用 KI-淀粉试纸检验氧化性气体，用 $Pb(Ac)_2$ 试纸检查 H_2S 气体，用火柴余烬检查 O_2，有时还需要把反应中产生的气体用导管导出进行检验，如将导出的气体通入澄清的石灰水以检查 CO_2 是否存在。

（2）观察沉淀的生成和溶解

对于沉淀的生成，主要观察沉淀的颜色、形状、颗粒大小和量的多少。有时为了促使沉淀的生成，可用玻璃棒摩擦与溶液接触的试管内壁或强烈振荡试管。白色的沉淀应在深色的背景下观察，深色的沉淀应在白色的背景下观察。深色溶液中产生的沉淀往往难以观察清楚沉淀的颜色，可以离心分离并对沉淀洗涤后再观察。

沉淀溶解时主要观察沉淀溶解速度的快慢、溶解量的多少以及溶解时伴随的其他现象。当沉淀溶解比较困难时，可振荡试管或加热，观察是否能使沉淀溶解。有时为了便于观察，还可以在减少沉淀量后，再进行溶解实验。

（3）观察溶液颜色的变化

主要观察溶液颜色的变化过程和变化速度，观察一般是在适当的背景下随操作过程进行。当某些反应物有较深颜色时，要注意各种试剂的相对用量，一般深色的反应物用量宜少，以便完全反应，否则会干扰观察反应产物的颜色。

此外，对反应过程中明显的热效应、爆炸、发光等现象，也要注意观察。实验过程中观察到的实验现象应及时准确地记录在报告中。

（4）验证产物

对观察不出明显实验现象的反应，应检验产物。如用 KI-淀粉试纸检验 Cl_2，用 CCl_4 检验 I_2，用 $BaCl_2$ 检验 SO_4^{2-} 等。

3.10 密度计、普通温度计的使用

1. 密度计的使用

密度计是用来测量液体密度的仪器。它有两类，一类用于测量密度大于水的液体，称为重表；另一类用于测量密度小于水的液体，称作轻表。测定时，应根据液体密度的不同来选用适当的密度计。

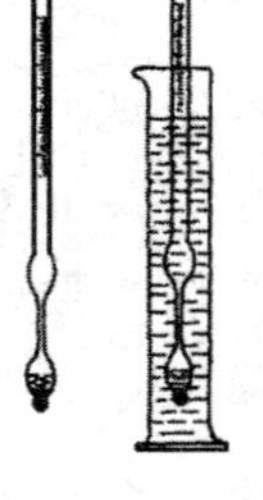

测定液体密度时，把待测液体注入大量筒中，将干燥的密度计慢慢放入容器中（不可突然放入，以免影响读数的准确或打碎密度计）。为使密度计不与量筒接触，在浸入时，应用手扶住密度计的上端，等到它完全稳定为止。液体的密度不同，密度计悬浮在液体中的深度也不同，从液面凹面最低处的水平方向，读出密度的数值。测完后，用水将密度计冲洗干净，用滤纸擦干，放回盒中。

图 3—28 密度计

2. 普通温度计的使用

普通温度计一般用玻璃制成，下端的水银球与上面一根内径均匀的厚壁毛细管相连通，管外刻有表示温度的刻度。分度为 1 ℃（或 2 ℃）的温度计一般可估计到 0.1 ℃（或 0.2 ℃）的读数，分度为 1/10 ℃ 的温度计可估计到 0.01 ℃ 的读数。

每支温度计都有一定的测温范围，通常以能测量的最高温度来表示，如 150 ℃、250 ℃ 等，假如用石英代替玻璃制成温度计，可测至 620 ℃。任何温度计都不允许测量超过它最高刻度的温度。

温度计的水银球玻璃壁很薄，容易破碎，使用时要轻拿轻放，更不可用来当搅拌棒使用。当测量液体温度时，要使水银球完全浸在液体中，注意勿使水银球接触容器的底部或器壁。刚测量过高温的温度计切不可立即用冷水冲洗，否则会使温度计炸裂损坏。

温度计一旦打破，应小心将洒出的水银收集，然后用硫磺粉将洒过水银的桌面和地面覆盖，防止造成水银慢性中毒。

3.11　纯水的制备和检验

纯水是化学实验中最常用的纯净溶剂和洗涤剂。在化学分析实验中对水的质量要求较高，应根据所做实验对水质量的要求合理地选用不同规格的纯水。

我国已建立了实验室用水规格的国家标准（GB6682－86），《标准》中规定了实验室用水的技术指标、制备方法及检验方法（表 3－5）。

表 3－5　实验室用水的级别及主要指标

指标名称	一级	二级	三级
pH 值范围（25 ℃）	—	—	5.0～7.5
电导率（25 ℃，$\mu S \cdot cm^{-1}$）	0.1	≤1.0	≤5.0
吸光度（254 nm，1cm 光程）	0.001	≤0.01	
二氧化硅（$mg \cdot L^{-1}$）	0.02	≤0.05	—

电导率是纯水质量的综合指标。一级和二级水的电导率必须"在线"（即将电极装入制水设备的出水管道中）测定。纯水与空气接触或贮存过程中，容器材料可溶解成分的引入或吸收空气中 CO_2 等气体及其他杂质，都会引起其电导率的改变。水越纯，影响越显著，高纯水更要临用前制备，不宜存放。

1.　纯水的制备

实验室中所用的纯水常用以下三种方法制备。

（1）蒸馏法

将自来水（或天然水）在蒸馏装置中加热气化，水蒸气冷凝即得蒸馏水。

该法能除去水中的不挥发性杂质及微生物等，但不能除去易溶于水的气体。通常使用的蒸馏装置用玻璃、铜和石英等材料制成，由于蒸馏装置的腐蚀，蒸馏水仍含有微量杂质。尽管如此，蒸馏水仍是化学实验中最常用的、较纯净的、廉价的溶剂和洗涤剂。在 25 ℃时其电阻率为 1×10^5 Ω·cm。

蒸馏法制取纯水设备成本低，操作简单，但能源消耗大。

（2）电渗析法

电渗析法是将自来水通过由阴、阳离子交换膜组成的电渗析器，在外电场的作用下，利用阴阳离子交换膜对水中阴、阳离子的选择透过性，使杂质离子自水中分离出来，而达到净化水的目的。电渗析水的电阻率一般为 $10^4 \sim 10^5$ Ω·cm，比蒸馏水的纯度略低。该法不能除去非离子型杂质。

（3）离子交换法

离子交换法是将自来水通过内装有阳离子交换树脂和阴离子交换树脂的离子交换柱，利用交换树脂中的活性基团与水中杂质离子的交换作用，以除去水中的杂质离子，实现净化水的方法。用此法制得的纯水通常称为"去离子水"，其纯度较高，但此法不能除去水中非离子型杂质，去离子水中常含有微量的有机物。25 ℃时，其电阻率一般在 5 MΩ·cm 以上。

纯水并不是绝对不含杂质，只是杂质含量极少而已。随制备方法和所用仪器的材料不同，其杂质的种类和含量也有所不同。纯水的质量可以通过水质鉴定，检查水中杂质离子含量的多少来确定。通常采用物理方法，即用电导率仪测定水的电阻率（或电导率），用电阻率衡量水的纯度。水的纯度越高，杂质离子的含量越少，水的电阻率也就越高。故测得水的电阻率的大小，就可确定水质的好坏。上述一、二、三级水 25 ℃时的电阻率应分别等于或大于 10 MΩ·cm、1MΩ·cm、0.2 MΩ·cm，大于 10 MΩ·cm 的水为超纯水。

2. 纯水的检验

纯水质量的主要指标是电导率（或换算成电阻率），一般化学分析实验都可参考这项指标选择适用的纯水。特殊情况下（如生物化学、医药化学等方面）的实验用水往往需要对其他有关指标进行检验。

测定电导率应选用适于测定高纯水的（最小量程为 0.02 $\mu S \cdot cm^{-1}$）电导率仪。测定一、二级水时，电导池常数为 0.01～0.1，进行在线测定。测定二级水时，电导池常数为 0.1～1，用烧杯接取约 300 mL 水样，立即测定。

第四章　实验数据处理

4.1　测量中的误差

在任何一项定量分析测定中，对于实验结果都有一定的要求。即使用同一种方法分析，测定同一样品，虽经过多次测定，但测定结果总不会是完全一样，这说明测定中存在误差。因此，正确认识误差的概念对于正确掌握分析和处理数据的方法是十分必要的。

1. 误差的定义

误差是测量值与真实值的差值。但真实值通常是不知道的，在实际工作中，人们常用标准方法通过多次重复测定所求出的算术平均值作为真实值。

误差的大小通常用绝对误差和相对误差来表示。

绝对误差可以表示为：

绝对误差（Δ）＝测量值（l）－真实值（x）

绝对误差是有量纲的量，其量纲与测量值和真实值的量纲相同。

相对误差是绝对误差占真实的百分数，其大小可以表示为：

$$相对误差（r）＝\frac{绝对误差（\Delta）}{真实值（x）}\times100\%$$

相对误差是一个无量纲的量，常以百分数来表示。

2. 准确度与误差

准确度是指测量值与真实值之间的符合程度。准确度的高低常以误差的大小来衡量，即误差越小，准确度越高；误差越大，准确度越低。由于测量值（l）可能大于真实值（x），也可能小于真实值，所以绝对误差和相对误差都可能有正、有负。

例如：若测量值为 20.30，真实值为 20.34，则：

绝对误差 $(\Delta) = l - x = 20.30 - 20.34 = -0.04$

相对误差 $(r) = \Delta/x \times 100 = (-0.04/20.34) \times 100 = -0.19$

再如：若测定值为 60.35，真实值为 60.39，则

绝对误差 $(\Delta) = l - x = 60.35 - 60.39 = -0.04$

相对误差 $(r) = \Delta/x \times 100 = (-0.04/60.39) \times 100 = -0.06$

上面两例中两次测定的绝对误差是相同的，但相对误差却相差很大，这说明二者的含义是不同的，绝对误差表示的是测定值和真实值之差，而相对误差表示的是该误差在真实值中所占的百分率。

对于多次测量的数值，其准确度可按下式计算：

$$绝对误差 (\Delta) = \frac{\sum x_i}{n} - x$$

式中：X_i——第 i 次测定的结果；n——测定次数；x——真实值。

相对误差 $(r) = \Delta/x \times 100$

例如：若测定 3 次结果为：$0.1035 \ g \cdot L^{-1}$ 和 $0.1039 \ g \cdot L^{-1}$ 和 $0.1028 \ g \cdot L^{-1}$，标准样品含量为 $0.1042 \ g \cdot L^{-1}$，求绝对误差和相对误差。

解：平均值 $= (0.1035 + 0.1039 + 0.1028) / 3 = 0.1034 \ (g \cdot L^{-1})$

绝对误差 $(\Delta) = l - x = 0.1034 - 0.1042 = -0.0008 \ (g \cdot L^{-1})$

相对误差 $(r) = \Delta/x \times 100 = (-0.0008/0.1042) \times 100 = -0.76$

应注意的是，有时为了表明一些仪器的测量准确度，用绝对误差更清楚。例如，分析天平的误差是 $\pm 0.0002 \ g$，常量滴定管的读数误差是 $\pm 0.01 \ mL$ 等，这些都是用绝对误差来说明的。

3. 精密度与偏差

由于误差的计算要涉及被分析样品的真实值，而在定量分析时，被分析样品的真实值就是要测定的值，是不知道的，常用被分析样品多次分析测定结果的平均值来代替。这时，每次分析测定结果与多次分析测定结果平均值的差值称为偏差。精密度是指在相同条件下 n 次重复测定结果彼此相符合的程度。精密度的大小用偏差表示，偏差越小，说明精密度越高。偏差的大小可由以下几种方式表达。

（1）绝对偏差

测定值与平均值之差

绝对偏差 $(d_i) = x_i - \overline{x} \ (i = 1, 2, \cdots, n)$

式中：x_i——第 i 次测定值；

$\overline{x}$——n 次测定值的算术平均值 $=\dfrac{x_1+x_2+\cdots x_n}{n}$；

n——测定次数。

（2）相对偏差

相对偏差 $=\dfrac{d_i}{x}$（$i=1$，2，$\cdots$，n）

（3）平均偏差

绝对偏差的算术平均值：

平均偏差（$\overline{d}$）$=\dfrac{|d_1|+|d_2|+\cdots+|d_n|}{n}$

（4）相对平均偏差

多次分析测定结果的平均偏差与多次分析测定结果的平均值之比，通常用百分数表示：

相对平均偏差 $=\dfrac{\overline{d}}{x}\times100\%$

（5）标准偏差

标准偏差是偏差平方的统计平均值，又称均方根偏差，当测定次数 $n\to$ 钌 $SymboleB@$ 可表示为：

$$\sigma=\sqrt{\dfrac{\sum(x_i-\overline{x})^2}{n}}\quad(i=1，2，\cdots，n)$$

当 n 为有限次数时，即进行有限分析测定时的标准偏差用下式计算：

$$s=\sqrt{\dfrac{\sum(x_i-\overline{x})^2}{n-1}}\quad(i=1，2，\cdots，n)$$

例如：计算下列一组测定值的平均偏差、相对平均偏差以及标准偏差。

66.71，66.68，66.75，66.71，66.69

解：平均值 $=$（$66.71+66.68+66.75+66.71+66.69$）$/5=66.71$

平均偏差（$\overline{d}$）$=\dfrac{|d_1|+|d_2|+\cdots+|d_n|}{n}$

$=\dfrac{|0|+|-0.03|+|0.04|+|0|+|-0.02|}{5}=0.018$

相对平均偏差 $=\dfrac{\overline{d}}{x}\times100\%=\dfrac{0.018}{66.71}\times100\%=0.027\%$

标准偏差（s）$=\sqrt{\dfrac{\sum(x_i-\overline{x})^2}{n-1}}$

$=\sqrt{\dfrac{(0)^2+(-0.03)^2+(0.04)^2+(0)^2+(-0.02)^2}{4}}=0.027$

4. 误差的来源

测量工作是在一定条件下进行的，外界环境、观测者的技术水平和仪器本身构造的不完善等原因，都可能导致测量误差的产生。常把测量仪器、观测者的技术水平和外界环境三个方面综合起来，称为观测条件。观测条件不理想和不断变化，是产生测量误差的根本原因。

具体来说，测量误差主要来自以下六个方面：

（1）方法误差

方法误差又称理论误差，是由测定方法本身造成的误差，或是由于测定所依据的原理本身不完善而导致的误差。例如，在重量分析中，由于沉淀的溶解、共沉淀现象、灼烧时沉淀分解或挥发等，在滴定分析中，反应进行不完全或有副反应、干扰离子的影响，使得滴定终点与理论等当点不能完全符合，如此等原因都会引起测定的系统误差。

（2）仪器误差

仪器误差也称工具误差，是测定所用仪器不完善造成的。分析中所用的仪器主要指基准仪器（如天平、玻璃量具）和测定仪器（如分光光度计等）。由于天平是分析测定中最基本的基准仪器，应由计量部门定期进行检校。市售的玻璃量具（如容量瓶、移液管、滴定管、比色管等），其真实容量并非全部都与其标称的容量相符，对一些要求较高的分析工作，要根据容许误差范围，对所用的仪器进行容量检定。分析所用的测定仪器，要按说明书进行调整。在使用过程中应随时进行检查，以免发生异常而造成测定误差。

（3）人员误差

由于测定人员的分辨力、反应速度的差异和固有习惯引起的误差称人员误差。这类误差往往因人而异，因而可以采取让不同人员进行分析，以平均值报告分析结果的方法予以限制。

（4）环境误差

这是由于测定环境所带来的误差。例如，室温、湿度不是所要求的标准条件，测定时仪器振动和电磁场、电网电压、电源频率等变化的影响，室内照明影响滴定终点的判断等。在实验中如发现环境条件对测定结果有影响时，应重新进行测定。

（5）随机误差

随机误差在以往的分析测定文献中称为"偶然误差"，但"偶然误差"这一名词经常给人以误解，以为"偶然误差"是偶然产生的误差。其实，偶然误差并不是偶然产生的，而是必然产生的，只是各种误差的出现有着确定的概率，因此建议不要用偶然误差一词，而用随机误差这个名词。

随机误差的定义是：在实际相同的条件下，对同一量进行多次测定时，单次测定值与平均值之间差异的绝对值和无法预计的误差。这种误差是由测定过程中各种随机因素的共同影响造成的。在一次测定中，随机误差的大小及其正负是无法预计的，没有任何规律性。在多次测定中，随机误差的出现具有统计规律性，即：随机误差有大有小，时正时负；绝对值小的误差比绝对值大的误差出现的次数多；在一定的条件下得到的有限个测定值中，其误差的绝对值不会超过一定的界限；在测定的次数足够多时，绝对值相近的正误差与负误差出现的次数大致相等，此时正负误差相互抵消，随机误差的绝对值趋向于零。分析工作者在用平均值报告分析结果时，正是运用了这一概率定律，在排除了系统误差的情况下，用增加测定次数的办法，使平均值成为与真实值较吻合的估计值。

（6）过失误差

过失误差，也称粗差。这类误差明显地歪曲测定结果，是由测定过程中犯了不应有的错误造成的。例如，标准溶液超过保存期，浓度或价态已经发生变化而仍在使用；器皿不清洁；不严格按照分析步骤或不准确地按分析方法进行操作；弄错试剂或吸管；试剂加入过量或不足；操作过程当中，试样受到大量损失或污染；仪器出现异常未被发现；读数、记录及计算错误等，都会产生误差。过失误差无一定的规律可循，这些误差基本上是可以避免的。消除过失误差的关键，在于分析人员必须养成专心、认真、细致的良好工作习惯，不断提高理论和操作技术水平。

5．准确度与精密度的关系

准确度和精密度是两个不同的概念，它们之间既有联系也有区别。以打靶为例（图4—1），（a）表示弹着点密集而离靶心（真实值）甚远，说明精密度高，随机误差小，但系统误差大；（b）表示精密度低而准确度较高，即随机误差大，但系统误差较小；（c）的系统误差与随机误差均小，精确度均高。

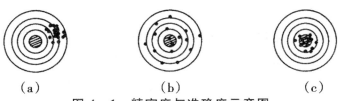

（a）　　　　　　　（b）　　　　　　　（c）

图4—1　精密度与准确度示意图

测定的精密度高，测定结果也越接近真实值。但不能绝对认为精密度高，准确度也高，因为系统误差的存在并不影响测定的精密度，相反，如果没有较好的精密度，就很少可能获得较高的准确度。可以说，精密度是保证准确度的先决条件。

6. 减小实验误差的方法

要提高分析结果的准确度，必须考虑在分析过程中可能产生的各种误差，采取有效措施，将这些误差减少到最小。

（1）选择合适的分析方法

各种分析方法的准确度是不同的。化学分析法对高含量组分的测定能获得准确和较满意的结果，相对误差一般在千分之几。而对低含量组分的测定，化学分析法就达不到这个要求。仪器分析法虽然误差较大，但是由于灵敏度高，可以测出低含量组分。在选择分析方法时，一定要根据组分含量及对准确度的要求，在可能条件下选择最佳分析方法。

（2）增加平行测定的次数

如前所述，增加测定次数可以减少随机误差。在一般分析工作中，测定次数为 2～4 次。如果没有意外误差发生，基本上可以得到比较准确的分析结果。

（3）消除测定中的系统误差

消除测定中的系统误差可采取以下措施：

①做空白实验，即在不加试样的情况下，按试样分析规程在同样操作条件下进行的分析。所得结果的数值称为空白值。然后从试样结果中扣除空白值就得到比较可靠的分析结果。

②注意仪器校正，具有准确体积、质量的仪器，如滴定管、移液管、容量瓶和分析天平砝码，都应进行校正，以消除仪器不准所引起的系统误差。因为这些测量数据都是参加分析结果计算的。

③做对照试验，对照试验就是用同样的分析方法在同样的条件下，用标样代替试样进行的平行测定。将对照试验的测定结果与标样的已知含量相比，其比值称为校正系数。

校正系数＝标准试样组分的标准含量/标准试样测定的含量

被测试样的组分含量＝测得含量×校正系数

综上所述，在分析过程中检查有无系统误差存在，做对照试验是最有效的办法。通过对照试验可以校正测试结果，消除系统误差。

4.2　实验结果的记录

1.　有效数字

为了取得准确的分析结果，不仅要准确测量，还要正确记录与计算。所谓正确记录是指正确记录数字的位数。因为数字的位数不仅表示数字的大小，也反映测量的准确程度。

在测量结果的数字表示中，由若干位可靠数字和一位可疑数字构成了有效数字。

有效数字保留的位数，应根据分析方法与仪器的准确度来决定。例如在分析天平上称取试样 0.6000 g，这不仅表明试样的质量 0.6000 g，还表明称量的误差在 ±0.0002 g 以内。如将其质量记录成 0.60 g，则表明该试样是在台称上称量的，其称量误差为 ±0.02 g，故记录数据的位数不能任意增加或减少。又如，在分析天平上测得称量瓶的重量为 8.3620 g，这个记录说明有 5 位有效数字，最后一位是可疑的。分析天平只能称准到 0.0002 g，即称量瓶的实际重量应为 8.3620±0.0002 g。无论计量仪器如何精密，其最后一位数总是估计出来的。

对于滴定管、移液管和吸量管，它们都能准确测量溶液体积到 0.01 mL。所以当用 50 mL 滴定管测定溶液体积时，如测量体积大于 10 mL 小于 50 mL 时，应记录为 4 位有效数字。例如，写成 17.26 mL；如测定体积小于 10 mL，应记录 3 位有效数字。例如，写成 6.78 mL。当用 25 mL 移液管移取溶液时，应记录为 25.00 mL；当用 5 mL 移液管移取溶液时，应记录为 5.00 mL。当用 250 mL 容量瓶配制溶液时，所配溶液体积应即为 250.0 mL。当用 50 mL 容量瓶配制溶液时，应记录为 50.00 mL。

从上面的例子也可以看出有效数字是和仪器的准确程度有关，即有效数字不仅表明数量的大小而且也反映测量的准确度。总而言之，测量结果所记录的数字，应与所用仪器测量的准确度相适应。

2.　有效数字的确定

有效数字的确定一方面要考虑测量仪器的精度，应与测量仪器的精度相一致，另一方面还要考虑有效数字的运算要求。有效数字的计算，应遵循"先进舍，后运算"的原则，因而在计算前需按照以下"修约规则"对数字进行修约：

(1) 在加减计算中，各数所保留的小数点后的位数应与所给各数中小数点后位数最少的相同。例如，将 23.62、0.0083 和 1.643 三数相加时，首先根据取舍规则对数字进行修约，然后计算，则为 23.62＋0.01＋1.64＝25.27。

(2) 在乘除计算中，应以有效数字最少的或百分误差最大的数字为准，对其他各数按上述规则修约后，再进行计算。所得积或商的精度也不应大于相乘或相除各数值中精度最小的数值的精度。例如，将 0.0121、25.6432 和 1.0578 三数相乘时，将数字进行修约后，写成 0.0121×25.6×1.06＝0.328。

(3) 在对数计算中，真数与对数的有效位数应相同。

(4) 在计算平均值时，若为四个和多于四个数相平均，则平均数的有效位数可增加一位。

(5) 对于 π、e 等常数，有效数字的位数可以任意确定。

(6) 界限数值不得修约。例如，在材料冶炼中，要求 Ni 含量不大于 0.35％。如果冶炼后材料成分实测为 0.351％，则不可修约为 0.35％，应记为 0.351％，并被视为不合格。但是，如果实测成分为 0.328％，则可修约为 0.33％。

4.3 实验数据的表示方法

实验数据的表示要求准确、简明、形象。目前，数据的表示方法主要有列表法、作图法和经验公式法。

1. 列表法

列表法简明紧凑、便于比较，是表达实验数据最常用的方法之一，也是本教材中主要采用的数据表示方法。将各种实验数据列入一种设计得体、形式紧凑的表格内，可起到化繁为简的作用，有利于对获得实验结果进行相互比较，有利于分析和阐明某些实验结果的规律性。

使用列表法表示数据的方法如下：

(1) 为表格起一个简明准确的名字，并将这个表名置于表的上面。同时将表格的顺序号放在表名的前面。

(2) 根据需要合理选择表中所列项目。项目过少，表的信息量不足。但是，如果把不必要的项目都列进去，项目过多，表格制作和使用都不方便。

(3) 表中的项目要包括名称和单位，并尽量采用符号表示。

(4) 表中的主项代表自变量，副项代表因变量。

(5) 数字的写法应整齐统一。同一竖行的数字，小数点要上下对齐。数字为零时，要保证有效数字的位数。例如，有效位数为小数点后两位，则零应计为 0.00。

（6）变量一般取整数或其他比较方便的数值，按递增或递减顺序排列。因变量的数值要注意有效位数的选择能够反映实验数据本身的误差。

（7）必要的时候，可在表下加附注说明数据来源和表中无法反映的需要说明的其他问题。

2. 作图法

作图法形象直观，也是人们经常采用的一种数据表示方法。作图是将实验原始数据通过正确的作图方法画出合适的曲线（或直线），从而形象直观，且准确地表现出实验数据的特点、相互关系和变化规律，如极大、极小和转折点等，并能够进一步求解，获得斜率、截距、外推值、内插值等。因此，作图法是一种十分有用的实验数据处理方法。

作图法也存在作图误差，若要获得良好的图解效果，首先是要获得高质量的图形。因此，作图技术的好坏直接影响实验结果的准确性。

3. 经验公式法

在科学研究中，我们常常希望用一个公式来描述数据的变化。一方面，可以描述数据变化的规律，从而帮助我们认识事物的变化本质。另一方面，可以依据公式方便地获得实验以外的数据。采用公式描述数据的变化，往往是通过对事物规律已有的认识或经验和解析几何原理来推测公式应有的形式，然后依据试验数据求解公式中未知的常数项。经验公式的方法有图解法、选点法、平均法、最小二乘法等，其中最常用的是图解法和最小二乘法。

4.4　分析结果的报告

1. 置信度与平均值的置信区间

由于实际工作中不可能作无数次测定以求出测定组分的"真实值"，只能作有限次数的测定，以其算术平均值来代替真实值。真实值可能落在的区域范围成为置信区间，该区域的限度称为置信限度，真实值落在该区域范围可能性的大小称为置信水平，通常以百分数表示。置信区间表示分析结果的精密性，而置信水平表示这一结果的可靠程度。显然，可以通过求取某一置信水平下的置信区间来评定定量分析结果的精密度。

置信限度的表达式为：

$$置信限度 = \bar{x} \pm t_{(f,\rho)} \frac{s}{\sqrt{n}}$$

式中：$\bar{x}$——n 次测定结果的平均值；

n——测定次数；

f——自由度（$f = n - 1$）；

ρ——置信度（$\rho = 1 - \alpha$，α 为显著性因子）；

s——标准偏差。

表 4—1 为置信因子 t 分布表，从表中可看出：在一定置信度（ρ）的情况下，t 值随 n 值增大而变小；在相同的标准偏差下，n 值越大，所得的置信区间就越小，精密度越高。当 n 值相同时，t 值随置信度 ρ 的增加而增大，说明对同一组测定数值（n，s 相同），提高置信度，置信区间增加，精密度下降。应用所得结论：在相同的标准偏差和相同的置信度时，测定次数越多，其置信区间越小，测定值的精密度越高。

表 4—1　t 分布表

f \ α	0.1	0.05	0.01	f \ α	0.1	0.05	0.01
1	6.31	12.71	63.66	16	1.75	2.12	2.92
2	2.92	4.30	9.93	17	1.74	2.11	2.90
3	2.35	3.18	5.84	18	1.73	2.10	2.88
4	2.13	2.78	4.60	19	1.73	2.09	2.86
5	2.02	2.57	4.03	20	1.73	2.09	2.85
6	1.94	2.45	3.71	21	1.72	2.08	2.83
7	1.90	2.37	3.50	22	1.72	2.07	2.82
8	1.86	2.31	3.36	23	1.71	2.07	2.81
9	1.83	2.26	3.25	24	1.71	2.06	2.79
10	1.81	2.23	3.17	25	1.71	2.06	2.79
11	1.80	2.20	3.11	30	1.70	2.04	2.75
12	1.78	2.18	3.06	40	1.68	2.02	2.70
13	1.77	2.16	3.01	60	1.67	2.00	2.66
14	1.76	2.15	2.98	120	1.66	1.98	2.62
15	1.75	2.13	2.95	∞	1.65	1.96	2.58

例如：葡萄糖样品，三次葡萄糖含量的测定结果为：4.76%、4.88%、4.72%，在95%置信水平下，真实值落在什么范围？

解：自由度 $f= n-1=3-1=2$。在95%置信水平下，查 t 表得 $t= 4.30$，测量平均值为：

$$\overline{x}=\left(\frac{4.76+4.88+4.72}{3}\right)\times100\%=4.79\%$$

标准偏差：

$$s=\sqrt{\frac{\sum(x_i-\overline{x})^2}{n-1}}$$

$$=\left[\sqrt{\frac{(4.76-4.79)^2+(4.88-4.79)^2+(4.72-4.79)^2}{3-1}}\right]\%=0.083\%$$

则：

$$置信限度=\overline{x}\pm t_{(f,\rho)}\frac{s}{\sqrt{n}}=4.79\%\pm4.30\frac{0.083}{\sqrt{3}}\%=4.79\%\pm0.21\%$$

随着测定次数的增加，t 值和 $s/\sqrt{n}$ 值减小，在同样的置信水平下，真实值所处的置信区间变得越来越窄，表明测得的结果也就越来越接近真实值。

2. 双份平行结果的报告

对于双份平行测定结果，如不超过允许公差，则以平均值报告结果。双份平行测定结果的精密度按下式计算：

$$相对平均偏差=\frac{|x_1-x_2|}{2\overline{x}}\times100\%$$

标定标准溶液浓度，如果只进行两份测定，一般要求其标定相对平均偏差小于0.15%，才能以双份均值作为其浓度标定的结果，否则必须进行多份标定。

3. 多份平行结果的报告

对于多份平行测定，在报告测定结果时，应当首先检查测定结果中是否存在离群值，即由于操作过失造成的特大或特小值。因为在有限次测定中，离群值会影响结果的均值和精密度，所以必须判断此离群值是保留还是弃去。Q 检验法是最常用的检验方法之一，判断方法如下：将 n 个测定值由大到小顺序排列，计算极差 R（最大值与最小值之差）及离群值和它相邻值之差 α，代入判断式：

$$Q=\frac{|\alpha|}{R}$$

通过比较计算所得 Q 值与 90％置信水平时 Q 表值（表 4－2）的大小，确定离群值的取舍。判断规则为：当 Q 大于 Q 表值时，弃去离群值，否则保留。

表 4－2　在 90％置信水平下，Q 分布表

n	3	4	5	6	7	8	9	10
Q	0.94	0.76	0.64	0.56	0.51	0.47	0.44	0.41

例如：某试样 6 次分析结果 w 为：70.40％、72.10％、72.20％、72.30％、72.40％、72.50％，在 90％置信水平下，判断 70.40％是否可以弃去？

解：根据 $Q = \dfrac{|70.40 - 72.10|}{72.50 - 70.40} = 0.81$

由表 4－2 查得，当 $n=6$ 时，Q 表值为 0.56，可见 Q 大于 Q 表值，所以 70.4％应当弃去。

弃去离群值并且无系统误差存在时，对于多份平行测定结果，以下列形式报告测定结果：

$$w = \bar{x} \pm t_{(f,\rho)} \frac{s}{\sqrt{n}}$$

第五章　实验部分

5.1　基础性实验

实验一　氯化钠的提纯

一、实验目的

1. 掌握提纯 NaCl 的原理和方法。
2. 学习减压过滤、蒸发浓缩、结晶等基本操作。
3. 了解 Ca^{2+}、Mg^{2+}、SO_4^{2-} 等离子的定性鉴定。

二、实验原理

化学试剂或医药用 NaCl 都是以粗食盐为原料提纯。粗食盐中含有 Ca^{2+}、Mg^{2+}、K^+ 和 SO_4^{2-} 等可溶性杂质和泥沙等不溶性杂质。选择适当的试剂可使 Ca^{2+}、Mg^{2+}、SO_4^{2-} 等离子生成难溶盐沉淀而除去，一般先在食盐溶液中加 $BaCl_2$ 溶液，除去 SO_4^{2-} 离子：

$$Ba^{2+} + SO_4^{2-} = BaSO_4 \downarrow$$

然后再在溶液中加 Na_2CO_3 溶液，除 Ca^{2+}、Mg^{2+} 和过量的 Ba^{2+}：

$$Ca^{2+} + CO_3^{2-} = CaCO_3 \downarrow$$

$$Ba^{2+} + CO_3^{2-} = BaCO_3 \downarrow$$

$$4Mg^{2+} + 2H_2O + 5CO_3^{2-} = Mg(OH)_2 \cdot 3MgCO_3 \downarrow + 2HCO_3^-$$

过量的 Na_2CO_3 溶液用 HCl 中和，粗食盐中的 K^+ 仍留在溶液中。由于 KCl 溶解度比 NaCl 大，且在粗食盐中含量较少，所以在蒸发和浓缩食盐溶液时，NaCl 先结晶出来，而 KCl 仍留在溶液中。

三、仪器与药品

仪器：分析天平；酒精灯；布氏漏斗；抽滤瓶；蒸发皿；250 mL 烧杯。

药品：NaCl（粗）；Na_2CO_3（饱和溶液）；HCl（6 $mol \cdot L^{-1}$）；$(NH_4)_2C_2O_4$（饱和溶液）；$BaCl_2$（1 $mol \cdot L^{-1}$）；NaOH（6 $mol \cdot L^{-1}$）；

HAc（2 mol·L^{-1}）；镁试剂Ⅰ；pH 试纸。

四、实验步骤

1. 粗食盐的溶解

称取 10 g 粗食盐于 250 mL 烧杯中，加入 40 mL 水，加热搅拌（酒精灯）使其溶解（不溶性杂质沉于底部）。

2. 除去 SO_4^{2-}

加热溶液至近沸，边搅拌边滴加 1 mol·L^{-1} BaCl$_2$ 溶液至 SO_4^{2-} 沉淀完全，继续加热 5 分钟，吸滤，弃去沉淀。

3. 除 Ca^{2+}、Mg^{2+} 和过量的 Ba^{2+} 等阳离子

将上面所得溶液加热至近沸，边搅拌边滴加饱和 Na$_2$CO$_3$ 溶液，直至不再产生沉淀为止，再多加 0.5 mL Na$_2$CO$_3$ 溶液，继续加热 5 分钟后，吸滤，弃去沉淀。

4. 除去剩余的 CO_3^{2-}

往溶液中滴加 6 mol·L^{-1}HCl，加热搅拌，中和到溶液 pH 约为 2～3 左右。

5. 浓缩与结晶

将溶液倒入蒸发皿中蒸发浓缩到有大量 NaCl 晶体出现（溶液浓缩到原体积的 1/4），冷却，抽滤。将 NaCl 晶体转移到蒸发皿中，在石棉网上小火烘干。冷却后称量，计算产率。

6. 产品纯度的检验

取粗食盐和提纯后的 NaCl 产品各 1 g，分别溶于 5 mL 蒸馏水中，然后进行下列离子的定性检验。

（1）SO_4^{2-} 的检验

在两支试管中分别加入上述粗、纯 NaCl 溶液约 1 mL，分别加入 2 滴 6 mol·L^{-1}HCl 和 2 滴 1 mol·L^{-1} BaCl$_2$ 溶液，比较两溶液中沉淀产生的情况。

（2）Ca^{2+} 的检验

在两支试管中分别加入粗、纯 NaCl 溶液约 1 mL，加 2 mol·L^{-1}HAc 使其呈酸性，再分别加入 3～4 滴饱和（NH$_4$）$_2$C$_2$O$_4$ 溶液，如有白色 CaC$_2$O$_4$ 沉淀产生，表示有 Ca^{2+} 存在。比较两溶液中沉淀产生的情况。

（3）Mg^{2+} 的检验

在两支试管中分别加入粗、纯 NaCl 溶液约 1 mL，先各加入约 5 滴 6 mol·L^{-1}NaOH，摇匀，再分别加 2 滴镁试剂Ⅰ溶液，溶液若有蓝色絮状沉淀产生，表示有镁离子存在。观察两溶液的颜色。

五、注意事项

1. 浓缩液自然冷却至室温。

2. 粗食盐颗粒要研细。

六、思考题

1. 在除去 Ca^{2+}、Mg^{2+}、SO_4^{2-} 时，为何先加 $BaCl_2$ 溶液除去 SO_4^{2-}，然后再加 Na_2CO_3 溶液除去 Ca^{2+}、Mg^{2+}？

2. 能否用 $CaCl_2$ 代替毒性大的 $BaCl_2$ 来除去食盐中的 SO_4^{2-}？

3. 在除 Ca^{2+}、Mg^{2+}、SO_4^{2-} 等杂质离子时，能否用其他可溶性碳酸盐代替 Na_2CO_3？

4. 能否用重结晶的办法提纯氯化钠？

实验二　硫酸亚铁铵的制备

一、实验目的

1. 学习复盐硫酸亚铁铵的制备原理，了解复盐的一般特征。

2. 掌握水浴加热、溶解与结晶、减压过滤、蒸发与浓缩以及倾析法等制备无机物的基本操作。

3. 掌握某些铁化合物的基本性质。

二、实验原理

硫酸亚铁铵又称莫尔盐。它比一般的亚铁盐稳定，在空气中不易被氧化，溶于水而不溶于乙醇。像所有复盐一样，莫尔盐在水中的溶解度比组成它的任何组分的溶解度都要小（表 5－1）。因此，从含有 $FeSO_4$ 和 $(NH_4)_2SO_4$ 的混合溶液中很容易得到结晶的莫尔盐 $(NH_4)_2SO_4 \cdot FeSO_4 \cdot 6H_2O$。

表 5－1　三种盐的溶解度（单位为 g/100g 水）数据

盐＼温度/℃	10	20	30
$FeSO_4 \cdot 7H_2O$	20.0	26.5	32.9
$(NH_4)_2SO_4$	73.0	75.4	78.0
$(NH_4)_2SO_4 \cdot FeSO_4 \cdot 6H_2O$	17.2	21.6	28.1

铁屑易溶于稀硫酸，生成硫酸亚铁：

$$Fe + H_2SO_4 = FeSO_4 + H_2 \uparrow$$

往硫酸亚铁中加入硫酸铵溶液，经加热浓缩即生成溶解度较小的蓝绿色硫酸亚铁铵 $(NH_4)_2SO_4 \cdot FeSO_4 \cdot 6H_2O$ 晶体。

$$FeSO_4 + (NH_4)_2SO_4 + 6H_2O = (NH_4)_2SO_4 \cdot FeSO_4 \cdot 6H_2O$$

三、仪器与药品

仪器：分析天平；250 mL 锥形瓶；酒精灯；布氏漏斗；抽滤瓶；电热恒温水浴锅；蒸发皿；表面皿。

药品：铁屑；H_2SO_4（3 mol·L^{-1}）；$(NH_4)_2SO_4$（分析纯）。

四、实验步骤

1. 硫酸亚铁的制备

称取 2 g 铁屑，放入 250 mL 锥形瓶中，加入 10 mL 3 mol·L^{-1} H_2SO_4 溶液，水浴加热，使铁屑和 H_2SO_4 反应直至不再有气泡冒出为止（约需 20 分钟）。在加热过程中应不时加入少量水，以补充被蒸发掉的水分。趁热减压过滤，滤液立即转移至蒸发皿中。

2. 硫酸亚铁铵的制备

根据 $FeSO_4$ 的理论产量，按反应式计算所需固体硫酸铵的质量。在室温下将称好的 $(HN_4)_2SO_4$ 配制成饱和溶液加入硫酸亚铁溶液中，混合均匀，并用 3 mol·L^{-1} H_2SO_4 溶液调节 pH 值为 1～2。蒸发浓缩至表面出现晶体膜为止（注意：浓缩过程中不宜过多搅拌）。静置使溶液慢慢冷却，硫酸亚铁铵即可结晶出来。用减压过滤法滤出晶体。观察晶体的形状和颜色，称出质量，并计算产率。

五、注意事项

1. 实验过程中要分次补充少量水，防止 $FeSO_4$ 析出。

2. 趁热过滤时，应先洗净过滤装置并预热；将滤纸准备好，待抽滤时再润湿。

六、思考题

1. 溶解铁屑时，为什么硫酸要稍过量？若硫酸量不足，可能会有什么结果？

2. 浓缩硫酸亚铁铵时能否把溶液蒸干？若把溶液蒸干会有什么后果？

3. 什么叫复盐？复盐与形成它的简单盐相比有什么特点？

实验三　硝酸钾的制备和提纯

一、实验目的

1. 利用物质溶解度随温度变化的差别，学习用转化法制备硝酸钾晶体。

2. 进一步熟悉溶解、过滤操作。

3. 练习间接热浴和重结晶操作。

二、实验原理

工业上常采用转化法制备硝酸钾晶体，其反应式如下：

$$NaNO_3 + KCl = NaCl + KNO_3$$

NaCl 的溶解度随温度变化不大，在较高温度时，它的溶解度最小。而 $NaNO_3$、KCl 和 KNO_3 在高温时具有较大的溶解度，而温度降低时溶解度明显减小（表5-2）。根据这几种盐溶解度的差异，将一定浓度的 $NaNO_3$ 和 KCl 混合液加热浓缩，当温度达到 118～120℃ 时，由于 KNO_3 溶解度增加很多，达不到饱和，不析出；而 NaCl 的溶解度增加甚少，随浓缩、溶剂的减少，NaCl 析出。通过热过滤除去 NaCl，将此溶液冷却至室温，即有大量 KNO_3 析出，而 NaCl 仅有少量析出，从而得到 KNO_3 粗产品。再经过重结晶提纯，可得到纯品。

表5-2　四种盐在不同温度下的溶解度（g/100 g H_2O）

温度/℃ 盐	0	10	20	30	40	60	80	100
KNO_3	13.3	20.9	31.6	45.8	63.9	110.0	169	246
$NaNO_3$	73	80	88	96	104	124	148	180
KCl	27.6	31.0	34.0	37.0	40.0	45.5	51.1	56.7
NaCl	35.7	35.8	36.0	36.3	36.6	37.3	38.4	39.8

三、仪器与药品

仪器：分析天平；水浴锅；布氏漏斗；抽滤瓶；100 mL 烧杯；小试管。

药品：硝酸钠（工业级）；氯化钾（工业级）；$AgNO_3$（0.1 mol·L^{-1}）；硝酸（5 mol·L^{-1}）；氯化钠标准溶液。

四、实验步骤

1. 硝酸钾的制备

称取 20 g $NaNO_3$ 和 17 g KCl，放入 100 mL 烧杯中，加 30 mL H_2O，加热使固体溶解。

待盐全部溶解后，继续加热，并不断搅拌，使溶液蒸发至原有体积的 2/3 左右。这时烧杯中有晶体析出。趁热过滤。滤液盛于小烧杯中自然冷却至室温。随温度的下降，即有结晶析出。减压过滤，抽干。粗产品水浴烘干后称重。计算理论产量和产率。

2. 粗产品重结晶

除保留少量（0.1～0.2 g）粗产品供纯度检验外，按粗产品：水＝2：1（质量比）的比例，将粗产品溶于蒸馏水中。加热、搅拌，待晶体全部溶解后停止加热。若溶液沸腾时，晶体还未全部溶解，可再加极少量蒸馏水使其溶解。待溶液冷却至室温后减压过滤，水浴烘干，得到纯度较高的硝酸钾晶体，称重。

3. 产品纯度定性检验

分别取 0.1 g 粗产品和一次重结晶得到的产品放入两支小试管中，各加入

2 mL 蒸馏水配成溶液。在溶液中分别加入 1 滴 5 mol·L^{-1} HNO$_3$ 酸化，再各滴入 2 滴 0.1 mol·L^{-1} AgNO$_3$ 溶液，观察现象，进行对比，重结晶后的产品溶液应为澄清。否则应再次重结晶，直至合格。

五、注意事项

1. 冷却结晶时，不要骤冷，以防结晶过于细小。

2. 反应混合物一定要趁热快速减压抽滤，要求布氏漏斗在沸水中或烘箱中预热。

六、思考题

1. 制备硝酸钾晶体时，为何要把溶液进行加热和热过滤？

2. 何为重结晶？本实验都涉及哪些基本操作，应注意什么？

3. 硝酸钾中含有氯化钾和硝酸钠时，应如何提纯？

实验四　五水合硫酸铜的制备

一、实验目的

1. 了解由不活泼金属与酸作用制备盐的方法。

2. 掌握水浴加热、溶解与结晶、减压过滤、蒸发与浓缩以及倾析法等制备无机物的基本操作。

3. 学会重结晶法提纯五水硫酸铜的方法及操作。

二、实验原理

五水合硫酸铜，俗称蓝矾、胆矾或孔雀石，化学式为 CuSO$_4$·5H$_2$O，蓝色晶体。在工业上用途广泛，主要应用在棉及丝质品印染的媒染剂、农业的杀虫剂、水的杀菌剂以及铜的电镀等。生产 CuSO$_4$·5H$_2$O 的方法有多种，本实验选择以废铜和硫酸为主要原料来制备。

铜是不活泼金属，不能直接和稀硫酸发生反应制备硫酸铜，必须加入氧化剂。在双氧水和稀硫酸的混合液中，双氧水将铜氧化成 Cu^{2+}，Cu^{2+} 与 SO$_4^{2-}$ 结合得到产物硫酸铜。

$$Cu + H_2O_2 + H_2SO_4 = CuSO_4 + 2H_2O$$

硫酸铜的溶解度随温度升高而增大，可用重结晶法提纯。在粗产品硫酸铜中，加适量水，加热成饱和溶液，趁热过滤除去不溶性杂质。滤液冷却，析出硫酸铜，过滤，与可溶性杂质分离，得到纯的硫酸铜。

三、仪器与药品

仪器：分析天平；水浴锅；布氏漏斗；抽滤瓶；蒸发皿；250 mL 锥形瓶；50 mL 烧杯。

药品：Cu 粉；H$_2$SO$_4$（6 mol·L^{-1}）；Na$_2$CO$_3$（10%）；H$_2$O$_2$（30%）。

四、实验步骤

1. 铜粉的预处理

称取 2 g 铜粉放于 250 mL 锥形瓶中，加入 10% Na_2CO_3 溶液 10 mL，加热煮沸，除去表面油污，倾析法除去碱液，用水洗净。

2. 制备五水合硫酸铜粗品

向盛有铜粉的锥形瓶中加入 6 mol·L^{-1} H_2SO_4 溶液 10 mL，然后缓慢滴加 30% H_2O_2 3~4 mL，水浴加热，反应温度保持在 40~50℃。若有过量铜屑，补加稀 H_2SO_4 和 H_2O_2，待反应完全后加热煮沸 2 分钟，趁热抽滤，弃去不溶性杂质，然后将溶液转移到蒸发皿中。调节溶液 pH 为 1~2，水浴加热浓缩至表面有晶膜出现。取下蒸发皿，自然冷却至室温，析出蓝色的五水合硫酸铜晶体，抽滤称重，计算产率并回收母液。

3. 重结晶法提纯五水合硫酸铜

粗产品以 1 g 需 1.2 mL 水的比例，溶于蒸馏水中，加热使五水合硫酸铜完全溶解。热过滤。滤液收集在烧杯中，慢慢冷却，即有晶体析出（如无晶体析出，可在水浴上再加热蒸发，使其结晶）。完全冷却后，用倾析法除去母液，晶体晾干，得到纯净的硫酸铜晶体。称重，计算产率。

五、注意事项

1. 双氧水应缓慢分次滴加。

2. 趁热过滤时，应先洗净过滤装置并预热；将滤纸准备好，待抽滤时再润湿。

3. 浓缩液自然冷却至室温。

4. 回收产品和母液。

六、思考题

1. 蒸发时为什么要将溶液的 pH 调至 1~2？

2. 加热浓缩溶液时，是否可将溶液蒸干？为什么？

3. 如不用水浴加热，直接加热蒸发，是否能得到纯净的五水合硫酸铜？

4. 硫酸铜可以用重结晶进行提纯，NaCl 可以吗？为什么？

实验五　盐酸标准溶液的配制与标定

一、实验目的

1. 掌握用碳酸钠作为基准物质标定盐酸溶液的方法。

2. 掌握滴定操作和滴定终点的判断。

3. 熟悉溴甲酚绿－二甲基黄混合指示剂指示滴定终点的方法。

二、实验原理

盐酸容易挥发，其标准溶液不能直接配制，需要先配制成近似浓度，然后用基准物质标定其准确浓度。常以无水碳酸钠作为基准物质来标定盐酸标准溶液。方程式如下：

$$Na_2CO_3 + 2HCl = 2NaCl + H_2O + CO_2 \uparrow$$

选用溴甲酚绿－二甲基黄混合指示剂，滴定终点颜色由绿色变为亮黄色（pH＝3.9），根据 Na_2CO_3 的质量和所消耗 HCl 的体积，按照下式计算 HCl 的物质的量浓度。

$$C_{HCl} = \frac{2m_{Na_2CO_3} \times 1000}{V_{HCl} \times M_{Na_2CO_3}}$$

$$M_{Na_2CO_3} = 105.99 \text{ (g/mol)}$$

三、仪器与药品

仪器：25 mL 酸式滴定管；250 mL 锥形瓶；25 mL 移液管。

药品：HCl（36%～38%，相对密度为 1.18）；Na_2CO_3（基准物质）；溴甲酚绿－二甲基黄混合指示剂。

四、实验步骤

1. 0.1 mol·L^{-1}盐酸溶液的配制

计算配制 500 mL 0.1 mol·L^{-1}盐酸溶液所需浓盐酸的体积。量取计算体积的浓盐酸，倒入盛有适量蒸馏水的试剂瓶中，加水稀释至 500 mL，摇匀。

2. 盐酸溶液浓度的标定

准确称取 0.13～0.15 g 已在 270～290 ℃干燥至恒重的无水 Na_2CO_3，称准至 0.0001 g，置于 250 mL 锥形瓶中，加水 80 mL 搅拌，使 Na_2CO_3 完全溶解。加入 9 滴溴甲酚绿－二甲基黄混合指示剂，用已读好读数的滴定管慢慢滴入待测盐酸溶液，当溶液由绿色变为亮黄色即为终点。记下滴定用去的 HCl 体积。平行测定三份。

五、数据记录及结果处理

表 5－3 数据记录及结果计算

试剂＼序号	1	2	3
$m_{Na_2CO_3}$ （g）			
HCl 初始读数 （mL）			
HCl 终点读数 （mL）			
HCl 消耗体积 （mL）			
HCl 的浓度 （mol·L^{-1}）			
HCl 的平均浓度 （mol·L^{-1}）			
相对平均偏差 （%）			

六、注意事项

1. 因碳酸钠容易吸水，称量要迅速。

2. 正确使用酸式滴定管，如涂凡士林、气泡的排除等基本操作。

3. 实验中使用的锥形瓶不需要烘干，加入水的量不需要准确。

七、思考题

1. 用碳酸钠为基准物标定盐酸溶液 （0.2 mol·L^{-1}） 时，基准物的取量如何计算？

2. 用碳酸钠标定盐酸溶液时为什么可用溴甲酚绿－二甲基黄作指示剂？

3. 0.07980 的有效数字为几位？

实验六 混合碱中各组分含量的测定（双指示剂法）

一、实验目的

1. 掌握用双指示剂法测定混合碱中 Na_2CO_3、$NaHCO_3$ 和 $NaOH$ 的含量。

2. 了解酸碱滴定中强碱弱酸盐的测定原理。

3. 练习移液管的基本操作方法，了解强碱弱酸盐滴定过程中的 pH 变化。

二、实验原理

混合碱是指 Na_2CO_3 与 $NaOH$ 或 Na_2CO_3 与 $NaHCO_3$ 的混合物，一般可采用"双指示剂"法进行测定。实验中先加酚酞指示剂，以盐酸标准溶液滴定至溶液刚好褪色，此为第一化学计量点，消耗的盐酸体积为 V_1 mL，此时溶液中 Na_2CO_3 仅被滴定成 $NaHCO_3$，即 Na_2CO_3 只被中和了一半。反应式如下：

$$NaOH + HCl = NaCl + H_2O$$

$$Na_2CO_3 + HCl = NaHCO_3 + NaCl$$

然后加入溴甲酚绿－二甲基黄指示剂，继续滴定至溶液由绿色至亮黄色，此为第二化学计量点，消耗的盐酸体积为 V_2 mL，此时溶液中的 $NaHCO_3$ 才完全被中和，反应方程式如下：

$$NaHCO_3 + HCl = NaCl + CO_2\uparrow + H_2O$$

设混合碱溶液的体积为 V mL，由盐酸标准溶液的浓度和消耗的体积，可计算混合碱中各组分含量：

当 $V_1 = V_2$，V_1、$V_2 > 0$ 时，混合碱组成为 Na_2CO_3；

当 $V_1 = 0$、$V_2 > 0$ 时，混合碱组成 $NaHCO_3$；

当 $V_1 > 0$、$V_2 = 0$ 时，混合碱组成 $NaOH$；

当 $V_1 > V_2 > 0$ 时，混合碱组成为 $NaOH$ 与 Na_2CO_3，$NaOH$ 与 Na_2CO_3 的含量（$g \cdot L^{-1}$）可由下式计算：

$$w_{NaOH} = \frac{[C(V_1 - V_2)]_{HCl} \times M_{NaOH}}{V}$$

$$w_{Na_2CO_3} = \frac{(CV_2)_{HCl} \times M_{Na_2CO_3}}{V}$$

当 $V_2 > V_1 > 0$ 时，混合碱组成为 Na_2CO_3 与 $NaHCO_3$，Na_2CO_3 与 $NaHCO_3$ 的含量（$g \cdot L^{-1}$）可由下式计算：

$$w_{Na_2CO_3} = \frac{(CV_1)_{HCl} \times M_{Na_2CO_3}}{V}$$

$$w_{NaHCO_3} = \frac{[C(V_2 - V_1)]_{HCl} \times M_{NaHCO_3}}{V}$$

三、仪器与药品

仪器：25 mL 移液管；25 mL 酸式滴定管；250 mL 锥形瓶；烧杯。

药品：混合碱试样 1；混合碱试样 2；酚酞指示剂；溴甲酚绿－二甲基黄指示剂；HCl 标准溶液（0.1000 mol·L^{-1}）。

四、实验步骤

准确移取 25.00 mL 混合碱试样 1，置于 250 mL 锥形瓶中，50 mL 去离子水混合均匀，加酚酞指示剂 1~2 滴，摇匀后用 0.1 mol·L^{-1} HCl 标准溶液滴定，边滴边充分摇动，滴定至酚酞恰好褪色，即为终点，记下所用 HCl 标准溶液的体积 V_1。然后再加 9 滴溴甲酚绿－二甲基黄指示剂，继续用 HCl 标准溶液滴定至溶液由绿色变为亮黄色，即为终点，记下所用 HCl 标准溶液的体积 V_2，计算混合碱各组分的含量。平行测定三次。碱样 2 重复上述操作。

五、数据记录及结果处理

表 5－4　混合碱样 1 数据记录及结果计算

试剂 \ 序号		1	2	3
酚酞指示剂	HCl 初始读数（mL）			
	HCl 终点读数（mL）			
	HCl 消耗体积 V_1（mL）			
溴甲酚绿一二甲基黄指示剂	HCl 初始读数（mL）			
	HCl 终点读数（mL）			
	HCl 消耗体积 V_2（mL）			
碱样 1 的组成				
碱样 1 中组分 1 的含量（g·L^{-1}）				
碱样 1 中组分 1 含量平均值（g·L^{-1}）				
碱样 1 中组分 2 的含量（g·L^{-1}）				
碱样 1 中组分 2 含量平均值（g·L^{-1}）				

表 5－5　混合碱样 2 数据记录及结果计算

试剂 \ 序号		1	2	3
酚酞指示剂	HCl 初始读数（mL）			
	HCl 终点读数（mL）			
	HCl 消耗体积 V_1（mL）			
溴甲酚绿一二甲基黄指示剂	HCl 初始读数（mL）			
	HCl 终点读数（mL）			
	HCl 消耗体积 V_2（mL）			
碱样 2 的组成				
碱样 2 中组分 1 的含量（g·L^{-1}）				
碱样 2 中组分 1 含量平均值（g·L^{-1}）				
碱样 2 中组分 2 的含量（g·L^{-1}）				
碱样 2 中组分 2 含量平均值（g·L^{-1}）				

六、注意事项

1. 当混合碱由 Na_2CO_3 与 $NaOH$ 组成时，酚酞用量可适当多加几滴，否则常因滴定不完全而使 $NaOH$ 的测定结果偏低。

2. 第一计量点时，滴定速度要适中，摇动要均匀，避免局部 HCl 过量，生成 H_2CO_3。

七、思考题

1. 用双指示剂法测定混合碱组成的原理是什么？

2. 本实验可采用其他指示剂吗？

实验七　食醋中总酸度的测定

一、实验目的

1. 学会食醋中总酸度的测定原理和方法。

2. 掌握氢氧化钠标准溶液的配制和标定方法。

3. 掌握指示剂的选择原则，比较不同指示剂对滴定结果的影响。

4. 熟练掌握滴定管、容量瓶、移液管的使用方法和滴定操作技术。

二、实验原理

1. $NaOH$ 的标定

$NaOH$ 易吸收水分及空气中的 CO_2，因而不能用直接法配制标准溶液。需要先配成近似浓度的溶液（通常为 $0.1 \ mol \cdot L^{-1}$），然后用基准物质标定。邻苯二甲酸氢钾（KHP）易制得纯品，在空气中不吸水，容易保存，摩尔质量大，是一种较好的基准物质。标定 $NaOH$ 反应式为：

按下式计算 $NaOH$ 标准溶液的浓度：

$$C_{NaOH} = \frac{m_{KHP} \times 1000}{V_{NaOH} M_{KHP}}$$

2. 食醋中的主要成分是醋酸，此外还含有少量的其他弱酸如乳酸等，用 $NaOH$ 标准溶液滴定，在化学计量点时呈弱碱性，选用酚酞作指示剂，测得的是总酸度。反应式为：

$$HAc + NaOH = NaAc + H_2O$$

按下式计算食醋中的总酸度：

$$总酸度（g \cdot L^{-1}）= \frac{C_{NaOH} V_{NaOH} M_{HAC}}{V_{食醋}}$$

三、仪器与药品

仪器：25 mL 碱式滴定管；250 mL 锥形瓶；250 mL 容量瓶；25 mL 移液管。

药品：NaOH 标准溶液；邻苯二甲酸氢钾（基准物质）；酚酞指示剂。

四、实验步骤

1. NaOH 溶液的标定

准确称取 0.3～0.4 g 邻苯二甲酸氢钾置于 250 mL 锥形瓶中，加水 40～50 mL 溶解后，滴加酚酞指示剂 1～2 滴，用 NaOH 溶液滴定至溶液呈微红色，30 秒内不褪色，即为终点。平行测定三份。

2. 食醋中总酸度的测定

准确移取 25.00 mL 食醋于 250 mL 容量瓶中，用蒸馏水稀释至标线，摇匀。用移液管吸取上述试液 25.00 mL 于锥形瓶中，加入 25 mL H_2O，1～2 滴酚酞指示剂，摇匀，用已标定的 NaOH 标准溶液滴定至溶液呈微红色，30 秒内不褪色，即为终点。平行测定三份，计算食醋中总酸度（$g \cdot L^{-1}$）。

五、数据记录及结果处理

表 5－6　NaOH 溶液的标定

试剂 ＼ 序号	1	2	3
KHP（g）			
NaOH 初始读数（mL）			
NaOH 终点读数（mL）			
NaOH 消耗体积（mL）			
C_{NaCl}（$mol \cdot L^{-1}$）			
C_{NaCl} 平均值（$mol \cdot L^{-1}$）			
相对平均偏差（％）			

表5-7　食醋中总酸度的测定

序号 试剂	1	2	3
稀释食用醋（mL）			
NaOH 初始读数（mL）			
NaOH 终点读数（mL）			
NaOH 消耗体积（mL）			
25.00 mL 食醋稀释液中含 HAc 的质量（g）			
食醋原液总酸度平均值（g·L^{-1}）			
相对平均偏差（%）			

六、注意事项

1. 食醋中醋酸的浓度较大，且颜色较深，故必须稀释后再进行滴定。

2. 注意吸取食醋后应立即将试剂瓶盖盖好，防止挥发。

3. 甲基红作指示剂时，注意观察终点颜色的变化。

七、思考题

1. 为什么使用酚酞作指示剂？

2. 为什么使用甲基红作指示剂，消耗的 NaOH 标准溶液的体积偏小？

实验八　凯氏定氮法测定生物样品中有机氮含量

一、实验目的

1. 学习凯氏定氮法的基本原理和操作。

2. 用凯氏定氮法测定生物样品中氮的含量。

二、实验原理

凯氏定氮法是使样品经硫酸和催化剂一同加热消化，使有机氮分解，其中有机氮素转化为氮，与硫酸化合为硫酸铵。加碱蒸馏，使氨游离出来，用硼酸吸收，再用标准盐酸滴定。

$$(NH_4)_2SO_4 + 2NaOH = 2NH_3\uparrow + 2H_2O + Na_2SO_4$$

$$2NH_3 + 4H_3BO_3 = (NH_4)_2B_4O_7 + 5H_2O$$

$$(NH_4)_2B_4O_7 + 2HCl + 5H_2O = 2NH_4Cl + 4H_3BO_3$$

根据标准酸的消耗量，按下式计算生物样品中有机氮的含量（%）：

$$w_{有机氮}(\%) = \frac{C_{HCl}(V_{HCl样品} - V_{HCl空白}) \times 14}{m_{样品} \times 1000} \times 100\%$$

三、仪器与药品

仪器：凯氏定氮瓶及蒸馏装置；250 mL 锥形瓶；25 mL 酸式滴定管。

药品：$CuSO_4$（分析纯）；K_2SO_4（分析纯）；浓 H_2SO_4；硼酸溶液（2%）；NaOH（40%）；混合指示剂（1 份 0.2% 甲基红 + 5 份 0.2% 溴甲酚绿）；HCl 标准溶液（0.1 mol·L^{-1}）。

四、实验步骤

准确称取固体试样 1 g（含氮总量约 30～40 mg）于 500 mL 凯氏定氮瓶中，加研细的硫酸铜 0.5 g、硫酸钾 10 g、浓硫酸 20 mL，轻轻摇匀。于瓶口装好小漏斗，将凯氏瓶以 45°角斜支于石棉网上，小火加热。使其全部碳化（泡沫消失）后，加强火，使溶液微沸，至液体变为蓝绿色透明再加热 30 min。冷后加 200 mL 水再放冷。连接蒸馏装置，冷凝管下端插入接收瓶液面下。接收瓶内盛有 2% 硼酸溶液 50 mL 及混合指示剂 2～3 滴。从漏斗放入 40% 氢氧化钠溶液 70～80 mL，摇动，瓶内物料变为深蓝色或产生黑色，自漏斗再加水 100 mL。加热蒸馏至氨全部蒸出，使冷凝管下端离开吸收液，再蒸馏 1 min，停止加热。用水冲洗冷凝管下端。吸收液用标准盐酸滴定至灰色为终点。同时做空白实验。

五、数据记录及结果处理

表 5—8　数据记录及结果计算

试剂 ＼ 序号	1	空白
$m_{样品}$（g）		
HCl 初始读数（mL）		
HCl 终点读数（mL）		
HCl 消耗体积（mL）		
$w_{有机氮}$（%）		

六、注意事项

1. 消化时若不易呈透明溶液，可将试液放冷后慢慢加入 30% 过氧化氢 2～3 mL，以促进氧化。

2. 消化过程以微火集中于凯氏瓶底部，保持缓慢沸腾，避免试样溅于瓶壁，难于消化使氨损失。

3. 实验中要保证硫酸足量，否则过多的硫酸钾形成硫酸氢钾，而削弱了硫酸的消化作用。

七、思考题

1. 试样消化过程中，加入浓硫酸、硫酸铜、硫酸钾的作用是什么？

2. 蒸氨时，为什么蒸馏瓶内要加浓碱？吸收液为什么要用硼酸溶液？为什么要将冷凝管下端插入接收瓶液面下？能否用其他的酸代替硼酸？

实验九 EDTA 标准溶液的配制与标定

一、实验目的

1. 掌握 EDTA 标准溶液的配制与标定方法。

2. 学会判断配位滴定的终点。

3. 了解缓冲溶液的应用。

二、实验原理

配位滴定中通常使用的配位剂是乙二胺四乙酸的二钠盐（$Na_2H_2Y \cdot 2H_2O$），其水溶液的 pH 值为 4.5 左右，如 pH 值偏低，需用 NaOH 溶液中和到 pH＝5 左右，以免溶液配制后有乙二胺四乙酸析出。

配制 EDTA 标准溶液一般采用间接法。因 EDTA 标准溶液能与大多数金属离子形成 1∶1 的稳定配合物，所以可用含有金属离子的基准物如 Zn、Cu、Pb、$CaCO_3$、$MgSO_4 \cdot 7H_2O$ 等，在一定 pH 值条件下，选择适当的指示剂来标定。本实验用 Zn 作基准物，选用铬黑 T（EBT）作指示剂，在 $NH_3 \cdot H_2O-NH_4Cl$ 缓冲溶液（pH≈10）中进行标定，其反应如下：

滴定前（式中 In^{3-} 为金属指示剂）：

$$Zn^{2+}+In^{3-}（纯蓝色）=[ZnIn]^-（酒红色）$$

滴定开始至终点前：

$$Zn^{2+}+Y^{4-}=[ZnY]^{2-}（无色）$$

达到终点时：

$$[ZnIn]^-（酒红色）+Y^{4-}=[ZnY]^{2-}+In^{3-}（纯蓝色）$$

所以终点时，溶液从酒红色变为纯蓝色。

三、仪器与药品

仪器：25 mL 移液管；25 mL 酸式滴定管；250 mL 锥形瓶；100 mL 烧杯；100 mL 容量瓶；分析天平。

药品：纯 Zn 片；盐酸（1＋1）；$NH_3 \cdot H_2O-NH_4Cl$ 缓冲溶液（pH≈10）：溶解 20 g NH_4Cl 于少量水中，加入 100 mL 浓氨水，用水稀释至 1000 mL；铬黑 T 指示剂；乙二胺四乙酸二钠盐。

四、实验步骤

1. 0.01 mol·L^{-1} EDTA 标准溶液的配制

称取 3.7 g EDTA 二钠盐，溶于 100 mL 水中，必要时可温热以加快溶解，摇匀。长期放置时，应贮存于聚乙烯瓶中。

2. 0.01 mol·L^{-1} Zn^{2+} 标准溶液的配制

用分析天平准确称取纯锌片 0.15～0.20 g，置于 100 mL 烧杯中，加 5 mL 1＋1 盐酸，盖上表面皿，必要时水浴温热，使之完全溶解，用水洗表面皿及烧杯壁，将溶液转移于 250 mL 容量瓶中，加水稀释至刻度，摇匀。计算 Zn^{2+} 标准溶液的浓度 $C_{Zn^{2+}}$。

3. EDTA 标准溶液的标定

用移液管吸取 25.00 mL Zn^{2+} 标准溶液于 250 mL 锥形瓶中，逐滴加入 1＋1 NH$_3$·H$_2$O，同时不断摇动，直至开始出现 Zn(OH)$_2$ 白色沉淀。加 5 mL NH$_3$·H$_2$O－NH$_4$Cl 缓冲溶液（pH≈10），并加 50 mL 水和 3 滴铬黑 T 指示剂，用 EDTA 标准溶液滴定至自酒红色变纯蓝色，即为终点。平行测定三份，记下所消耗的 EDTA 标准溶液的体积（mL），计算 EDTA 标准溶液的浓度。

五、数据记录及结果处理

表 5－9　数据记录及结果计算

序号 试剂	1	2	3
M_{Zn}（g）			
$C_{Zn^{2+}}$（mol·L^{-1}）			
EDTA 初始读数（mL）			
EDTA 终点读数（mL）			
EDTA 消耗体积（mL）			
C_{EDTA}（mol·L^{-1}）			
C_{EDTA}平均值（mol·L^{-1}）			
相对平均偏差（%）			

六、注意事项

1. 在配制 EDTA 溶液时要保证固体全部溶解。
2. 络合滴定进行得要缓慢，以保证其反应充分。

七、思考题

1. 在配位滴定中，指示剂应具备什么条件？
2. 本实验用什么方法调节 pH？

实验十　水中钙、镁含量的测定

一、实验目的

1. 掌握配位滴定的基本原理、方法和计算。
2. 掌握铬黑 T、钙指示剂的使用条件和终点变化原理。
3. 了解水的硬度计算。

二、实验原理

用 EDTA 测定 Ca^{2+}、Mg^{2+} 时，通常在两个等分的溶液中测定 Ca^{2+} 量以及 Ca^{2+} 和 Mg^{2+} 的总量，Mg^{2+} 量则从两者所用 EDTA 量的差值求出。

在测定 Ca^{2+} 时，先用 NaOH 调节溶液到 pH＝12～13，使 Mg^{2+} 生成难溶的 $Mg(OH)_2$ 沉淀。加入钙指示剂与 Ca^{2+} 配位呈酒红色。滴定时，EDTA 先与游离的 Ca^{2+} 配位，然后夺取已和指示剂配位的 Ca^{2+}，使溶液由红色变成蓝色，即为滴定终点。从 EDTA 标准溶液用量可计算 Ca^{2+} 的含量。

测定 Ca^{2+}、Mg^{2+} 总量时，在 pH＝10 的 NH_3-NH_4Cl 缓冲溶液中，以铬黑 T 为指示剂，用 EDTA 滴定。因稳定性 $CaY^{2-}>MgY^{2-}>MgIn>CaIn$，铬黑 T 先与部分 Mg^{2+} 配位为 MgIn（酒红色）。而当 EDTA 滴入时，EDTA 首先与 Ca^{2+} 和 Mg^{2+} 配位，然后再夺取 MgIn 中 Mg^{2+}，使铬黑 T 游离，因而到达终点时，溶液由酒红色变为纯蓝色。从 EDTA 标准溶液用量可计算钙镁总量，然后换算为相应的硬度单位（铬黑 T 作指示剂滴定总硬度时，Fe^{3+}、Al^{3+} 等会封闭指示剂，加三乙醇胺掩蔽）。

各国对水硬度的表示方法各有不同。其中德国硬度是较早的一种，也是我国采用较普遍的硬度之一，它以度数计，$1°$ 相当于 1 L 水中含 10 mg CaO 所引起的硬度。为方便计算，我国也常以 $mol \cdot L^{-1}$ 或 $mmol \cdot L^{-1}$ 来表示。

三、仪器与药品

仪器：25 mL 酸式滴定管；250 mL 锥形瓶；25 mL 移液管。

药品：EDTA 标准溶液；铬黑 T 指示剂；NH_3-NH_4Cl 缓冲溶液（pH＝10）；NaOH（$6\ mol \cdot L^{-1}$）；钙指示剂。

四、实验步骤

1. Ca^{2+} 的测定

用移液管准确吸取 50 mL 水样于 250 mL 锥形瓶中，加入 50 mL 蒸馏水、2 mL 6 $mol \cdot L^{-1}$ NaOH（pH＝12～13），滴定前加 4～5 滴钙指示剂，溶液呈明显酒红色。用 EDTA 标准溶液滴定至蓝色，即为终点，记录消耗的 EDTA 的体积（V_{EDTA1}），平行测定三次。由下式计算质量分数（$mg \cdot L^{-1}$）：

$$CaCO_3 \text{ 含量} = \frac{C_{EDTA}V_{EDTA1} \times M_{CaCO_3}}{V_0} \times 1000$$

$$CaO \text{ 含量} = \frac{C_{EDTA}V_{EDTA1} \times M_{CaO}}{V_0} \times 1000$$

$$Ca^{2+} \text{ 含量} = \frac{C_{EDTA}V_{EDTA1} \times M_{Ca}}{V_0} \times 1000$$

式中：C_{EDTA}——EDTA 标准溶液的物质的量浓度（mol·L^{-1}）；

V_{EDTA1}——三次滴定 Ca^{2+} 含量消耗 EDTA 标准溶液的平均体积（mL）；

V_0——水样体积（mL）。

2. Ca^{2+}、Mg^{2+} 总量的测定

用移液管准确吸取 50 mL 水样放入 250 mL 锥形瓶中，加入 50 mL 蒸馏水、5 mL NH_3-NH_4Cl 缓冲溶液（pH＝10），滴定之前加 9 滴铬黑 T 指示剂，溶液呈明显的酒红色。立即用 EDTA 标准溶液滴定至纯蓝色，即为终点，记录消耗 EDTA 的体积（V_{EDTA2}），由下式计算：

$$Ca^{2+}\text{、}Mg^{2+} \text{ 总量（mmol·L}^{-1}\text{）} = \frac{C_{EDTA}V_{EDTA2}}{V_0} \times 1000$$

$$\text{总硬度（CaO 含量计）} = \frac{C_{EDTA}V_{EDTA2} \times M_{CaO}}{V_0} \times 1000$$

$$Mg^{2+} \text{ 含量} = \frac{C_{EDTA}(V_{EDTA2}-V_{EDTA1}) \times M_{Mg}}{V_0} \times 1000$$

式中：C_{EDTA}——EDTA 标准溶液的量浓度（mol·L^{-1}）；

V_{EDTA2}——三次滴定 Ca^{2+}、Mg^{2+} 总量消耗 EDTA 标准溶液的平均体积（mL）；

V_0——水样体积（mL）。

五、注意事项

1. EDTA 标准溶液使用前应用 Zn^{2+} 标准溶液进行标定。

2. 指示剂的用量不可过多。

六、思考题

1. 如只有铬黑 T 指示剂，能否测定 Ca^{2+} 的含量？如何测定？

2. 本实验滴定时要缓慢进行，为什么？

实验十一　铁、锌混合液中 Fe^{3+}、Zn^{2+} 的连续测定

一、实验目的

1. 掌握用控制溶液酸度的方法提高 EDTA 选择性，同时进行多种金属离子的连续滴定的方法和原理。

2. 熟悉磺基水杨酸指示剂的应用及终点颜色的变化。

二、实验原理

铁、锌都能与 EDTA 生成稳定的 1∶1 配合物，铁与 EDTA 配合物的稳定性远大于锌与 EDTA 生成的配合物。其 $\log K_{MY}^{\theta}$ 分别为 25.1 和 16.36，二者差别较大，因而在滴定铁时锌不产生干扰，可以利用控制溶液酸度的方法在同一溶液中进行连续滴定，分别测定其含量。

以磺基水杨酸为指示剂，其溶液颜色随酸度改变而变化，pH<1.5 时呈无色，pH>2.5 时呈紫红色。采用本方法测铁时，溶液酸度控制在 pH=1.5～2.5 为宜。当 pH=1.5 时测定，结果偏低；而 pH>3 时，Fe^{3+} 开始形成红棕色氢氧化物，影响终点的观察。

铁、锌混合液中，调节溶液 pH≈2，以磺基水杨酸为指示剂，铁和磺基水杨酸形成紫红色配合物，用 EDTA 直接滴定 Fe^{3+}，此时 Zn^{2+} 不与 Y^{4-} 形成稳定配合物，当溶液颜色由紫红色变为亮黄色，即为 Fe^{3+} 终点。调节滴定完 Fe^{3+} 后的溶液 pH=5～6，以二甲酚橙为指示剂测定 Zn^{2+} 含量。

二甲酚橙指示剂本身显黄色，与 Zn^{2+} 形成的配合物呈紫红色，EDTA 与 Zn^{2+} 形成更稳定的配合物，因而用 EDTA 溶液滴定至终点时，二甲酚橙被释放出来，溶液由紫红色变为黄色即为终点。

按下式计算溶液中 Fe^{3+} 的含量（$g \cdot L^{-1}$）：

$$Fe^{3+} 含量 = \frac{C_{EDTA} V_{EDTA} \times M_{Fe}}{V_{溶液}}$$

按下式计算溶液中 Zn^{2+} 的含量（$g \cdot L^{-1}$）：

$$Zn^{2+} 含量 = \frac{C_{EDTA} V_{EDTA} \times M_{Zn}}{V_{溶液}}$$

三、仪器与药品

仪器：25 mL 移液管；25 mL 酸式滴定管；250 mL 锥形瓶。

药品：HCl（1+1）；氨水（3 mol·L^{-1}）；磺基水杨酸指示剂（10%）；EDTA 标准溶液（0.02mol·L^{-1}）；六次甲基四胺缓冲溶液（20%）；二甲酚橙溶液（0.2%）。

四、实验步骤

1. Fe^{3+} 的测定

准确移取 25.00 mL 试液置于 250 mL 锥形瓶中，滴加 3 mol·L^{-1} 氨水溶液至有褐色絮状沉淀生成，然后边振荡边缓慢滴加盐酸（1+1）至沉淀刚好消失，再过量 3 滴。加 4～8 滴磺基水杨酸指示剂，微热，用 EDTA 标准溶液滴定，至溶液呈淡黄色，即为滴定 Fe^{3+} 的终点，根据消耗的 EDTA 体积，计算

混合液中 Fe^{3+} 的含量，以 $g \cdot L^{-1}$ 表示。平行测定三份。

2．Zn^{2+} 的测定

在滴定 Fe^{3+} 后的溶液中，加入 2 滴二甲酚橙指示剂，先加 3 $mol \cdot L^{-1}$ 氨水至溶液由黄色变为橙色（不能多加），再逐滴加入 20% 的六次甲基四胺缓冲溶液至溶液呈稳定的紫红色，再过量 3 mL，继续以 EDTA 标准溶液滴定。溶液由紫红色变为亮黄色，即为滴定 Zn^{2+} 的终点，根据消耗的 EDTA 体积，计算混合溶液中 Zn^{2+} 的含量，以 $g \cdot L^{-1}$ 表示。平行测点三份。

五、数据记录及结果处理

表 5－10　Fe^{3+} 的测定

试剂　　　　　序号	1	2	3
混合溶液体积（mL）			
EDTA 初始读数（mL）			
EDTA 终点读数（mL）			
EDTA 消耗体积（mL）			
Fe^{3+} 含量（$g \cdot L^{-1}$）			
Fe^{3+} 含量平均值（$g \cdot L^{-1}$）			
相对平均偏差（%）			

表 5－11　Zn^{2+} 的测定

试剂　　　　　序号	1	2	3
混合溶液体积（mL）			
EDTA 初始读数（mL）			
EDTA 终点读数（mL）			
EDTA 消耗体积（mL）			
Zn^{2+} 含量（$g \cdot L^{-1}$）			
Zn^{2+} 含量平均值（$g \cdot L^{-1}$）			
相对平均偏差（%）			

六、注意事项

1．由于配位反应速率较慢，注意控制滴定剂加入的速度，不能太快。

2．过量的六次甲基四胺和它的共轭酸形成缓冲体系，以稳定溶液的 pH 为 5～6。

七、思考题

1. 能否在同一份试样中先测定 Zn^{2+}，再测定 Fe^{3+}？
2. 测定 Fe^{3+}、Zn^{2+} 时，溶液的酸度各控制在什么范围？
3. 磺基水杨酸和二甲酚橙指示剂的作用原理？

实验十二 铅、铋混合液中 Pb^{2+}、Bi^{3+} 含量的测定

一、实验目的

1. 掌握控制溶液酸度进行多种离子连续络合滴定的原理和方法。
2. 熟悉二甲酚橙指示剂的应用及终点颜色的变化。

二、实验原理

Pb^{2+}、Bi^{3+} 均能与 EDTA 形成稳定的络合物，其 $\log K_{MY}^{\theta}$ 分别为 27.94 和 18.04，由于二者 $\log K_{MY}^{\theta}$ 相差较大，故可控制溶液酸度分别测定它们的含量。测定 Bi^{3+} 的酸度范围是 pH＝0.6～1.6，测定 Pb^{2+} 的酸度范围是 pH＝3～7.5。首先调节溶液的 pH＝1，以二甲酚橙（H_3In^{4-}）为指示剂，用 EDTA 标准溶液滴定 Bi^{3+}；在滴定 Bi^{3+} 以后的溶液中，调节 pH＝5～6，用 EDTA 标准溶液滴定 Pb^{2+}。

pH＝1 时的反应为：

滴定前：$Bi^{3+} + H_3In^{4-} = BiH_3In^-$（紫红）

滴定开始至计量点前：$Bi^{3+} + H_2Y^{2-} = BiY^- + 2H^+$

计量点：$H_2Y^{2-} + BiH_3In^-$（紫红）$= BiY^- + H_3In^{4-}$（黄色）$+ 2H^+$

pH＝5～6 时反应为：

滴定前：$Pb^{2+} + H_3In^{4-} = PbH_3In^{2-}$（紫红）

滴定开始至计量点前：$Pb^{2+} + H_2Y^{2-} = PbY^{2-} + 2H^+$

计量点：

$H_2Y^{2-} + PbH_3In^{2-}$（紫红）$= PbY^{2-} + H_3In^{4-}$（黄色）$+ 2H^+$

按下式计算溶液中 Bi^{3+} 的含量（$g \cdot L^{-1}$）：

$$Bi^{3+}\text{含量} = \frac{C_{EDTA} \cdot V_{EDTA} \cdot M_{Bi}}{V_{溶液}}$$

按下式计算溶液中 Pb^{2+} 的含量（$g \cdot L^{-1}$）：

$$Pb^{2+}\text{含量} = \frac{C_{EDTA} V_{EDTA} \times M_{Pb}}{V_{溶液}}$$

三、仪器与药品

仪器：25 mL 移液管；25 mL 酸式滴定管；250 mL 锥形瓶。

药品：EDTA 标准溶液（0.02 $mol \cdot L^{-1}$）；二甲酚橙溶液（0.2%）；六次

甲基四胺缓冲溶液（20％）；氨水（1＋1）；NaOH（2 mol·L^{-1}）；HNO_3（2 mol·L^{-1}，0.1 mol·L^{-1}）。

四、实验步骤

1. Bi^{3+} 的测定

准确移取铅、铋混合液 25.00 mL，滴加 2 mol·L^{-1} NaOH 溶液至刚出现白色浑浊，再小心滴加 2 mol·L^{-1} HNO_3 溶液至浑浊刚消失，加 0.1 mol·L^{-1} HNO_3 溶液 10 mL（使溶液 pH＝1），加入 1～2 滴二甲酚橙指示剂，用 EDTA 标准溶液滴定至溶液由紫红色变为亮黄色，即为滴定 Bi^{3+} 的终点。计算混合液中 Bi^{3+} 的含量（g·L^{-1}）。平行测定三份。

2. Zn^{2+} 的测定

在测定 Bi^{3+} 的溶液中再加 2～3 滴二甲酚橙指示剂，逐滴加入 1＋1 氨水，使溶液呈橙色，再滴加 20％ 六次甲基四胺至溶液呈稳定的紫红色，并过量 5 mL，用标准 EDTA 溶液滴定至溶液呈亮黄色，即为滴定终点。平行测定三份，计算混合液中 Pb^{2+} 的含量（g·L^{-1}）。

五、数据记录及结果处理

表 5－12　Bi^{3+} 的测定

试剂　　　　　　序号	1	2	3
Bi^{3+} 体积（mL）			
EDTA 初始读数（mL）			
EDTA 终点读数（mL）			
EDTA 消耗体积（mL）			
Bi^{3+} 含量（g·L^{-1}）			
Bi^{3+} 含量平均值（g·L^{-1}）			
相对平均偏差（％）			

表 5－13　Pb^{2+} 的测定

序号 试剂	1	2	3
Pb^{2+} 体积（mL）			
EDTA 初始读数（mL）			
EDTA 终点读数（mL）			
EDTA 消耗体积（mL）			
Pb^{2+} 含量（$g \cdot L^{-1}$）			
Pb^{2+} 含量平均值（$g \cdot L^{-1}$）			
相对平均偏差（%）			

六、注意事项

1. 注意控制滴定剂加入的速度，不能太快。

2. 过量的六次甲基四胺和它的共轭酸形成缓冲体系，以稳定溶液的 pH 为 5～6。

七、思考题

1. 能否在同一份试液中先滴定 Pb^{2+}，后滴定 Bi^{3+}？

2. 在 pH 约为 1 的条件下用 EDTA 标准溶液测定 Bi^{3+}，共存的 Pb^{2+} 为何不干扰？

实验十三　自来水中氯含量的测定（莫尔法）

一、实验目的

1. 掌握莫尔法沉淀滴定的原理。

2. 学习 $AgNO_3$ 标准溶液的配制与标定的原理和方法。

3. 掌握铬酸钾指示剂的正确使用方法。

二、实验原理

莫尔法是测定可溶性氯化物中氯含量常用的方法。此法是在中性或弱碱性溶液中，以 K_2CrO_4 为指示剂，用 $AgNO_3$ 标准溶液进行滴定。其反应如下：

$$Ag^+ + Cl^- = AgCl \downarrow （白色） \qquad K_{sp} = 1.8 \times 10^{-10}$$

$$2Ag^+ + CrO_4^{2-} = Ag_2CrO_4 \downarrow （砖红色） \qquad K_{sp} = 2.0 \times 10^{-12}$$

由于 AgCl 沉淀的溶解度比 $AgCrO_4$ 小，溶液中首先析出白色 AgCl 沉淀。当 AgCl 定量沉淀后，过量一滴 $AgNO_3$ 溶液即与 CrO_4^{2-} 生成砖红色 Ag_2CrO_4 沉淀，指示终点到达。

滴定必须在中性或弱碱性溶液中进行，最适宜 pH 范围在 6.5～10.5 之间。如有铵盐存在，溶液的 pH 范围在 6.5～7.2 之间。指示剂的用量对滴定有影响，一般 K_2CrO_4 浓度以 5×10^{-3} mol·L^{-1} 为宜。

按下式计算 $AgNO_3$ 标准溶液的浓度（mol·L^{-1}）：

$$C_{AgNO_3} = \frac{m_{NaCl} \times 1000}{V_{AgNO_3} M_{NaCl}}$$

按下式计算自来水中 Cl^- 的含量（g·L^{-1}）：

$$w_{Cl^-} = \frac{C_{AgNO_3} \cdot [V_{AgNO_3(水样)} - V_{AgNO_3(空白)}] \times M_{Cl}}{V_{水样}}$$

三、仪器与药品

仪器：25 mL 酸式滴定管；100 mL 烧杯；250 mL 容量瓶；250 mL 锥形瓶；25 mL 移液管。

药品：$AgNO_3$（分析纯）；NaCl（基准物质）；K_2CrO_4（5％水溶液）。

四、实验步骤

1. $AgNO_3$ 溶液的标定

准确称取 0.12～0.13 克 NaCl，置于小烧杯中，加水溶解后，转入 250 mL 容量瓶中，以蒸馏水稀释至标线，摇匀。准确移取 25.00 mL NaCl 标准溶液置于 250 mL 锥形瓶中，加入 0.50 mL 0.5％ K_2CrO_4，不断摇动，用 $AgNO_3$ 标准溶液滴定至呈现砖红色即为终点。平行测定三份。

2. 自来水中氯含量的测定

准确移取 100.00 mL 自来水置于锥形瓶中，加入 1.30 mL 0.5％ K_2CrO_4，在不断摇动下，用已标定的 $AgNO_3$ 溶液滴定至呈现砖红色即为终点，平行测定三份。同时准确移取 100.00 mL 蒸馏水于锥形瓶中，按上述方法做空白试验。计算自来水中 Cl^- 的含量（g·L^{-1}）。平行测定三份。

五、数据记录及结果处理

表 5—14　$AgNO_3$ 溶液的标定

序号 试剂	1	2	3
m（NaCl）			
$AgNO_3$ 初始读数（mL）			
$AgNO_3$ 终点读数（mL）			
$AgNO_3$ 消耗体积（mL）			
C_{AgNO_3}（mol·L^{-1}）			
$\overline{C}_{AgNO_3}$（mol·L^{-1}）			
相对平均偏差（％）			

表 5－15　自来水中氯含量的测定

试剂　　　　　序号	1	空白 1	2	空白 2	3	空白 3
水样（mL）						
AgNO₃ 初始读数（mL）						
AgNO₃ 终点读数（mL）						
AgNO₃ 消耗体积（mL）						
自来水中 Cl⁻ 含量（g·L⁻¹）						
自来水中 Cl⁻ 含量平均值（g·L⁻¹）						
相对平均偏差（%）						

六、注意事项

1. Ag_2CrO_4 不能迅速转为 $AgCl$，因此滴定速度一定要放慢，剧烈摇动。

2. 不要使 $AgNO_3$ 与皮肤接触。

3. 实验结束后，盛装 $AgNO_3$ 溶液的滴定管应先用蒸馏水冲洗 2～3 次，再用自来水冲洗，以免产生氯化银沉淀，难以洗净。

4. 含银废液应予以回收，且不能随意倒入水槽。

七、思考题

1. 能否用莫尔法以 $NaCl$ 为标准溶液直接滴定 Ag^+？为什么？

2. 莫尔法测氯时，为什么溶液的 pH 值需控制在 6.5～10.5？

3. 什么是空白试验？为什么要做空白试验？

4. 以 K_2CrO_4 溶液作指示剂时，指示剂浓度过大或过小对测定结果有何影响？

实验十四　可溶性氯化物中氯含量的测定（佛尔哈德法）

一、实验目的

1. 学习 NH_4SCN 标准溶液的配制和标定。

2. 掌握用佛尔哈德返滴定法测定可溶性氯化物中氯含量的原理和方法。

二、实验原理

佛尔哈德法是用铁铵矾作指示剂，以 NH_4SCN（或 $KSCN$）标准溶液滴定含 Ag^+ 溶液的滴定分析方法。用佛尔哈德法测定 Cl^-、Br^-、I^- 和 SCN^- 时，首先加入过量的 Ag^+ 标准溶液，将待测阴离子全部沉淀为难溶银盐后，再用 NH_4SCN 标准溶液返滴剩余的 Ag^+。

如测定氯，反应如下：

Ag^+（过量）＋Cl^- = $AgCl$ ↓（白色） K_{sp} = 1.8×10^{-10}

Ag^+（剩余）＋SCN^- = $AgSCN$ ↓（白色） K_{sp} = 1.0×10^{-12}

化学计量点时，再滴入稍过量的 SCN^-，即与溶液中的 Fe^{3+} 作用，生成红色配离子 $[Fe(SCN)]^{2+}$，指示终点到达。

$$Fe^{3+} + SCN^- = [Fe(SCN)]^{2+}（红色）$$

按下式计算 NH_4SCN 标准溶液的浓度（$mol \cdot L^{-1}$）：

$$C_{NH_4SCN} = \frac{C_{AgNO_3} V_{AgNO_3}}{V_{NH_4SCN}}$$

按下式计算 NaCl 试样中 Cl^- 的含量（％）：

$$w_{Cl^-} = \frac{(C_{AgNO_3} V_{AgNO_3} - C_{NH_4SCN} V_{NH_4SCN}) \times M_{Cl} \times \frac{250}{25}}{m_{NaCl} \times 1000} \times 100\%$$

三、仪器与药品

仪器：25 mL 酸式滴定管；250 mL 锥形瓶；50 mL 烧杯；250 mL 容量瓶；25 mL 移液管。

药品：$AgNO_3$（0.1 mol·L^{-1}）；HNO_3（1＋1）；铁铵矾指示剂溶液（400 g·L^{-1}）；NH_4SCN 标准溶液；NaCl（分析纯）；硝基苯（分析纯）。

四、实验步骤

1. NH_4SCN 溶液的标定

准确移取 $AgNO_3$ 标准溶液 25.00 mL 置于 250 mL 锥形瓶中，加入 5 mL（1＋1）HNO_3，铁铵矾指示剂 1.0 mL，不断摇动，用 NH_4SCN 标准溶液滴定至溶液呈淡红色并稳定不变时即为终点。平行测定三份。计算 NH_4SCN 溶液浓度。

2. NaCl 试样的分析

称取约 2 g NaCl 试样，置于小烧杯中，加水溶解后，转入 250 mL 容量瓶中，以蒸馏水稀释至标线，摇匀。

准确移取 25.00 mL 试样置于 250 mL 锥形瓶中，加 25 mL 水、5 mL（1＋1）HNO_3，加入 $AgNO_3$ 标准溶液至过量 5～10 mL，准确记录加入的 $AgNO_3$ 体积。然后加入 2 mL 硝基苯，用橡皮塞塞住瓶口，剧烈振荡 30 s，使 AgCl 沉淀进入硝基苯层而与溶液隔开。再加入铁铵矾指示剂 1.0 mL，用 NH_4SCN 标准溶液滴至出现淡红色 $[Fe(SCN)]^{2+}$ 络合物并保持稳定不变时即为终点。平行测定三份。计算 NaCl 试样中氯的含量（％）。

五、数据记录及结果处理

表 5-16　NH₄SCN 溶液的标定

试剂　　　　　序号	1	2	3
V_{AgNO3} （mL）			
NH₄SCN 初始读数（mL）			
NH₄SCN 终点读数（mL）			
NH₄SCN 消耗体积（mL）			
C_{NH_4SCN} （mol·L^{-1}）			
$\overline{C}_{NH_4SCN}$ 平均值（mol·L^{-1}）			
相对平均偏差（%）			

表 5-17　NaCl 试样分析

试剂　　　　　序号	1	2	3
V_{NaCl} （mL）			
V_{AgNO_3} （mL）			
NH₄SCN 初始读数（mL）			
NH₄SCN 终点读数（mL）			
NH₄SCN 消耗体积（mL）			
w_{Cl^-} （%）			
$\overline{w}_{Cl^-}$ （%）			
相对平均偏差（%）			

六、注意事项

1. 滴定时，控制氢离子浓度为 $0.1 \sim 1$ mol·L^{-1}，剧烈摇动溶液，并加入硝基苯（有毒）或石油醚保护 AgCl 沉淀。

2. 指示剂用量对滴定有影响，一般控制 Fe^{3+} 浓度为 0.015 mol·L^{-1} 为宜。

七、思考题

1. 佛尔哈德法测氯时，为什么要加入石油醚或硝基苯？

2. 本实验溶液为什么用 HNO_3 酸化？可否用 HCl 溶液或 H_2SO_4 酸化？为什么？

实验十五　生理盐水中氯化钠含量的测定（法扬司法）

一、实验目的

1. 掌握法扬司法测定氯化钠含量的原理与方法。
2. 掌握吸附指示剂的正确使用方法。

二、实验原理

用吸附指示剂指示终点的银量法称为法扬司法。

以荧光黄指示剂（HFIn）为例，其在水溶液中（pH 为 7～10）解离出的荧光黄阴离子呈绿色，即：

$$HFIn（aq）＋H_2O（l）＝H_3O^+＋FIn^-（aq，绿色）$$

化学计量点前，AgCl 沉淀吸附溶液中过量的 Cl⁻ 离子使胶体表面带负电荷，这种带负电荷的胶粒不能吸附指示剂阴离子：

$$AgCl(s)＋Cl^-（aq）＋FIn^-（aq）＝AgCl·Cl^-（吸附态）＋FIn^-（aq，绿色）$$

化学计量点后，AgCl 沉淀吸附溶液中过量的 Ag⁺ 离子使胶体表面带正电荷，这种带正电荷的胶粒吸附指示剂阴离子显粉色：

$$AgCl(s)＋Ag^+（aq）＋FIn^-（aq）＝AgCl·Ag^+·FIn^-（吸附态，粉红色）$$

以此指示终点。

按下式计算生理盐水中 NaCl 的含量（$g·L^{-1}$）：

$$w_{NaCl}=\frac{C_{AgNO_3}\times V_{AgNO_3}\times M_{NaCl}}{V_{生理盐水}}$$

三、仪器与药品

仪器：25 mL 酸式滴定管；250 mL 锥形瓶；10 mL 移液管。

药品：$AgNO_3$ 标准溶液（0.1000 mol·L^{-1}）；生理盐水；荧光黄－淀粉指示剂。

四、实验步骤

准确量取生理盐水 7.00 mL 于 250 mL 锥形瓶中，分别加蒸馏水 20 mL、荧光黄－淀粉指示剂溶液 5 mL，在充分振荡下，用 $AgNO_3$ 标准溶液滴定至溶液由黄绿色变为粉红色即达到终点。平行测定三次，计算生理盐水中氯化钠的含量。

五、数据记录及结果处理

表 5-18　生理盐水中 NaCl 含量的测定

序号 试剂	1	2	3
$V_{\text{生理盐水}}$ （mL）			
$AgNO_3$ 初始读数（mL）			
$AgNO_3$ 终点读数（mL）			
$AgNO_3$ 消耗体积（mL）			
w_{NaCl}（g·L^{-1}）			
$\overline{w}_{\text{NaCl}}$（g·L^{-1}）			
相对平均偏差（%）			

六、注意事项

1. 含银废液应予以回收，且不能随意倒入水槽。

2. 带有吸附指示剂的卤化银胶体对光线极敏感，遇光易分解析出金属银，在滴定过程中应避免强光照射。

七、思考题

1. 指示剂中加入淀粉的目的是什么？

实验十六　$BaCl_2 \cdot 2H_2O$ 中钡含量的测定（重量法）

一、实验目的

1. 了解晶形沉淀的条件和沉淀方法。

2. 掌握晶形沉淀的制备、过滤、洗涤、灼烧及恒重等基本操作。

3. 了解测定 $BaCl_2 \cdot 2H_2O$ 中钡含量的原理和方法。

二、实验原理

Ba^{2+} 能生成一系列微溶化合物，如 $BaCO_3$、$BaCrO_4$、BaC_2O_4、$BaHPO_4$ 和 $BaSO_4$ 等，其中以 $BaSO_4$ 溶解度最小（25℃ 时 0.25mg/100mL H_2O）。$BaSO_4$ 性质非常稳定，组成与化学式相符合，因而常以 $BaSO_4$ 重量法测定 Ba 含量。反应式如下：

$$Ba^{2+} + SO_4^{2-} = BaSO_4 \downarrow \text{（白色）}$$

称取一定量的 $BaCl_2 \cdot 2H_2O$ 用水溶解，为了得到较大的颗粒和纯净的 $BaSO_4$，加稀 HCl 酸化，加热至微沸，不断搅拌下加入稀、热的 H_2SO_4。Ba^{2+} 与 SO_4^{2-} 反应后形成晶形沉淀。沉淀经过陈化、过滤、洗涤、烘干、碳化、灼烧后，以 $BaSO_4$ 形式称量，可求出 $BaCl_2 \cdot 2H_2O$ 中 Ba 的含量。

按下式计算 $BaCl_2 \cdot 2H_2O$ 中 Ba 的含量（%）：

$$w_{Ba} = \frac{m_{BaSO_4} M_{Ba}}{m_{BaCl_2 \cdot 2H_2O} M_{BaSO_4}} \times 100\%$$

三、仪器与药品

仪器：分析天平；瓷坩埚；马福炉；250 mL 烧杯；100 mL 烧杯；表面皿；电热套；电磁炉；漏斗。

药品：$BaCl_2 \cdot 2H_2O$（分析纯）；HCl（2 mol·L^{-1}）；H_2SO_4（1 mol·L^{-1}、0.01 mol·L^{-1}）。

四、实验步骤

1. 坩埚恒重

将两只洁净的空坩埚在马福炉中（800±20 ℃）灼烧一个半小时，称其重量。

2. 沉淀的制备

准确称取约 0.41 g $BaCl_2 \cdot 2H_2O$ 试样，置于 250 mL 烧杯中，加入约 100 mL 水、3 mL HCl 溶液，搅拌溶解，加热至近沸。另取 4 mL 1 mol·L^{-1} H_2SO_4 于 100 mL 烧杯中，加水 30 mL 加热至近沸，趁热将 H_2SO_4 溶液逐滴加入到热的钡盐溶液中，并用玻璃棒不断搅拌，直至加完为止。用 H_2SO_4 检查上清液，沉淀完全后盖上表面皿，将沉淀放置一晚，陈化。

3. 沉淀的过滤和洗涤

用中速滤纸倾泻法过滤，稀 H_2SO_4（0.01 mol·L^{-1}）洗涤沉淀 3～4 次，每次约 10 mL。将沉淀定量转移到滤纸上，用小滤纸碎片擦拭烧杯壁，将其放入漏斗中，再用稀 H_2SO_4 洗涤三次至洗涤液中无 Cl^-。

4. 沉淀的灼烧与称量

将折叠好的沉淀滤纸包置于已恒重的瓷坩埚中，在电磁炉上烘干、碳化、灰化后，在（800±20）℃的马福炉中加热 30 分钟。取出坩埚，冷却至室温后称量，计算试样中钡的含量。

五、数据记录及结果处理

表 5-19 $BaCl_2 \cdot 2H_2O$ 中 Ba 含量的测定

试剂　　　　　　序号	1	2
坩埚重量（g）		
$BaCl_2 \cdot 2H_2O$ 重量（g）		
坩埚＋$BaSO_4$ 重量（g）		
$BaSO_4$ 重量（g）		
Ba 含量（%）		
Ba 含量平均值（%）		
相对平均偏差（%）		

六、注意事项

1. 反应过程中，Ba^{2+} 可生成一系列微溶化合物，另外 NO_3^-、Cl^- 等会与 K^+、Fe^{3+} 形成共沉淀现象，从而影响实验结果的测定。因此，应严格控制实验条件，以减少对测定结果的干扰。

2. $BaSO_4$ 沉淀初生成时，一般形成细小晶体，过滤时易穿过滤纸，为得到纯净而颗粒较大的晶体沉淀，应在热的酸性稀溶液中，在不断搅拌下逐滴加入热的稀 H_2SO_4。

3. 加热温度以近沸为好。在酸性条件下沉淀 $BaSO_4$，同时还能防止生成 $BaCO_3$、$BaHPO_4$、BaC_2O_4 及 $BaCrO_4$ 等沉淀。

七、思考题

1. 为什么要在一定酸度的盐酸介质中进行 $BaSO_4$ 沉淀？
2. 碳化和灰化的目的是什么？

实验十七　葡萄糖含量的测定（间接碘量法）

一、实验目的

1. 掌握间接碘量法测定葡萄糖含量的原理与操作。
2. 学会资料的查阅，了解其他测定葡萄糖的方法（五种）。

二、实验原理

碘与 NaOH 作用能生成 NaIO（次碘酸钠），而 $C_6H_{12}O_6$（葡萄糖）能定量地被 NaIO 氧化。

$$I_2 + 2NaOH = NaIO + NaI + H_2O$$
$$C_6H_{12}O_6 + NaIO = C_6H_{12}O_7 + NaI$$

$$I_2 + C_6H_{12}O_6 + 2NaOH = C_6H_{12}O_7 + 2NaI + H_2O \text{（总反应方程式）}$$

在酸性条件下，未与 $C_6H_{12}O_6$ 作用的 NaIO 可转变成 I_2 析出，因而只要用 $Na_2S_2O_3$ 标准溶液滴定析出的 I_2，便可计算出 $C_6H_{12}O_6$ 的含量。以上各步可用反应方程式表示如下：

$$3NaIO = NaIO_3 + 2NaI \text{（歧化反应）}$$
$$NaIO_3 + 5NaI + 6HCl = 3I_2 + 6NaCl + 3H_2O$$
$$I_2 + 2Na_2S_2O_3 = Na_2S_4O_6 + 2NaI$$

在这一系列的反应中，1 mol $C_6H_{12}O_6$ 与 1 mol NaIO 作用，而 1 mol I_2 产生 1 mol NaIO。因此，1 mol $C_6H_{12}O_6$ 与 1 mol I_2 相当。可按下式计算样品中葡萄糖的含量（g/L）：

$$C_6H_{12}O_6 \text{ 含量（g/L）} = \frac{\left(C_{I_2} \cdot V_{I_2} - \frac{1}{2}C_{Na_2S_2O_3}V_{Na_2S_2O_3}\right) \times M_{C_6H_{12}O_6}}{25.00}$$

三、仪器与药品

仪器：250 mL 碘量瓶；25 mL 移液管；25 mL 酸式滴定管。

药品：HCl（6 mol·L^{-1}）；NaOH（2 mol·L^{-1}）；Na$_2$S$_2$O$_3$ 标准溶液（0.1 mol·L^{-1}）；I$_2$ 溶液（0.05 mol·L^{-1}）；淀粉溶液（0.5%）；葡萄糖（w 为 0.50）。

四、实验步骤

移取 25.00 mL 待测液于碘量瓶中，准确加入 I$_2$ 标准溶液 25.00 mL，一边摇动一边慢慢滴加 2 mol·L^{-1} NaOH 溶液，直至溶液呈淡黄色。加碱的速度不能过快，否则过量的 NaIO 来不及氧化 C$_6$H$_{12}$O$_6$，使测定结果偏低。将碘量瓶盖好，暗处放置 10～15 分钟后，加 2 mL 6 mol·L^{-1} HCl 使其呈酸性，然后立即用 Na$_2$S$_2$O$_3$ 溶液滴定，至溶液呈浅黄色，加入 2 mL 淀粉指示剂，继续滴至蓝色消失为止，记下消耗 Na$_2$S$_2$O$_3$ 的体积，平行测定三份。

五、数据记录及结果处理

表 5－20　葡萄糖含量的测定

序号 试剂	1	2	3
Na$_2$S$_2$O$_3$ 初始读数（mL）			
Na$_2$S$_2$O$_3$ 终点读数（mL）			
Na$_2$S$_2$O$_3$ 消耗体积（mL）			
C$_6$H$_{12}$O$_6$ 含量（g·L^{-1}）			
C$_6$H$_{12}$O$_6$ 含量平均值（g·L^{-1}）			
相对平均偏差（%）			

六、注意事项

1. 淀粉指示剂应在临近终点时加入。

2. 滴定需要在中性或弱酸性溶液中进行。

七、思考题

1. 碘溶液为什么要被保存在带玻璃塞的棕色瓶中？

2. 标定碘溶液时，既可以用硫代硫酸钠滴定碘溶液，也可以用碘溶液滴定硫代硫酸钠溶液，且都用淀粉作指示剂。但在两种情况下加入淀粉指示剂的时间是否相同？

实验十八　化学需氧量（COD）的测定（高锰酸钾法）

一、实验目的

1. 掌握酸性高锰酸钾法测定水中 COD 的分析方法。

2. 了解测定 COD 的意义。

二、实验原理

化学需氧量是指用适当氧化剂处理水样时，水样中需氧污染物所消耗的氧化剂的量，通常以相应的氧量（单位为 $mg \cdot L^{-1}$）来表示。COD 是表示水体或污水污染程度的重要综合性指标之一，是环境保护和水质控制中经常需要测定的项目。COD 值越高，说明水体污染越严重。COD 的测定分为酸性高锰酸钾法、碱性高锰酸钾法和重铬酸钾法。$KMnO_4$ 法得到的值记为高锰酸钾指数，仅适用于污染不太重的地表水、饮用水、生活污水。

本实验采用酸性高锰酸钾法。即在酸性条件下，向被测水样中定量加入高锰酸钾溶液，加热水样，使高锰酸钾与水样中有机污染物充分反应，过量的高锰酸钾用一定量的草酸钠还原，最后用高锰酸钾溶液返滴过量的草酸钠，由此计算出水样的耗氧量。反应方程式为：

$$2MnO_4^- + 5C_2O_4^{2-} + 16H^+ = 2Mn^{2+} + 10CO_2 \uparrow + 8H_2O$$

三、仪器与药品

仪器：25 mL 酸式滴定管；水浴锅；250 mL 锥形瓶；100 mL 量筒；移液管。

药品：$KMnO_4$（0.005 $mol \cdot L^{-1}$）；硫酸（1：2）；硝酸银溶液（w 为 0.10）；草酸钠标准溶液（0.013 $mol \cdot L^{-1}$）：准确称取基准物质草酸钠 0.42 g 左右溶于少量蒸馏水中，定量转移至 250 mL 容量瓶中，稀释至刻度，摇匀，计算其浓度。

四、实验步骤

1. 取 50 mL 水样于 250 mL 锥形瓶中，用蒸馏水稀释至 100 mL，加硫酸（1：2）10 mL，再加入 w 为 0.10 的硝酸银溶液 5 mL，摇匀后准确加入 0.005 $mol \cdot L^{-1}$ $KMnO_4$ 溶液 10.00 mL（V_1），将锥形瓶置于沸水浴中加热 30 min，氧化需氧污染物。稍冷后（~80 ℃），加入 0.013 $mol \cdot L^{-1}$ $Na_2C_2O_4$ 标准溶液 10.00 mL，摇匀（此时溶液应为无色），在 70~80 ℃ 的水浴中用 0.005 $mol \cdot L^{-1}$ $KMnO_4$ 溶液滴定至微红色，30 s 内不褪色即为终点，记下 $KMnO_4$ 溶液的用量为 V_2。

2. 在 250 mL 锥形瓶中加入蒸馏水 100 mL 和 1：2 硫酸 10 mL，移入 0.013 $mol \cdot L^{-1}$ $Na_2C_2O_4$ 标准溶液 10.00 mL，摇匀，在 70~80℃ 的水浴中，用 0.005 $mol \cdot L^{-1}$ $KMnO_4$ 溶液滴定至溶液呈微红色，30 s 内不褪色即为终点，记下 $KMnO_4$ 溶液的用量为 V_3。

3. 在 250 mL 锥形瓶中加入蒸馏水 100 mL 和 1：2 硫酸 10 mL，在 70~80 ℃下，用 0.005 $mol \cdot L^{-1}$ $KMnO_4$ 溶液滴定至溶液呈微红色，30 s 内不褪色

即为终点，记下 $KMnO_4$ 溶液的用量为 V_4。按下式计算化学需氧量 $COD_{(Mn)}$

$$COD_{(Mn)} / (mg \cdot L^{-1}) = \frac{[(V_1+V_2-V_4) \cdot f - 10.00] \times C_{(Na_2C_2O_4)} \times 16.00 \times 1000}{V_s}$$

式中，$f = 10.00/(V_3 - V_4)$，即 1 mL $KMnO_4$ 相当于 f mL $Na_2C_2O_4$ 标准溶液；V_s 为水样体积；16.00 为氧的相对原子质量。

六、注意事项

1. 水样中 Cl^- 在酸性高锰酸钾中被氧化，使结果偏高。

2. 实验所用蒸馏水最好用含酸性高锰酸钾的蒸馏水重新蒸馏所得的二次蒸馏水。

七、思考题

1. 哪些因素影响 COD 的测定结果？为什么？

2. 可以采用哪些方法避免水中 Cl^- 对测定结果的影响？

实验十九　碘量法测定维生素 C 的含量

一、实验目的

1. 掌握直接碘量法的操作。

2. 了解直接碘量法的过程。

二、实验原理

维生素 C，又叫抗坏血酸，是和人类营养密切相关的一种抗氧化剂。维生素 C 的分子式如下：

确定维生素 C 含量的一种方法是氧化还原滴定法－直接碘量法。维生素 C 可以和碘发生如下反应，碘被抗坏血酸还原为碘化物。

当碘标准溶液稍微过量时达到滴定终点，常用淀粉作为指示剂来指示滴定终点，过量的碘和淀粉形成蓝色溶液。

维生素 C 在空气中很容易被氧化，由于其还原性很强，在碱性溶液中更容易被氧化。因此，反应须在稀醋酸中进行以避免副反应。

三、仪器与药品

仪器：25 mL 酸式滴定管；250 mL 锥形瓶；分析天平；量筒。

药品：碘标准溶液（0.05 mol·L^{-1}）；淀粉指示剂（w 为 0.005）；HAc（1+1）。

四、实验步骤

准确称取试样 0.2 g 置于 250 mL 锥形瓶中，加入 100 mL 新煮沸过的冷蒸馏水和 10 mL（1+1）的 HAc 溶液，完全溶解后再加入 3 mL 淀粉指示剂，用 I$_2$ 标准溶液滴定至溶液显稳定的蓝色，平行测定三次。

五、数据记录及结果处理

表 5-21 数据记录及结果计算

试剂 ＼ 序号	1	2	3
m_{Vc}（g）			
I$_2$ 初始读数（mL）			
I$_2$ 终点读数（mL）			
I$_2$ 消耗体积（mL）			
$w_{C_6H_8O_6}$（%）			
$\overline{w}_{C_6H_8O_6}$ 平均值（%）			
相对平均偏差（%）			

相关计算公式：

$$w_{C_6H_8O_6} = \frac{C_{I_2} \times V_{I_2} \times M_{C_6H_8O_6} \times 10^{-3}}{m_{Vc}} \times 100\%$$

六、注意事项

1. 维生素 C 在酸性溶液中比较稳定，但溶解后仍需立刻滴定。
2. 量取稀醋酸和淀粉指示剂的量筒不得混用。

七、思考题

1. 测定维生素 C 的溶液中为什么要加入稀 HAc？
2. 溶样时为什么要用新煮沸过并放冷的蒸馏水？

实验二十　重铬酸钾标准溶液的配制及亚铁盐中铁含量的测定

一、实验目的

1. 掌握直接法配制标准溶液。
2. 掌握重铬酸钾法测定 Fe^{2+} 的原理与方法。

二、实验原理

重铬酸钾法测铁，是铁矿中全铁量测定的标准方法。在酸性溶液中，Fe^{2+}

可以定量地被 $K_2Cr_2O_7$ 氧化成 Fe^{3+}，反应为：

$$6Fe^{2+} + Cr_2O_7^{2-} + 14H^+ = 6Fe^{3+} + 2Cr^{3+} + 7H_2O$$

滴定指示剂为二苯胺磺酸钠，其还原态为无色，氧化态为紫红色。滴定过程中必须加入磷酸或氟化钠等，目的有两个：一是与生成的 Fe^{3+} 形成配离子 $[Fe(HPO_4)]^+$，降低 Fe^{3+}/Fe^{2+} 电对的电极电势，扩大滴定突跃范围，使指示剂变色范围在滴定突跃范围之内；二是生成的配离子为无色，消除了溶液中 Fe^{3+} 的黄色干扰，利于终点观察。

按下式计算亚铁盐中 Fe^{2+} 的含量（%）：

$$w_{Fe^{2+}} \ (\%) = \frac{6C_{K_2Cr_2O_7} V_{K_2Cr_2O_7} M_{Fe}}{m_{FeSO_4} \times 1000} \times 100\%$$

三、仪器与药品

仪器：分析天平；25 mL 酸式滴定管；100 mL 烧杯；100 mL 容量瓶；250 mL 锥形瓶；50 mL 量筒。

药品：$K_2Cr_2O_7$（分析纯）；$FeSO_4$（分析纯）；混酸（15 mL H_2SO_4 + 70 mL H_2O + 15 mL H_3PO_4）；二苯胺磺酸钠指示剂。

四、实验步骤

1. 配制 $K_2Cr_2O_7$ 标准溶液

准确称取 $K_2Cr_2O_7$ 固体 0.6 g 置于 100 mL 烧杯，加 30 mL 水溶解，定容在 100 mL 容量瓶中，摇匀。

2. 亚铁盐中 Fe^{2+} 含量的测定

准确称取 0.6 g $FeSO_4$ 试样于 250 mL 锥形瓶中，加 20 mL 水，15 mL 混酸，5~6 滴二苯胺磺酸钠指示剂，用 $K_2Cr_2O_7$ 标准溶液滴定至溶液由绿色变为紫色或紫蓝色为终点。平行测定三份。计算亚铁盐中 Fe^{2+} 的含量（%）。

五、数据记录及结果处理

表 5—22　亚铁盐中 Fe^{2+} 的含量

试剂 ＼ 序号	1	2	3
m_{FeSO_4}（g）			
$K_2Cr_2O_7$ 初始读数（mL）			
$K_2Cr_2O_7$ 终点读数（mL）			
$K_2Cr_2O_7$ 消耗体积（mL）			
w_{Fe}（%）			
$\overline{w}_{Fe}$（%）			
相对平均偏差（%）			

六、注意事项

重铬酸钾溶液对环境有污染，需回收。

七、思考题

1. 为什么可用直接法配制 $K_2Cr_2O_7$ 标准溶液？

2. 加入硫酸和磷酸的目的是什么？

3. 用二苯胺磺酸钠作指示剂，终点为什么由绿色变为紫色或紫蓝色？

实验二十一　碱金属和碱土金属

一、实验目的

1. 了解金属钠和镁的强还原性。

2. 学会用焰色反应鉴定某些碱金属和碱土金属离子的方法。。

3. 掌握碱土金属难溶盐的溶解性。

二、仪器与药品

仪器：离心机；小试管；小刀；镊子；研钵；坩埚；铂丝或镍铬丝；pH 试纸；钴玻璃等。

药品：HCl（2 mol·L^{-1}，6 mol·L^{-1}）；HNO_3（6 mol·L^{-1}）；H_2SO_4（2 mol·L^{-1}）；HAc（2 mol·L^{-1}）；NaOH（2 mol·L^{-1}）；Na_2CO_3（0.1 mol·L^{-1}）；NH_3·H_2O—NH_4Cl 缓冲溶液（浓度各为 1 mol·L^{-1}）；HAc—NH_4Ac 缓冲溶液（浓度各为 1 mol·L^{-1}）；$MgCl_2$（0.1 mol·L^{-1}）；$CaCl_2$（0.1 mol·L^{-1}）；$BaCl_2$（0.1 mol·L^{-1}）；Na_2SO_4（0.5 mol·L^{-1}）；$CaSO_4$（饱和）；$(NH_4)_2C_2O_4$（饱和）；$KMnO_4$（0.01 mol·L^{-1}）；$(NH_4)_2CO_3$（0.5 mol·L^{-1}）；K_2CrO_4（0.1 mol·L^{-1}）；Na^+、K^+、Ca^{2+}、Sr^{2+}、Ba^{2+} 试液（10 g·L^{-1}）；酚酞溶液；Na（s）；Mg（s）；镁试剂 I 等。

三、实验步骤

1. 金属钠和镁的还原性

（1）金属钠和氧的反应：用镊子夹取一小块金属钠，用滤纸吸干其表面的煤油，放入干燥的坩埚中加热。当钠开始燃烧时，停止加热，观察反应现象及产物的颜色和状态。

（2）镁条在空气中燃烧：取一小段镁条，用砂纸除去表面的氧化物，点燃，观察燃烧情况和所得产物。产物中可能存在 Mg_3N_2 吗？如何证实？

（3）钠、镁与水的反应：取一小块金属钠，用滤纸吸干其表面的煤油，放入盛有 1/4 体积水的 250 mL 烧杯中，观察反应情况。检验反应后水溶液的酸碱性。另取一段擦至光亮的镁条，投入盛有 2 mL 蒸馏水的试管中，观察反应情况。水浴加热，反应是否明显？检验反应后水溶液的酸碱性。

2. 碱金属和碱土金属的焰色反应

碱金属和碱土金属的挥发性化合物在氧化焰上灼烧时，能使火焰呈现特殊的颜色。例如，钠—黄色、钾—紫色、钙—橙色、锶—深红色、钡—黄绿色。因此，分析化学中常借此鉴定这些元素，并称之为焰色反应。

实验：取镶有铂丝（或镍铬丝）的玻璃棒一根（金属丝的尖端弯成环状），先按下法清洁之：浸铂丝于纯的 6 mol·L^{-1} HCl 中（放在点滴板的凹穴内），在煤气灯的氧化焰上灼烧片刻，再浸入酸中，取出再灼烧，如此重复数次，直至火焰不再呈现任何颜色（用镍铬丝时，仅能烧至呈淡黄色）。这时，铂丝才算洁净。

用洁净的铂丝蘸取 Na$^+$ 试液（预先放在点滴板的凹穴内加 1 滴 6 mol·L^{-1} HCl）灼烧之，观察火焰的颜色。

用与上面相同的操作，分别观察钾、钙、锶和钡等盐溶液的焰色反应（观察钾盐的焰色反应时，为消除钠对钾焰色的干扰，一般需用蓝色钴玻璃片滤光）。

3. 镁、钙和钡难溶盐的生成和性质

（1）硫酸盐溶解度的比较

在三支试管中，分别加入 1 mL 0.1 mol·L^{-1} MgCl$_2$、CaCl$_2$ 和 BaCl$_2$ 溶液，再加入 1 mL 0.5 mol·L^{-1} 的 Na$_2$SO$_4$ 溶液，有何现象（若无沉淀生成，微热之再观察）？分离出沉淀，试验其与 HNO$_3$（6 mol·L^{-1}）的作用。

另取两只试管，分别加入 1 mL 0.1 mol·L^{-1} MgCl$_2$ 和 BaCl$_2$ 溶液，然后各加 0.5 mL 饱和硫酸钙溶液，又有何现象？比较 MgSO$_4$、CaSO$_4$ 和 BaSO$_4$ 的溶解度。

（2）镁、钙和钡的碳酸盐的生成和性质

a. 在三支试管中，分别加入 0.5 mL 0.1 mol·L^{-1} 的 MgCl$_2$、CaCl$_2$ 和 BaCl$_2$ 溶液，再各加入 0.5 mL 0.1 mol·L^{-1} 的 Na$_2$CO$_3$ 溶液，稍加热，观察现象。试验产物对 2 mol·L^{-1} NH$_4$Cl 溶液的作用，写出反应式。

b. 在三支试管中，分别加入 0.5 mL 0.1 mol·L^{-1} 的 MgCl$_2$、CaCl$_2$ 和 BaCl$_2$ 溶液，再各加入 0.5 mL NH$_3$·H$_2$O—NH$_4$Cl 缓冲溶液（pH＝9），然后各加入 0.5 mL 0.5 mol·L^{-1}（NH$_4$）$_2$CO$_3$ 溶液。稍加热，观察现象。试指出 Mg^{2+} 与 Ca^{2+}、Ba^{2+} 的分离条件。

（3）钙和钡的铬酸盐的生成和性质

a. 在两支试管中，各加入 0.5 mL 0.1 mol·L^{-1} 的 CaCl$_2$ 和 BaCl$_2$ 溶液，

再各加入 0.5 mL 0.1 mol·L^{-1} K_2CrO_4 溶液，观察现象。试验产物对 2 mol·L^{-1} HAc 溶液的作用。写出反应式。

b. 在两支试管中，各加入 0.5 mL 0.1 mol·L^{-1} 的 $CaCl_2$ 和 $BaCl_2$ 溶液，再各加入 0.5 mL HAc—NH_4Ac 缓冲溶液，然后各加入 0.5 mL 0.1 mol·L^{-1} K_2CrO_4 溶液，观察现象。试指出 Ca^{2+} 和 Ba^{2+} 的分离条件。

四、注意事项

金属钠和钙平时应保存在煤油中或石蜡油中，取用时，可在煤油中用小刀切割，用镊子夹取，并用滤纸把煤油吸干。切勿与皮肤接触，未用完的钠屑不能乱丢，可放回原瓶中或放在少量酒精中，使其缓慢耗掉。

五、思考题

1. 如何从碳酸钙和碳酸钡沉淀中分离钙离子和钡离子？

2. 若实验室中发生镁的燃烧事故，应用什么方法灭火？可否用水或二氧化碳来灭火？

实验二十二　硼族元素、碳族元素和氮族元素

一、实验目的

1. 掌握硼酸和硼砂的主要性质。

2. 试验并掌握锡（Ⅱ）的还原性和铅（Ⅳ）的氧化性。

3. 掌握铵盐、亚硝酸、硝酸和磷酸盐的主要性质。

二、仪器与药品

仪器：离心机；小试管；pH 试纸；水浴锅等。

药品：$SnCl_2$（0.1 mol·L^{-1}）；NaOH（2 mol·L^{-1}）；$Bi(NO_3)_3$（0.1 mol·L^{-1}）；HNO_3（6 mol·L^{-1}，2 mol·L^{-1}）；PbO_2（s）；硼砂饱和溶液；浓 H_2SO_4；H_3BO_3 固体；甘油；甲基橙指示剂；NH_4Cl 固体；$NH_4H_2PO_4$ 固体；NH_4NO_3 固体；饱和 $NaNO_2$ 溶液；KI（0.1 mol·L^{-1}）；$NaNO_2$（0.5 mol·L^{-1}）；$KMnO_4$（0.01 mol·L^{-1}）；浓 HNO_3；硫粉；铜片；石蕊试纸；Na_2HPO_4（0.1 mol·L^{-1}）；钼酸铵试剂；$Na_4P_2O_7$（0.1 mol·L^{-1}）；$NaPO_3$（0.1 mol·L^{-1}）；$AgNO_3$（0.1 mol·L^{-1}）；HAc（2 mol·L^{-1}）；蛋白溶液。

三、实验步骤

1. Sn（Ⅱ）、Pb（Ⅳ）的氧化还原性质

a. 亚锡酸钠的还原性

在盛有 1 mL 0.1 mol·L^{-1} $SnCl_2$ 溶液的试管中，滴加 2 mol·L^{-1} NaOH 溶液，同时不断振荡，直至生成的沉淀完全溶解，再过量 3 滴，然后加入 0.1

$mol \cdot L^{-1}$ $Bi(NO_3)_3$ 溶液数滴，有何现象？写出反应方程式，此反应可用于鉴定 Bi^{3+}。

b. PbO_2 的氧化性

取 1 滴 $0.1\ mol \cdot L^{-1}$ $MnSO_4$ 溶液于试管中，加水 10 滴稀释，再加 1 mL $6\ mol \cdot L^{-1}$ HNO_3 和 PbO_2 固体少许，搅拌后置水浴上加热，有何变化？写出反应式。

2. 硼酸的制备和性质

a. 硼酸的生成

取 1 mL 硼砂饱和溶液，测其 pH。在该溶液中加入 0.5 mL 浓 H_2SO_4，用冰水冷却之，有无晶体析出？离心分离，弃去溶液，用少量冷水洗涤晶体 2~3 次，再用 0.5 mL 水使之溶解，用 pH 试纸测其 pH。与硼砂溶液相比是否相同？

b. 硼酸的性质

试管中加入少量 H_3BO_3 固体和 6 mL 蒸馏水，微热之，使固体溶解。加一滴甲基橙指示剂，观察溶液的颜色。

把溶液分装于两支试管中，在一支试管中加几滴甘油 $C_3H_5(OH)_3$，混匀，比较两支试管的颜色，解释之。

硼酸和甘油的反应为

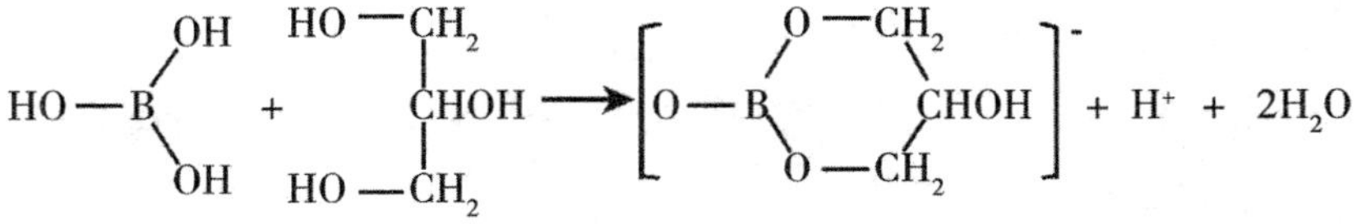

$$HO-B\begin{matrix}OH\\OH\end{matrix} + \begin{matrix}HO-CH_2\\CHOH\\HO-CH_2\end{matrix} \longrightarrow \left[O-B\begin{matrix}O-CH_2\\O-CH_2\end{matrix}CHOH\right]^- + H^+ + 2H_2O$$

3. 铵盐的热分解与阴离子的关系

a. 阴离子为挥发性酸根

在干燥试管内放入约 1 g 的 NH_4Cl 固体，加热试管底部（底部略高于管口），用潮湿的红色石蕊试纸在管口检验逸出气体，观察试纸颜色的变化。继续加强热，石蕊试纸又怎样变化？观察试管上部冷壁上有白霜出现，解释实验过程中所出现的现象。

b. 阴离子为不挥发性酸根

在干燥试管中加热 $NH_4H_2PO_4$ 固体，检验释放的气体为何物？

c. 阴离子为氧化性酸根

取少量 NH_4NO_3 固体放在干燥试管内，加热观察现象。

总结铵盐的热分解产物与阴离子的关系，写出 NH_4Cl、$NH_4H_2PO_4$ 和 NH_4NO_3 的热分解反应方程式。

4. 亚硝酸的生成和性质

a. 亚硝酸的生成

将在冰水中冷却过的 1 mL 饱和 $NaNO_2$ 溶液和 1 mL 1 $mol \cdot L^{-1}$ H_2SO_4 于试管中混合，有何现象？溶液放置一段时间，有何现象发生？写出反应方程式，解释之。

b. NO_2^- 的氧化性和还原性

（1）在盛有 0.5 mL 0.1 $mol \cdot L^{-1}$ KI 溶液的试管中，加入几滴 1 $mol \cdot L^{-1}$ H_2SO_4 酸化，再加入几滴 0.5 $mol \cdot L^{-1}$ $NaNO_2$ 溶液，摇动，观察溶液颜色的变化和气体的放出，检验之。

（2）在盛有 0.5 mL 0.01 $mol \cdot L^{-1}$ $KMnO_4$ 溶液的试管中，加几滴 1 $mol \cdot L^{-1}$ H_2SO_4 酸化，再加入几滴 0.5 $mol \cdot L^{-1}$ $NaNO_2$ 溶液，振荡，有何现象？

查出有关电对的标准电极电势，写出酸化的 $KMnO_4$ 溶液和 KI 溶液与 $NaNO_2$ 溶液的反应方程式，指出 $NaNO_2$ 是作为氧化剂还是还原剂。

5. 硝酸的氧化性

a. 浓 HNO_3 与非金属的作用

在小试管内放少许硫粉，加入浓 HNO_3 10 滴，水浴加热。待硫大部分溶解后用滴管取出溶液少许放在另一小试管中，用少量蒸馏水稀释后加几滴 0.1 $mol \cdot L^{-1}$ $BaCl_2$ 溶液，有何现象？硫的氧化产物是什么？写出反应式。

b. 浓 HNO_3 与金属的作用

取一小块铜片放入小试管中，滴加 0.5 mL 浓 HNO_3，注意观察放出气体的颜色。写出反应式。

c. 稀 HNO_3 与金属的作用

取一小块铜片放入小试管中，滴加 0.5 mL 6 $mol \cdot L^{-1}$ HNO_3，水浴上微热，注意观察与上一反应现象有何异同？在试管口气体的颜色有无变化？写出反应式。

d. 稀硝酸与活泼金属的作用

取一小段镁条放入小试管中，加入 1 mL 1 $mol \cdot L^{-1}$ HNO_3，有何现象？用检验 NH_4^+ 的方法检验溶液中是否有 NH_4^+ 生成（检验方法参见附录三）。

6. 各种磷的含氧酸根的区别与鉴定

a. 磷的含氧酸根的鉴定——形成磷钼酸铵沉淀法

PO_4^{3-} 与钼酸铵试剂（钼酸铵在硝酸中的溶液）生成特殊的黄色晶状磷钼酸铵 $(NH_4)_3P(Mo_3O_{10})_4$ 沉淀：

$$PO_4^{3-} + 3NH_4 + 12MoO_4^{2-} + 24H^+ = (NH_4)_3P(Mo_3O_{10})_4 + 12H_2O$$

此反应可用于检验 PO_3^-、$P_2O_7^{4-}$ 或 PO_4^{3-}。若在冷溶液中生成黄色沉淀，可判断 $H_2PO_4^-$，HPO_4^{2-} 或 PO_4^{3-} 的存在；若在冷溶液中无沉淀生成，经加热后可得黄色沉淀，可判断 PO_3^- 或 $P_2O_7^{4-}$ 的存在，因为加热可使它们转化为 PO_4^{3-}。

实验：取 $0.1\ mol \cdot L^{-1}$ Na_2HPO_4 溶液 2 滴，加入 $8 \sim 10$ 滴钼酸铵试剂，用玻璃棒摩擦管壁，有黄色磷钼酸铵生成，表示有 PO_4^{3-} 存在。另取 $0.1\ mol \cdot L^{-1}$ $Na_4P_2O_7$ 或 $NaPO_3$ 溶液进行同上实验，若无黄色沉淀产生，可在水浴上微热片刻，有无变化？说明变化原因。

b. 磷的含氧酸根与 $AgNO_3$ 溶液的作用

取 $0.1\ mol \cdot L^{-1}$ 的 Na_2HPO_4、$Na_4P_2O_7$ 与 $NaPO_3$ 溶液各 2 滴分别装入 3 支试管中，向各管加入 $0.1\ mol \cdot L^{-1}$ $AgNO_3$ 溶液 $2 \sim 3$ 滴，有何现象产生？再在各管中加入少量 $2\ mol \cdot L^{-1}$ HNO_3，沉淀有无变化？

c. 磷的含氧酸根与蛋白溶液的作用

取 $0.1\ mol \cdot L^{-1}$ 的 Na_2HPO_4、$Na_4P_2O_7$ 与 $NaPO_3$ 溶液各 2 滴分装于 3 支试管中，加少许 $2\ mol \cdot L^{-1}$ HAc 溶液，使溶液呈酸性，各加入蛋白质溶液 10 滴，振荡。观察各试管中蛋白溶液是否有凝固现象？

四、思考题

1. 如何分别检出 $NaNO_2$、$Na_2S_2O_3$ 和 KI 溶液？
2. 设计三种区别亚硝酸钠和硝酸钠的方案。
3. 怎样消除 NO_2^- 对鉴定 NO_3^- 的影响？

实验二十三　氧族元素和卤族元素

一、实验目的

1. 了解过氧化氢和硫代硫酸钠的性质，掌握过氧化氢的鉴定方法。
2. 掌握 SO_4^{2-}、SO_3^{2-}、$S_2O_3^{2-}$、S^{2-} 的鉴定方法。
3. 掌握卤素含氧酸盐的氧化性。
4. 了解某些金属卤化物的性质。

二、仪器与药品

仪器：小试管；水浴锅等。

药品：H_2SO_4（$2\ mol \cdot L^{-1}$、$6\ mol \cdot L^{-1}$，$3\ mol \cdot L^{-1}$）；HCl（$2\ mol \cdot L^{-1}$、$6\ mol \cdot L^{-1}$）；K_2CrO_4（$0.1\ mol \cdot L^{-1}$）；$NaOH$（$2\ mol \cdot L^{-1}$）；$Pb(NO_3)_2$（$0.1\ mol \cdot L^{-1}$）；$BaCl_2$（$0.1\ mol \cdot L^{-1}$）；H_2O_2（w 为 0.03）；$AgNO_3$（$0.1\ mol \cdot L^{-1}$）；$K_4[Fe(CN)_6]$ 溶液（$0.1\ mol \cdot L^{-1}$）；$Na_2S_2O_3$

（0.1 mol·L^{-1}、0.5 mol·L^{-1}）；ZnSO$_4$（饱和）；MnSO$_4$（0.1 mol·L^{-1}）；Na$_2$[Fe(CN)$_5$NO] 溶液；氯水；碘水；硫代乙酰胺（w 为 0.05）；MnO$_2$（s）；乙醚；KClO$_3$ 晶体；浓 HCl；饱和 KClO$_3$ 溶液；Na$_2$SO$_3$（0.1 mol·L^{-1}）；四氯化碳；KI（0.1 mol·L^{-1}，0.5 mol·L^{-1}）；饱和 KBrO$_3$ 溶液；KBr（0.5 mol·L^{-1}）；NaF（0.1 mol·L^{-1}）；NaCl（0.1 mol·L^{-1}）；KBr（0.1 mol·L^{-1}）；KI（0.1 mol·L^{-1}）；Ca(NO$_3$)$_2$（0.1 mol·L^{-1}）；HNO$_3$（2 mol·L^{-1}）；NH$_3$·H$_2$O（2 mol·L^{-1}）；淀粉溶液等。

三、实验步骤

1. 过氧化氢的鉴定

取 w 为 0.03 的 H$_2$O$_2$ 溶液 2 mL 于一试管中，加入 0.5 mL 乙醚和 1 mL 2 mol·L^{-1} H$_2$SO$_4$，再加入 3～5 滴 0.1 mol·L^{-1} K$_2$CrO$_4$ 溶液，观察水层和乙醚层中的颜色变化。根据实验证明上述实验制得的是过氧化氢溶液。

2. 过氧化氢的性质

a. 过氧化氢的氧化性

在小试管中加入几滴 0.1 mol·L^{-1} Pb(NO$_3$)$_2$ 溶液和 w 为 0.05 硫代乙酰胺溶液，在水浴上加热，有何现象？离心分离，弃去溶液，并用少量蒸馏水洗涤沉淀 2～3 次，然后往沉淀中加入 w 为 0.03 的过氧化氢溶液少许，沉淀有何变化？解释之。

b. 过氧化氢的还原性

在试管里加入 0.5 mL 0.1 mol·L^{-1} AgNO$_3$ 溶液，然后滴加 2 mol·L^{-1} NaOH 溶液至有沉淀产生。再往试管中加入少量 w 为 0.03 的过氧化氢溶液，有何现象？注意产物颜色有无变化，并用带余烬的火柴检验，有何种气体产生？试解释之。

c. 介质酸碱性对过氧化氢氧化还原性质的影响

取 1 mL w 为 0.03 的 H$_2$O$_2$ 溶液于试管中，加入 2 mol·L^{-1} NaOH 溶液数滴，再加入 0.1 mol·L^{-1} MnSO$_4$ 溶液数滴，充分振荡后观察现象。溶液静置后除去上层清液，往沉淀中加入少量 2 mol·L^{-1} H$_2$SO$_4$ 溶液后，滴加 w 为 0.03 的 H$_2$O$_2$ 溶液，观察又有什么现象发生？写出反应方程。

d. 过氧化氢的催化分解

取两支试管分别加入 2 mL w 为 0.03 的 H$_2$O$_2$ 溶液，将其中一支试管置水浴上加热，有何现象？用带余烬的火柴放在管口，有何现象？在另一支试管内加入少许 MnO$_2$ 固体，有何现象？迅速用带余烬的火柴放在管口，有何现象？比较以上两种情况，MnO$_2$ 对 H$_2$O$_2$ 的分解起了什么作用？写出反应方程式。

3. 硫代硫酸盐的性质

a. 硫代硫酸钠与 Cl_2 的反应

取 1 mL 0.1 mol·L^{-1} $Na_2S_2O_3$ 溶液于一试管中，加入 2 滴 2 mol·L^{-1} NaOH 溶液，再加入 2mL Cl_2 水，充分振荡，检验溶液中有无 SO_4^{2-} 生成。

b. 硫代硫酸钠与 I_2 的反应

取 1 mL 0.1 mol·L^{-1} $Na_2S_2O_3$ 溶液于一试管中，滴加碘水，边滴边振荡，有何现象？此溶液中能否检出 SO_4^{2-}？

c. 硫代硫酸钠的配位反应

取 0.5 mL 0.1 mol·L^{-1} $AgNO_3$ 溶液于一试管中，连续滴加 0.1 mol·L^{-1} $Na_2S_2O_3$ 溶液，边滴边振荡，直至生成的沉淀完全溶解。解释所见现象。

4. 离子鉴定

参照本书附录三"常见离子鉴定方法汇总表"，分别进行 SO_4^{2-}、SO_3^{2-}、$S_2O_3^{2-}$、S^{2-} 的鉴定。写出鉴定的步骤及观察到的现象。

5. 卤酸盐的氧化性

a. 氯酸钾的氧化性

（1）取少量 $KClO_3$ 晶体置于试管中，用少量水稀释后，加入少许浓盐酸，注意逸出气体的气味，检验气体产物，写出反应式，并作出解释。

（2）分别试验饱和 $KClO_3$ 溶液与 0.1 mol·L^{-1} Na_2SO_3 在中性及酸性条件下的反应，用 $AgNO_3$ 验证反应产物，通过实验说明 $KClO_3$ 的氧化性与介质酸碱性的关系。

（3）取少量 $KClO_3$ 晶体，用 1~2 mL 水溶解后，加入少量四氯化碳及 0.1 mol·L^{-1} KI 溶液数滴，摇动试管，观察试管内水相及有机相有什么变化？再加入 6 mol·L^{-1} H_2SO_4 酸化，溶液又有什么变化？写出反应式。能否用 HNO_3 或盐酸来酸化溶液？为什么？

b. 溴酸钾的氧化性（在通风橱内进行）

（1）饱和溴酸钾溶液经 H_2SO_4 酸化后分别与 0.5 mol·L^{-1} KBr 溶液及 0.5 mol·L^{-1} KI 溶液反应，观察现象并检验反应产物，写出反应式。

（2）试验 $KBrO_3$ 溶液与 Na_2SO_3 溶液在中性及酸性条件下的反应，记录现象，写出反应式。

c. 碘酸盐的氧化性

0.1 mol·L^{-1} KIO_3 溶液经 3 mol·L^{-1} H_2SO_4 酸化后加入几滴淀粉溶液，再滴加 0.1 mol·L^{-1} Na_2SO_3 溶液，观察现象，写出反应式。若体系不酸化，又有什么现象？改变加入试剂顺序（先加 Na_2SO_3 最后滴加 KIO_3），会有什么现象?

6. 金属卤化物的性质

a. 卤化物的溶解度比较

（1）分别向盛有 $0.1\ mol \cdot L^{-1}$ NaF、NaCl、KBr 以及 KI 溶液的试管中滴加 $0.1\ mol \cdot L^{-1}$ $Ca(NO_3)_2$ 溶液，观察现象，写出反应式。

（2）分别向盛有 $0.1\ mol \cdot L^{-1}$ NaF、NaCl、KBr 以及 KI 溶液的试管中滴加 $0.1\ mol \cdot L^{-1}$ $AgNO_3$ 溶液，制得的卤化银沉淀经过离心分离后分别与 $2\ mol \cdot L^{-1}$ HNO_3、$2\ mol \cdot L^{-1}$ $NH_3 \cdot H_2O$ 及 $0.5\ mol \cdot L^{-1}$ $Na_2S_2O_3$ 溶液反应，观察沉淀是否溶解？写出反应式。解释氧化物与其卤化物溶解度的差异及变化规律。

b. 卤化银的感光性

将制得的 AgCl 沉淀均匀地涂在滤纸上，滤纸上放一把钥匙，光照约 10 多分钟后取出钥匙，可清楚地看到钥匙的轮廓。卤化银见光分解——氯化银较快，碘化银最慢。

7. 小设计

混合溶液中含有 Cl^-、Br^- 和 I^- 离子，试设计实验方案加以鉴别。

四、注意事项

氯酸钾是强氧化剂，保存不当时容易引起爆炸，它与硫、磷的混合物是炸药，因而绝对不允许将它们混在一起。氯酸钾容易分解，不宜大力研磨、烘干或烤干。在进行有关氯酸钾的实验时，如同进行其他有强氧化性物质的实验一样，应将剩下的试剂倒入回收瓶内回收处理，一律不准倒入废液缸中。

五、思考题

1. 过氧化氢是否既可作为氧化剂又可作为还原剂？什么条件下，过氧化氢可将 Mn^{2+} 氧化为 MnO_2？什么条件下，MnO_2 又可将过氧化氢氧化而产生氧气？

2. 如何证实亚硫酸盐中存在 SO_4^{2-}？为什么亚硫酸盐中常常有硫酸盐，而硫酸盐中却很少有亚硫酸盐？怎样检验 SO_4^{2-} 盐中的 SO_3^{2-}？

实验二十四　铬、锰、铁、钴、铜、银、锌、汞

一、实验目的

1. 了解各元素的性质。

2. 掌握 Cr^{3+}、Mn^{2+}、Fe^{3+}、Cu^{2+} 等离子的鉴定方法。

二、仪器与药品

仪器：离心机；小试管；水浴锅、点滴板等。

药品：$AgNO_3$（$0.1\ mol \cdot L^{-1}$、$0.5mol \cdot L^{-1}$）；H_2SO_4（$1\ mol \cdot L^{-1}$）；$CrCl_3$（$0.1\ mol \cdot L^{-1}$）；$K_2Cr_2O_7$（$0.1\ mol \cdot L^{-1}$）；NaOH（$2\ mol \cdot L^{-1}$，$w = 0.4$，$6\ mol \cdot L^{-1}$）；$BaCl_2$（$0.1\ mol \cdot L^{-1}$）；$MnCl_2$（$0.1\ mol \cdot L^{-1}$）；$MnSO_4$（$0.1\ mol \cdot L^{-1}$）；浓盐酸；$KMnO_4$（$0.01\ mol \cdot L^{-1}$）；MnO_2（s）；$Co(NO_3)_2$（$0.1\ mol \cdot L^{-1}$）；HCl（$2\ mol \cdot L^{-1}$）；$K_4[Fe(CN)_6]$ 溶液；Fe^{2+}溶液；Fe^{3+}溶液；$K_3[Fe(CN)_6]$ 溶液；$CuSO_4$（$0.1\ mol \cdot L^{-1}$）；w 为 0.10 的葡萄糖溶液；NaCl（s）；铜粉；浓氨水；浓硫酸；$ZnSO_4$（$0.1\ mol \cdot L^{-1}$）；$HgCl_2$（$0.1\ mol \cdot L^{-1}$）；$SnCl_2$（$0.1\ mol \cdot L^{-1}$）；$(NH_4)_2Fe(SO_4)_2$（s）；$CuCl_2$（$1\ mol \cdot L^{-1}$）；KI（$0.1\ mol \cdot L^{-1}$）；$AgNO_3$（$0.1\ mol \cdot L^{-1}$）；H_2O_2（w 为 0.03）；HAc（$6\ mol \cdot L^{-1}$）；$Pb(NO_3)_2$（$6\ mol \cdot L^{-1}$）；$NH_3 \cdot H_2O$（$2\ mol \cdot L^{-1}$）；$Hg_2(NO_3)_2$（$0.1\ mol \cdot L^{-1}$）。

三、实验步骤

1. 铬的化合物

a. 氢氧化铬的生成与性质

以 $0.1\ mol \cdot L^{-1}$ $CrCl_3$ 溶液为原料，自行设计实验制备 $Cr(OH)_3$，并试验 $Cr(OH)_3$ 是否具有两性。

b. Cr^{3+} 的氧化

以 $0.1\ mol \cdot L^{-1}$ $CrCl_3$ 溶液为原料，自行设计实验把其氧化为 $CrO_4{}^{2-}$，并写出反应方程式。设计实验时要注意：

（1）Cr^{3+} 的氧化宜在较强的碱性介质中进行。

（2）该氧化反应的反应速率较慢，宜加热进行。

c. $Cr_2O_7^{2-}$ 和 CrO_4^{2-} 的相互转化

在 $0.5\ mL$ $0.1\ mol \cdot L^{-1}$ $K_2Cr_2O_7$ 的溶液中，滴入少许 $2\ mol \cdot L^{-1}$ NaOH 溶液，观察溶液颜色的变化。然后加入 $1\ mol \cdot L^{-1}$ H_2SO_4 酸化，观察溶液颜色又有何变化？解释现象，并写出 $Cr_2O_7^{2-}$ 与 CrO_4^{2-} 之间平衡方程式。

在 5 滴 $0.1\ mol \cdot L^{-1}$ $K_2Cr_2O_7$ 的溶液中，加入数滴 $0.1\ mol \cdot L^{-1}$ $BaCl_2$ 溶液，有何现象产生？为什么得到的沉淀不是 $BaCr_2O_7$？写出反应方程式。

d. Cr^{3+} 的鉴定

Cr^{3+} 的鉴定请参看本书附录三，然后按照所列步骤鉴定 Cr^{3+}。

2. 锰的化合物

a. $Mn(OH)_2$ 的生成和性质

以 $0.1\ mol \cdot L^{-1}\ MnCl_2$ 溶液为原料，自行设计实验制备 $Mn(OH)_2$，并试验 $Mn(OH)_2$ 是否具有两性。

把制得的一部分 $Mn(OH)_2$ 沉淀在空气中放置一段时间，注意沉淀颜色的变化，并解释之。写出反应方程式。

b. MnO_4^{2-} 的生成

在盛有 $2\ mL\ 0.01\ mol \cdot L^{-1}\ KMnO_4$ 溶液的试管中，加入 $1\ mL\ w$ 为 0.40 的 NaOH 溶液，然后加入少量 MnO_2 固体，微热，不断搅动 $2\ min$。静止片刻，待 MnO_2 沉降后观察上层溶液的颜色，写出反应方程式。

取出部分上层清液，加入 $1\ mol \cdot L^{-1}\ H_2SO_4$ 酸化，观察溶液颜色的变化和沉淀的生成。写出反应方程式。通过以上实验，说明 MnO_4^{2-} 存在的条件。

c. Mn（Ⅶ）和 Mn（Ⅳ）氧化性的比较

用 $0.01\ mol \cdot L^{-1}\ KMnO_4$ 溶液和固体 MnO_2，分别与浓 HCl 溶液、$0.1\ mol \cdot L^{-1}\ MnSO_4$ 溶液反应。根据实验结果，比较 Mn（Ⅶ）和 Mn（Ⅳ）氧化性的强弱。写出反应方程式。

3. 铁和钴的化合物

a. $Fe(OH)_2$ 的生成和性质

在试管中加入 $1\ mL$ 蒸馏水，煮沸后赶尽空气。待其冷却后，再加入 2 滴浓硫酸和一小粒 $(NH_4)_2Fe(SO_4)_2$ 固体，用玻璃棒轻轻搅动使其溶解。

在另一支试管中加入 $1\ mL\ 6\ mol \cdot L^{-1}\ NaOH$ 溶液，煮沸后赶尽空气。冷却后，用滴管吸取 $0.5\ mL$ 溶液，插入上述盛有 $FeSO_4$ 溶液的试管底部，慢慢放出 NaOH 溶液（整个操作要避免将空气带入溶液）。观察所生产沉淀的颜色。放置一段时间后，观察沉淀颜色有何变化。写出反应方程式。

b. $Co(OH)_2$ 的生成和性质

在 5 滴 $0.1\ mol \cdot L^{-1}\ Co(NO_3)_2$ 溶液中滴加 $2\ mol \cdot L^{-1}\ NaOH$ 溶液，观察所生成沉淀的颜色。微热，沉淀的颜色有何变化？放置一段时间后，沉淀的颜色又有何变化？写出反应方程式。

4. Fe^{2+} 和 Fe^{3+} 的鉴定

a. Fe^{3+} 的鉴定

分别取待鉴定溶液 1 滴，放在点滴板上，分别向溶液中加 1 滴 $2\ mol \cdot L^{-1}$ HCl 及 1 滴 $K_4[Fe(CN)_6]$ 溶液，观察生成沉淀的情况和颜色，记录现象。

b. Fe^{2+} 的鉴定

分别取待鉴定溶液 1 滴，放在点滴板上，分别向溶液中加 1 滴 $2\ mol \cdot L^{-1}$ HCl 及 1 滴 $K_3[Fe(CN)_6]$ 溶液，观察生成沉淀的情况和颜色，记录现象。

通过上述实验现象，用方程式解释，并得出结论。

5. 铜的化合物

a. Cu_2O 的生成

在试管中加入 0.5 mL 0.1 mol·L^{-1} $CuSO_4$ 溶液，加入过量的 6 mol·L^{-1} NaOH 至初生成的沉淀完全溶解，再往此溶液中加入 0.5 mL w 为 0.10 的葡萄糖溶液。混匀后微热之。观察现象。

b. CuCl 的生成和性质

取 5 mL 1 mol·L^{-1} $CuCl_2$ 溶液，加少量固体 NaCl 和铜粉，加热至沸，当溶液变成棕黄色时，将溶液迅速倒入盛有 20 mL 水的烧杯中，充分搅拌后有何现象？若有沉淀，静置让其沉淀，用倾析法倾出溶液，将沉淀分为两份，在沉淀中分别加入浓氨水和浓盐酸，观察现象，写出反应方程式。

c. CuI 的生成

往 5 滴 0.1 mol·L^{-1} $CuSO_4$ 溶液中，滴加 0.1 mol·L^{-1} KI 溶液，观察现象。为消除 I_2 的颜色干扰，再往溶液中滴加 0.1 mol·L^{-1} $Na_2S_2O_3$ 溶液至 I_2 的棕色褪去，观察沉淀的颜色。写出反应方程式。

6. 银的化合物

a. Ag_2O 的生成和性质

在盛有 0.5 mL 0.1 mol·L^{-1} 的 $AgNO_3$ 溶液的离心管中，慢慢滴加新配制的 2 mol·L^{-1} NaOH 溶液。观察生成的 Ag_2O 沉淀的颜色。离心分离，弃去溶液，用蒸馏水洗涤沉淀。将沉淀分为两份分别试验它的酸碱性。

b. 银镜的制备

往一洁净的试管中加入 1 mL 0.1 mol·L^{-1} 的 $AgNO_3$ 溶液，滴加 2 mol·L^{-1} NH_3·H_2O 至生成的沉淀完全溶解。然后加入数滴 w 为 0.1 的葡萄糖溶液，在水浴上加热，观察试管壁有何变化，写出反应方程式。

7. 锌和汞的化合物

a. $Zn(OH)_2$ 的生成和性质

自行设计实验制备 $Zn(OH)_2$，并试验其酸碱性。写出有关反应方程式。

b. Hg(II) 和 Hg(I) 的相互转化

在 0.5 mL 0.1 mol·L^{-1} $HgCl_2$ 溶液中，逐滴加入 0.1 mol·L^{-1} $SnCl_2$ 溶液，边加边震荡，注意沉淀颜色的变化过程。写出反应方程式。

在 0.5 mL 0.1 mol·L^{-1} $Hg_2(NO_3)_2$ 溶液中，逐滴加入 2 mol·L^{-1} 的氨水，振荡，观察沉淀的颜色，并写出反应方程式。

四、思考题

1. 试分析为什么 $CuSO_4$ 中加入 KI 会产生 CuI 沉淀，而加入 KCl 时却不出现 CuCl 沉淀？

2. Hg 和 Hg^{2+} 有剧毒，试验时应注意什么？

3. 制备 $Fe(OH)_2$ 时，有关溶液均需煮沸并避免振荡，为什么？

实验二十五　醋酸标准解离常数和解离度的测定

一、实验目的

1. 测定醋酸的标准解离常数和解离度。

2. 进一步了解电离平衡的基本概念。

3. 学习 pH 计和容量瓶的使用方法。

4. 通过实验来体会同离子效应。

二、实验原理

醋酸是弱电解质，在溶液中存在如下的解离平衡：

$$HAc \rightleftharpoons H^+ + Ac^-$$

其电离常数表达式为：

$$K_a^\ominus = \frac{([H^+]/c^\ominus)([Ac^-]/c^\ominus)}{[HAc]/c^\ominus} \tag{1}$$

设醋酸的起始浓度为 c，平衡时 $[H^+] = [Ac] = x$，代入式（1）可以得到：

$$K_{HAc} = \frac{x^2}{c-x} \tag{2}$$

另外，HAc 的解离度 α 可表示为

$$\alpha = [H^+]/c \tag{3}$$

在一定温度下，用 pH 计测定已知浓度醋酸的 pH 值，根据 $pH = -lg[H^+]$，换算出 $[H^+]$，代入式（2）和（3）中，可求该温度下醋酸的电离常数和解离度。

三、仪器与药品

仪器：pH 计；容量瓶；滴定管。

药品：HAc（0.10 $mol \cdot L^{-1}$，准确浓度已标定）；NaAc（0.10 $mol \cdot L^{-1}$）。

四、实验步骤

1. 配制不同浓度的醋酸溶液

用滴定管分别放出 5.00 mL、10.00 mL、25.00 mL 已知浓度的 HAc 溶液

于三只 50 mL 容量瓶中，用蒸馏水稀释至刻度，摇匀。连同未稀释的 HAc 溶液，可得到四种不同浓度的溶液，由稀到浓依次编号为 1、2、3、4。

用另一干净的 50 mL 容量瓶，从滴定管中放出 25.00 mL HAc，再加入 0.10 mol·L^{-1} NaAc 溶液 5.00 mL，用蒸馏水稀释至刻度，摇匀，编号为 5。

2. HAc 溶液的 pH 测定

用五只干燥的 50 mL 烧杯，分别盛入上述五种溶液各 30 mL，按由稀到浓的次序在酸度计上测定它们的 pH 值。将数据记录于数据表中，算出 $K_a^{\ominus}$ 和 α。

五、数据记录及结果处理

表 5-23　醋酸电离常数和电离度的测定实验数据〔室温（℃）＝　〕

编号	$c/(\text{mol·L}^{-1})$	pH	$[\text{H}^+]/(\text{mol·L}^{-1})$	$[\text{Ac}^-]/(\text{mol·L}^{-1})$	$K_a^{\ominus}$	α
1						
2						
3						
4						
5						

六、注意事项

1. 五个烧杯必须干燥洁净。

2. 用 pH 计分别测定上述各种醋酸溶液的 pH 值时一定要按照由稀到浓顺序操作。

七、思考题

1. 本实验测定醋酸电离常数的依据是什么？

2. 如何配好醋酸溶液？如何从 pH 值测得其电离常数和解离度？

实验二十六　磺基水杨酸合铁（Ⅲ）配合物的组成及稳定常数的测定

一、实验目的

1. 了解分光光度法测定溶液中配合物组成及稳定常数的原理和方法。

2. 练习使用分光光度计。

二、实验原理

当一束具有一定波长的单色光通过一定厚度的有色溶液时，有色物质对光的吸收程度（用吸光度 A 表示）与有色物质的浓度、液层厚度成正比：

$$A=\varepsilon bc$$

这就是朗伯－比尔定律。b 为液层厚度；ε 为摩尔吸光系数，当波长一定时，它是有色物质的特征常数。当液层厚度 b 不变时，吸光度 A 与有色物质浓度 c 成正比。

磺基水杨酸与 Fe^{3+} 形成的配合物的组成和颜色因 pH 不同而异。当溶液的 pH<4 时，形成 1∶1 紫色的配合物；pH 在 4～10 之间时生成 1∶2 的红色配合物；pH 在 10 左右时，生成 1∶3 的黄色配合物。

本实验用等摩尔系列法（也叫浓比递变法）测定 pH＝2 时磺基水杨酸与 Fe^{3+} 形成的配合物的组成和稳定常数。即保持溶液中金属离子 M 和配体 L 总物质的量不变，而 M 和 L 的摩尔分数连续变化，配成一系列溶液，测定溶液的吸光度。在这一系列溶液中，有一些溶液的金属离子是过量的，而另一些的配体是过量的，这两部分溶液中的配离子浓度都不可能达到最大值，只有当溶液中金属离子和配体的摩尔比与配离子的组成一致时，配离子浓度最大，吸光度也最大。若以吸光度 A 为纵坐标、溶液中配位体的摩尔分数为横坐标作图，所得曲线出现一个高峰，它所对应的吸光度为 A_2。如果延长曲线两侧的直线线段部分，相交于一点 A，此点所对应的吸光度为 A_1，即为吸光度的极大值。这两点所对应的配位体的摩尔分数即为配离子的组成。当此点所对应的配位体的摩尔分数为 0.5，则中心离子的摩尔分数为 0.5，即金属离子和配体之比是 1∶1，该配离子（或配合物）的组成为 ML 型。

由于配离子（或配合物）有一部分解离，则其浓度比未解离时的要稍小些，吸光度最大处所实际测得的最大吸收光度 A_2 小于由曲线两侧延长所得点处即组成全部为 ML 配合物的吸光度 A_1。

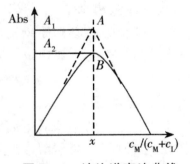

图 5－1 浓比递变法曲线

因而配离子的解离度为 $\alpha = \dfrac{A_1 - A_2}{A_1}$

ML 型配离子的稳定常数 $\beta^{\ominus}$ 与解离度 α 的关系如下：

$$\beta^{\ominus} = \frac{c_{eq(ML)}/c^{\ominus}}{\{c_{eq(M)}/c^{\ominus}\} \cdot \{c_{eq(R)}/c^{\ominus}\}} = \frac{1-\alpha}{c\alpha^2}c^{\ominus}$$

式中，c 为 B 点时 ML 的浓度。

三、仪器与药品

仪器：分光光度计；100 mL 容量瓶；25 mL 移液管；25 mL 烧杯。

药品：$NH_4Fe(SO_4)_2$（0.01 mol·L^{-1}）；磺基水杨酸（0.01 mol·L^{-1}）；NaOH（6 mol·L^{-1}）；浓 H_2SO_4。

四、实验步骤

1. 配制 0.0010 mol·L^{-1} $NH_4Fe(SO_4)_2$ 溶液和 0.0010 mol·L^{-1} 磺基水杨酸溶液各 100 mL。

用移液管分别量取出 10 mL 0.01 mol·L^{-1} NH$_4$Fe(SO$_4$)$_2$ 溶液和 10 mL 0.01 mol·L^{-1}磺基水杨酸溶液，分别置于两只 100 mL 容量瓶中，用蒸馏水稀释至刻度，摇匀，并使其 pH 均为 2（在稀释接近刻度线时，查其 pH，若 pH 偏离 2，可通过滴加 1 滴浓 H$_2$SO$_4$ 或 6 mol·L^{-1} NaOH 溶液于该容量瓶中即可）。

2. 配制系列溶液

依下表所示溶液体积，依次在 11 只 25 mL 烧杯中混合配制好等物质的量系列溶液。

表 5－24 数据记录表

试剂 \ 序号	1	2	3	4	5	6	7	8	9	10	11
NH$_4$Fe(SO$_4$)$_2$ 体积（mL）	0	1.00	2.00	3.00	4.00	5.00	6.00	7.00	8.00	9.00	10.00
磺基水杨酸溶液体积（mL）	10.00	9.00	8.00	7.00	6.00	5.00	4.00	3.00	2.00	1.00	0
Volume ratio $= \dfrac{V_{(\text{Fe}^{3+})}}{V_{(\text{Fe}^{3+})} + V_{(\text{R})}}$											
A											

3. 测定系列等物质的量溶液的吸光度

用分光光度计，在 $\lambda = 500$ nm、$b = 1$ cm 的比色皿条件下，以蒸馏水为空白，测定一系列混合物溶液的吸光度 A，并记录于上表中。

五、结果处理

以体积比 $\dfrac{V_{(\text{Fe}^{3+})}}{V_{(\text{Fe}^{3+})} + V_{(\text{R})}}$ 为横坐标，对应的吸光度 A 为纵坐标作图。从图上的有关数据，确定在本实验条件下，Fe^{3+} 与磺基水杨酸形成的配合物的组成和稳定常数。

六、思考题

1. 实验中，每个溶液的 pH 值是否一样？如不一样，对结果是否有影响？

2. 在使用分光光度计时，在操作上应注意什么？

5.2 综合性实验

实验二十七 Cu^{2+}与二甲亚砜配合物的制备及红外光谱分析

一、实验目的

1. 了解配合物的制备原理及方法。

2. 通过红外光谱分析确定配合物中金属与配体的成键方式。

二、实验原理

无水 $CuCl_2$ 与二甲亚砜（DMSO，$(CH_3)_2S=O$）反应合成配合物 $CuCl_2 \cdot 2DMSO$，其反应式如下：

$$CuCl_2 + 2DMSO \rightleftharpoons CuCl_2 \cdot 2DMSO$$

在 DMSO 中，S=O 键的正常红外振动频率为 $1050\ cm^{-1}$。当与金属形成配合物时，金属可通过 O 或 S 与 DMSO 成键。若 S 用孤对电子与金属以 M←S=O 形式成键，则 S=O 双键增强，S=O 键的红外振动频率大于 $1050\ cm^{-1}$；若 O 用孤对电子与金属以 M←O=S 形式成键，则 S=O 双键减弱，S=O 键的红外振动频率小于 $1050cm^{-1}$，因而可通过红外光谱分析确定配合物中金属与配体的成键方式。

三、仪器与药品

仪器：分析天平；磁力搅拌器；布氏漏斗；抽滤瓶；10 mL 锥形瓶；红外光谱仪。

药品：无水 $CuCl_2$（分析纯）；二甲亚砜（分析纯）；无水乙醇（分析纯）。

四、实验步骤

1. $CuCl_2 \cdot 2DMSO$ 的制备

准确称取 0.10～0.15 g 无水 $CuCl_2$ 于干燥的 10 mL 锥形瓶中，加入 1 mL 无水乙醇，搅拌至全溶，再缓慢加入 0.25 mL DMSO，立即发生放热反应，生成绿色沉淀，继续搅拌 10 min，抽滤，以 0.5 mL 冷的无水乙醇洗涤，干燥，称量，测定熔点（156～157 ℃）。

2. 测定红外光谱

将样品与干燥的 KBr 混合后压片，在 700～4000 cm^{-1} 范围内，记录产品的红外光谱。

五、数据记录及结果讨论

1. 计算配合物的产率。

2. 在测得的红外光谱图上标出主要特征峰，确定金属 Cu 与配体 DMSO 的成键方式。

六、注意事项

本实验需熟练掌握软硬酸碱理论。

七、思考题

1. 根据软硬酸碱理论，预测当 DMSO 与 $PtCl_2$、$SnCl_2$、$FeCl_3$、AuCl 结合时的成键方式？

2. 写出 DMSO 的 Lewis 结构式。

实验二十八　$BaSO_4$ 溶度积常数的测定（电导率法）

一、实验目的

1. 熟悉沉淀的生成、陈化、离心分离、洗涤等基本操作。
2. 了解难溶电解质溶度积测定的方法。
3. 复习和巩固电导率仪的使用。

二、实验原理

难溶电解质的溶解度很小，很难直接测定。但只要有溶解作用，溶液中就有电离出来的带电离子，就可以通过测定该溶液的电导或电导率，再根据电导与浓度的关系，计算出难溶电解质的溶解度，从而换算出溶度积。

电解质溶液导电能力的大小，可以用电阻 R 或电导 G 来表示，两者互为倒数

$$G = \frac{1}{R} \quad 单位：西门子（s）$$

因：$R = \rho \frac{l}{A}$，ρ——电阻率；l——电阻长度；A——电阻横截面积

所以：$G = \frac{1}{\rho} \cdot \frac{A}{l} = \kappa \cdot \frac{A}{l}$；$\kappa$——电导率，单位：西门子/米（$s \cdot m^{-1}$）

电导率表示放在相距 1 m、面积为 1 m^2 的两个电极之间溶液的电导。

摩尔电导率（Λ_m）是含 1 mol 电解质的溶液置于相距为 1 m 电极之间的电导。

$$\Lambda_m = \frac{\kappa}{c} \quad (s \cdot m^2 \cdot mol^{-1})$$

极限摩尔电导率 Λ_m 表示在无限稀释情况下的摩尔电导率，是一常数。因 $BaSO_4$ 的溶解度很小，因而其溶液可视为无限稀释溶液。

$$\Lambda_{mBaSO_4} = \Lambda_{mBa^{2+}} + \Lambda_{mSO_4^{2-}}$$

$$\Lambda_{BaSO_4} = \Lambda_{mBaSO_4} \qquad c_{BaSO_4} = \frac{1000\kappa_{BaSO_4}}{\Lambda_{BaSO_4}}$$

因：$c_{BaSO_4} = c_{Ba^{2+}} = c_{SO_4^{2-}}$

$$K_{sp} = [Ba^{2+}][SO_4^{2-}] = c_{BaSO_4}^2 = \left(\frac{1000\kappa_{BaSO_4}}{\Lambda_{BaSO_4}}\right)^2 = \left[\frac{1000\kappa_{BaSO_4(溶液)} - \kappa_{H_2O}}{\Lambda_{BaSO_4}}\right]^2$$

$$\Lambda_{BaSO_4} = 287.2 \ s \cdot cm^2 \cdot mol^{-1}$$

三、仪器与药品

仪器：电导率仪；离心机；DJS－1 型铂光亮电极；酒精灯；100 mL 烧杯；表面皿。

药品：H_2SO_4（0.05 mol·L^{-1}）；$BaCl_2$（0.05 mol·L^{-1}）；$AgNO_3$（0.01 mol·L^{-1}）。

四、实验步骤

1. $BaSO_4$ 沉淀的制备

取两支烧杯各加入 0.05 mol·L^{-1} H_2SO_4 及 0.05 mol·L^{-1} $BaCl_2$ 30 mL，加热硫酸近沸腾，边搅拌边滴加 $BaCl_2$ 溶液，滴加完后，用 5 mL 水洗涤盛有 $BaCl_2$ 的烧杯，并全部倒入 H_2SO_4 中，盖上表面皿。加热 5 min，小火保温 10 min，取下静置，陈化 15~20 min，倾去上层清液。用近沸的蒸馏水洗涤 $BaSO_4$ 沉淀。

2. $BaSO_4$ 饱和溶液的配制

往 $BaSO_4$ 沉淀中加入 50 mL 已测电导率的蒸馏水，加热煮沸 3~5 min，不断搅拌，静置，冷却。

3. 电导率的测定

分别测定蒸馏水及 $BaSO_4$ 饱和溶液的电导率（κ），计算 $BaSO_4$ 的 K_{sp}。

五、注意事项

1. 本实验所用蒸馏水电导率小于 5×10^{-4} s·m^{-1} 时，可使 $BaSO_4$ 的溶度积接近文献值。

2. 注意水的纯度不高或所用玻璃器皿不够洁净，都将对实验结果产生影响。

六、思考题

1. 制备 $BaSO_4$ 时，为什么要洗至无 Cl^-？

2. 制备 $BaSO_4$ 饱和溶液时，溶液底部一定要有沉淀吗？

3. 在测定 $BaSO_4$ 的电导时，水的电导为什么不能忽略？

实验二十九　分光光度法测定 $[Ti(H_2O)]_6^{3+}$ 的分裂能 Δ(10 Dq)

一、实验目的

学习应用分光光度法测定配合物的分裂能 Δ(10 Dq)

二、实验原理

过渡金属离子的 d 轨道在晶体场影响下会发生能级分裂。金属离子的 d 轨道未被电子充满时，处于低能量 d 轨道上的电子吸收一定波长的可见光后，跃迁到高能量的 d 轨道，这种 d—d 跃迁的能量可以通过实验测定。

对于八面体的 $[Ti(H_2O)]_6^{3+}$ 离子而言，在八面体场的影响下，Ti^{3+} 离子的 5 个简并 d 轨道分裂为二重简并的 e_g 轨道和三重简并的 t_{2g} 轨道，这两种轨道的能量差等于分裂能 Δ_o(10 Dq)。

$$E_{光} = E_{e_g} - E_{t_{2g}} = \Delta_o \tag{1}$$

根据：
$$E_{光} = h\upsilon = \frac{hc}{\lambda} \tag{2}$$

$$\Delta_o = E_{光} = \frac{hc}{\lambda} = \frac{6.626 \times 10^{-34} \times 2.9989 \times 10^8}{\lambda}$$

$$= \frac{1}{\lambda} \times 1.986 \times 10^{-25} \text{ J} \cdot \text{m} = 1.986 \times 10^{-23} \times 10^7 \frac{1}{\lambda} \text{ J} \cdot \text{i} \tag{3}$$

h——普朗克常数，6.626×10^{-37} J·s；

c——光速，2.9989×10^8 m·J·s^{-1}；

$E_{光}$——可见光光能，J；

υ——频率，s^{-1}；

λ——波长，nm。

式中：

Δ_o 常用波数（$1/\lambda$）的单位 cm^{-1} 表示，1 cm^{-1} 相当于 1.986×10^{-23} J。Δ_o 用 cm^{-1} 表示，λ 单位为 nm 时，则有 $\Delta_o = 10^7/\lambda$。λ 是 $[Ti(H_2O)]_6^{3+}$ 离子吸收峰对应的波长。

对于八面体的 $[Cr(H_2O)]_6^{3+}$ 和 $(Cr-EDTA)^-$ 配离子，中心离子 Cr^{3+} 的 d 轨道上有 3 个 d 电子，除了受八面体场的影响之外，还因电子间的相互作用使 d 轨道产生如图 5-2 所示的能级分裂，所以这些配离子吸收了可见光的能量后，就有 3 个相应的电子跃迁吸收峰，其中电子从 t_{2g} 轨道跃迁到 e_g 轨道所需的能量等于 Δ_o（10 Dq）。

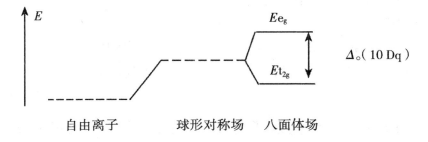

图 5-2　d 轨道能级示意图

本实验只要测定上述各种配离子在可见光区的相应光密度 A，作 $A \sim \lambda$ 吸收曲线，则可用曲线中能量最低吸收峰所对应的波长，代入式（3）计算 Δ_o（10 Dq）值。

三、仪器与药品

仪器：分析天平；分光光度计；50 mL 容量瓶；50 mL 烧杯；5 mL 移液管。

药品：EDTA 二钠盐（分析纯）；CrCl$_3$·6H$_2$O（分析纯）；TiCl$_3$（15% 水

溶液）。

四、实验步骤

1. $[Cr(H_2O)]_6^{3+}$ 溶液的配制

称取 0.3 g $Cr_3Cl \cdot 6HO$ 于 50 mL 烧杯中，加少量水溶解，转移至 50 mL 容量瓶，稀释至刻度，摇匀。

2. $(Cr—EDTA)^-$ 溶液的配制

称取 0.5 g EDTA 二钠盐于 50 mL 烧杯中，用 30 mL 水加热溶解后，加入约 0.05 g $Cr_3Cl \cdot 6HO$，稍加热得紫色的 $(Cr—EDTA)^-$ 溶液。

3. $[Ti(H_2O)]_6^{3+}$ 溶液的配制

用移液管吸取 5 mL $TiCl_3$ 水溶液于 50 mL 容量瓶中，稀释至刻度，摇匀。

4. 测定光密度

在分光光度计的波长范围（420~600 nm）内，以蒸馏水作参比，每隔 10 nm 波长测定上述溶液的光密度（在吸收峰最大值附近，波长间隔可适当减少）。

5. 数据处理

（1）以表格形式记录实验有关数据。

（2）以实验测得的波长 λ 和相应的光密度 A 绘制 $[Ti(H_2O)]_6^{3+}$、$[Cr(H_2O)]_6^{3+}$ 和 $(Cr—EDTA)^-$ 的吸收曲线。

（3）分别计算出上述配离子的 Δ_o 值。

五、注意事项

需熟练掌握配合物的晶体场理论。

六、思考题

1. 配合物的分裂能 Δ_o（10 Dq）受哪些因素的影响？

2. 本实验测定吸收曲线时，溶液浓度的高低对测定 Δ_o（10 Dq）值是否有影响？

实验三十　桑色素荧光分析法测定水样中的微量铍

一、实验目的

1. 了解荧光分光光度法的基本原理。

2. 掌握荧光分光光度计的使用方法并熟悉其结构。

二、实验原理

物质发出的荧光强度 I_f 与物质为激发荧光而吸收的紫外光强度 I_a 之间存在如下关系：$I_f = Y_q I_a$，式中，Y_q 为荧光量子效率。吸收的紫外光强度 I_a 与物质浓度成正比：$I_a = Kc$。因此可以推出 $I_f = K'c$。

在碱性介质中（pH＝10.5～12.5），铍以铍酸盐形式与桑色素（2′，3，4′，5，7－五羟基磺酮）作用，形成的反应产物在紫外光照射下发出黄色荧光（荧光波长 530 nm），在一定浓度范围内，荧光强度与铍的浓度成正比。利用此荧光反应可测定试样中的微量铍。

三、仪器与药品

仪器：荧光分光光度计；25 mL 容量瓶 6 支，10 mL 移液管 1 支，1 mL 移液管 2 支，5 mL 移液管 1 支，2 mL 移液管 2 支。

药品：铍标准液：称取 0.1068 g 硫酸铍（$BeSO_4 \cdot 4H_2O$）溶于 1 mol·L^{-1} HCl 中，移入 100 mL 容量瓶，并用 1 mol·L^{-1} HCl 稀释至刻度，此铍贮备液浓度为 0.100 g·L^{-1}。临用时，再用 2 次去离子水稀释成 0.001 g·L^{-1} 铍的工作溶液。

桑色素溶液（0.1 g·L^{-1}）：将 10 mg 优级纯桑色素溶于 100 mL 无水乙醇中，临用时配制。NaOH 溶液（5％），EDTA 二钠盐溶液（10％）。

四、实验步骤

1. 标准曲线的绘制

移取 0、0.05、0.10、0.15、0.20 mL 铍标准溶液（0.001 g·L^{-1}）于 5 个 25 mL 容量瓶中分别标记为 1～5 号，依次用去离子水稀释至 5 mL，用 5％ NaOH 调节 pH 值为中性（0.5～1 滴 5％ NaOH），加入 0.5 mL 10％ EDTA 二钠盐及 1 mL 5％ NaOH 溶液，0.5 mL 0.1 g·L^{-1} 桑色素溶液，用去离子水稀释至刻度，摇匀，放置 3 min 后，在荧光分光光度计上测定荧光强度（荧光波长 530 nm，高压 700 V），记下读数并绘制铍标准曲线。

2. 未知溶液中铍含量的测定

另取一支 25 mL 容量瓶，移取 2 mL 铍未知液，按绘制标准曲线的方法进行处理，并从铍标准曲线上查出未知液中铍的质量分数。

五、数据记录及结果处理

表 5－25　数据记录表

浓度	荧光强度	I_f
	1 号	
	2 号	
	3 号	
	4 号	
	5 号	
	未知溶液	

六、思考题

在荧光测量时，为什么入射的激发光与接收的荧光不在同一直线上，而是呈一定的角度？

实验三十一 葡萄糖酸锌的制备及含量测定

一、实验目的

1. 了解葡萄糖酸锌的制备方法。
2. 掌握锌盐含量的测定方法。

二、实验原理

本实验采用葡萄糖酸钙与硫酸锌直接反应制取葡萄糖酸锌。葡萄糖酸钙与等摩尔硫酸锌反应，生成葡萄糖酸锌和硫酸钙沉淀。其反应式如下：

$$Ca(C_6H_{11}O_7)_2 + ZnSO_4 = Zn(C_6H_{11}O_7)_2 + CaSO_4 \downarrow$$

分离硫酸钙沉淀后，得到葡萄糖酸锌。

采用配位滴定的方法测定产品中锌含量，用 EDTA 标准溶液在 $NH_3 - NH_4Cl$ 弱碱性条件下滴定葡萄糖酸锌，根据所消耗滴定剂 EDTA 的量计算锌含量。

按下式计算样品中锌含量（%）：

$$w_{Zn} = \frac{C_{EDTA}V_{EDTA} \times M_{Zn} \times 4}{m_{葡萄糖酸锌} \times 1000} \times 100\%$$

三、仪器与药品

仪器：分析天平；水浴锅；布氏漏斗；抽滤瓶；蒸发皿；温度计；100mL量筒；100 mL 容量瓶；25 mL 移液管；250 mL 锥形瓶；100 mL 烧杯；25 mL 酸式滴定管。

药品：$ZnSO_4 \cdot 7H_2O$（分析纯）；乙醇（95%）；EDTA 标准溶液（0.05 mol·L^{-1}）；$NH_3 - NH_4Cl$ 缓冲溶液（pH=10）；铬黑 T 指示剂。

四、实验步骤

1. 葡萄糖酸锌的制备

准确称取 13.4 g $ZnSO_4 \cdot 7H_2O$ 置于烧杯中，加入 80 mL 去离子水，80～90 ℃水浴加热至完全溶解。将烧杯放入 90 ℃恒温水浴中，逐渐加入 20 g 葡萄糖酸钙，并不断搅拌。90 ℃水浴保温 20 min 后趁热抽滤。滤液移至蒸发皿中并在沸水浴上浓缩至黏稠状。冷至室温，加 95%乙醇 20 mL 并不断搅拌，此时有大量胶状葡萄糖酸锌析出。充分搅拌后，用倾析法去除乙醇液。再在沉淀上加 95%乙醇 20 mL，充分搅拌后，沉淀慢慢转变成晶体状，抽干，即得粗品（母液回收）。再将粗品加水 20 mL，加热至溶解，趁热抽滤，滤液冷至室温，加入 20 mL 95％乙醇，充分搅拌，结晶析出后，抽干，50 ℃烘干。

2. 锌含量的测定

准确称取 1.6000 g 葡萄糖酸锌，置于小烧杯中，加水溶解后，转入 100 mL 容量瓶中，以蒸馏水稀释至标线，摇匀。准确移取 25.00 mL 溶液于 250 mL 锥形瓶中，加入 10 mL NH_3-NH_4Cl 缓冲溶液、4 滴铬黑 T 指示剂，然后用 0.05 mol·L^{-1} EDTA 标准溶液滴定，滴至溶液由红色刚好转变为蓝色为止，根据所用 EDTA 标准溶液体积计算样品中锌含量。平行测定三份。

五、数据记录及结果处理

表 5－26　锌含量的测定

试剂＼序号	1	2	3
葡萄糖酸锌（mL）			
EDTA 初始读数（mL）			
EDTA 终读数（mL）			
EDTA 消耗体积（mL）			
w_{Zn}（％）			
$\overline{w}_{Zn}$（％）			
相对平均偏差（％）			

六、注意事项

反应需在 90 ℃恒温水浴中进行，温度过高，葡糖糖酸锌会分解；温度过低，则反应速度较慢。

七、思考题

1. 在沉淀与结晶葡萄糖酸锌时，加入 95％乙醇的作用是什么？

2. 在葡萄糖酸锌的制备中，为什么必须在热水浴中进行？

实验三十二　钢铁中镍含量的测定

一、实验目的

1. 了解有机沉淀剂在重量分析中的应用。

2. 学习掌握烘干重量法及玻璃砂芯漏斗的使用方法。

3. 掌握微波炉用于干燥和恒重样品的方法。

二、实验原理

镍铬合金钢中有百分之几至百分之几十的镍，可用丁二酮肟（见右图，$C_4H_8O_2N_4$，摩尔质量 116.2 g·mol^{-1}，是二元酸，以 H_2D 表示）重量法或 EDTA 络合滴定法进行测定。EDTA 方法简单，但干扰离子分离较难；丁二酮肟重量法用两分子丁二酮肟与镍进行络合反应生成红色沉淀 $Ni(HD)_2$。此方法测定镍选择性高、沉淀溶解度小、组成恒定，烘干后即可称量，但丁二酮肟在氨溶液中也能与亚铁生成红色沉淀，故当亚铁离子存在时必须预先氧化以消除干扰，随后加入酒石酸或柠檬酸掩蔽 Fe^{3+}、Al^{3+}、Cr^{3+}、Ti^{3+} 等离子，生成水溶性配合物。

按下式计算钢铁中镍的含量（%）：

$$w_{Ni} = \frac{m_{红色沉淀}}{m_{称样量}} \times \frac{M_{Ni}}{M_{Ni(HD)_2}}$$

三、仪器与药品

仪器：分析天平；钢样；微波炉；水浴锅；玻璃砂芯漏斗；250 mL 烧杯；表面皿；干燥器。

药品：混酸（3 份 HCl ＋1 份 HNO$_3$ ＋2 份 H$_2$O）；酒石酸或柠檬酸溶液（50%）；丁二酮肟（1% 乙醇溶液）；HNO$_3$（2 mol·L^{-1}）；HCl（1＋1）；氨水（1＋1）；AgNO$_3$（0.1 mol·L^{-1}）；乙醇（20%）；氨－氯化铵洗涤液（100 mL 水中加 1 mL NH$_3$·H$_2$O ＋1 g NH$_4$Cl）。

四、实验步骤

1. 玻璃砂芯漏斗恒重

用水洗净玻璃砂芯漏斗，抽滤至无水珠。放入微波炉调至中高火，加热 10 分钟，静止 3 分钟，再继续加热 5 分钟，放入干燥器冷却 20 分钟后称量。随后，将其再次放入微波炉中加热 5 分钟，放入干燥器冷却 20 分钟后称量。两次称量误差在 0.4 mg 以内。

2. 钢样溶解及沉淀制备

准确称取两份 0.4～0.6 g 镍铬钢样（镍含量在 13% 左右），分别置于 250 mL 烧杯，加入 10 mL 盐酸（1＋1）和 10 mL 2 mol·L^{-1} 硝酸，盖上表面皿，在通风橱小火加热至样品完全溶解，再煮沸除去氮的氧化物，稍冷加入 100 mL 水和 10 mL 酒石酸溶液，水浴加热至 70 ℃，不断搅拌下滴加氨水调至 pH 为 3～4（变为深绿色），保持温度 70 ℃，再加入 20 mL 乙醇和 35 mL 丁二酮肟溶液，滴加氨水调节 pH 为 7～8 之间（此时，黄色沉淀变为深红色沉淀），在水浴中静止沉化 30 分钟。

　　3．过滤、干燥、恒重

　　用上述干燥恒重过的玻璃砂芯漏斗抽滤沉淀，先用 20％乙醇溶液 20 mL 洗涤两次烧杯和沉淀物（洗去丁二酮肟），再用温水洗涤烧杯和沉淀物至无氯离子，抽干，放入微波炉以上述同样的方法恒重。

　　五、注意事项

　　1．每次恒重加热时间和冷却时间尽量保持一致。

　　2．溶解样品时，先小火加热使盐酸和硝酸不要过早挥发，等样品溶解后火稍大，除去氮的氧化物，但必须保持一定的液体，防止有固体析出。

　　3．用氨水调节 pH＝3～4 要准确，丁二酮肟的加入量要准确，才能使沉淀完全。

　　六、思考题

　　1．溶解试样时加氨水起什么作用？

　　2．用丁二酮肟沉淀应控制的条件是什么？

　　3．实验中，丁二酮肟沉淀也可灼烧，试比较，灼烧与烘干的利弊。

实验三十三　金属酞菁的合成及表征

　　一、实验目的

　　1．通过合成金属酞菁配合物，掌握大环配合物的模板合成方法。

　　2．了解金属模板反应在无机合成中的应用。

　　3．进一步熟练掌握无机合成中的常规操作方法和技能。

　　二、实验原理

　　酞菁类化合物是一类重要的四氮大环配体，具有高度共轭 π 体系。它能与金属离子形成金属酞菁配合物，其分子结构式如图 5－3 所示。金属酞菁是近年来广泛研究的经典金属类大环配合物中的一类，其基本结构和天然金属卟啉相似，具有良好的热稳定性，因而在光电转换、催化活性小分子、信息存储、生物模拟及工业染料等方面有重要的应用。金属酞菁的合成方法主要是模版法，即通过简单配体单元与中心金属离子配位作用，然后再结合成金属大环配合物，金属离子起到模版的作用。

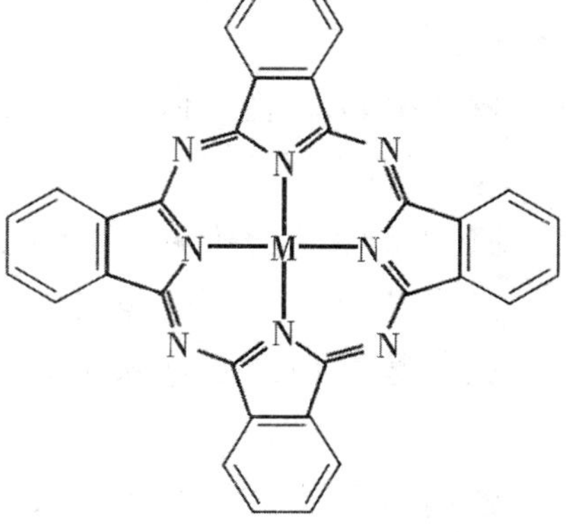

图 5－3　金属酞菁分子结构

合成反应途径：

$$4 \text{(邻苯二甲酸酐)} + MX_n + CO(NH)_2 \xrightarrow[\text{(NH}_4)_2\text{MoO}_4]{200\sim300\,℃} MPc + H_2O + CO_2$$

本实验以邻苯二甲酸酐、尿素、无水氯化钴为原料，以钼酸铵为催化剂，采用模版法合成酞菁钴。用浓硫酸再沉淀法提纯产物，通过红外光谱、紫外—可见分光光谱对产物进行表征。

三、仪器与药品

仪器：分析天平；可控温电热套；研钵；250 mL 三口瓶；布氏漏斗；抽滤瓶；冷凝管；圆底烧瓶；表面皿；铁架台；真空干燥箱；循环水真空泵；分光光度计；红外光谱仪计。

药品：邻苯二甲酸酐（分析纯）；无水乙醇（分析纯）；钼酸铵（分析纯）；无水氯化钴（分析纯）；尿素；煤油；HCl（2%）。

四、实验步骤

1. 酞菁钴粗产品的制备

称取邻苯二甲酸酐 5 g、尿素 9 g 及钼酸铵 0.4 g 与研钵中研细后加入 0.8 g 无水氯化钴，混匀后马上移入 250 mL 三口瓶中，加入 70 mL 煤油，加热（200 ℃）回流 2 h 左右，在溶液由蓝色变为紫红色后停止加热，冷却至 70 ℃，加入 10～15 mL 无水乙醇稀释后趁热抽滤，并用乙醇洗涤 2 次，得粗产品。

2. 粗产品提纯

将滤饼加入 2% 盐酸煮沸后趁热抽滤，再将滤饼加入去离子水中煮沸后抽滤，最后加入碱液中煮沸抽滤，重复上述步骤 2～3 次，直至滤液接近无色且 pH 呈中性。

将产品放在表面皿上 70 ℃真空干燥 6 h，称重并计算产率。

3. 样品的表征与分析

取少量样品与干燥 KBr 混合研磨并压片，作红外光谱分析。取少量样品溶于二甲基亚砜中，作紫外—可见光谱分析。

五、数据记录及结果处理

1. 红外光谱

金属酞菁特征吸收带主要分布在 4 个区域：

（1）在 3030 cm^{-1} 处的一组峰是芳环上的 C—H，谱带较尖锐。

（2）在 1580 cm^{-1} 和 1600 cm^{-1} 处各有一吸收峰，这是由芳香环上 C＝C 以及 C＝N 的伸缩振动引起。

（3）在低频区可看到在与金属酞菁相应的位置上，自由酞菁的谱图上是两个对应的谱带，且相比于金属酞菁，该谱带更偏于较高频率，不同中心金属使金属酞菁吸收峰向高频发生移动的程度也不同。

（4）在远红外区，骨架振动吸收带主要出现在 $150 \sim 200\ cm^{-1}$ 区间，对于 Fe、Co、Ni 和 Cu 金属酞菁，这组谱带为金属－配体－配体振动，自由酞菁不出现该谱带。金属酞菁中的金属－配体－配体的振动频率按下列顺序向高频方向发生移动：Zn＞Pd＞Pt＞Cu＞Fe＞Co＞Ni。

2. 紫外光谱

一般金属酞菁的 B 带在 $250 \sim 300\ nm$，而 Q 带约在 $700 \sim 800\ nm$。B 带受中心金属以及酞菁环的变化，如取代、加氢等影响较小，而 Q 带则较易受影响。

六、注意事项

1. 加入无水氯化钴迅速混匀并装入提前干燥好的三颈瓶中，马上加入煤油，以防止吸收空气中的水分。

2. 回流一定要等到溶液由蓝色变为紫红色后再停止。

3. 重复抽滤一定要等到滤液颜色接近无色时再停止，否则杂质太多，影响随后的表征。

七、思考题

1. 从酞菁钴的紫外可见光谱可以得出哪些信息？

2. 如何处理实验过程中产生的废液？不经处理的废液直接倒入水槽后将会造成哪些危害？

实验三十四　乙二酸合铬（Ⅲ）酸钾顺、反异构体的制备与鉴别

一、实验目的

1. 通过顺、反式八面体配合物的合成，了解同分异构现象在配合物中的普遍性。

2. 了解八面体顺、反异构物在溶解度上的差异可作为制备、分离的依据。

二、实验原理

几何异构是配合物中最常见的同分异构现象，主要发生在配位数为 4 的平面正方形结构和配位数为 6 的八面体结构配合物中。在这类配合物中，配体围绕中心体可占据不同形式的位置，通常分为顺式和反式两种异构。在八面体配合物中可以有三种类型的几何异构体，即 MA_4B_2、MA_3B_3 和 ML_2B_2，其中中心体 M 常为金属离子，A 和 B 是单齿配体，L 是双齿配体，它们都有顺式和反式异构体存在，如图 5－4 所示：

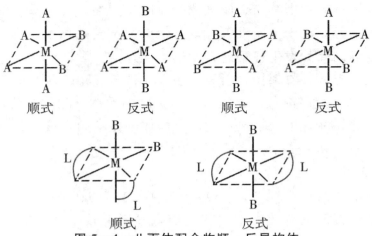

顺式　　　　　　反式　　　　　　顺式　　　　　　反式

顺式　　　　　　　　　反式

图 5—4　八面体配合物顺、反异构体

重铬酸钾和乙二酸发生氧化还原反应，随反应条件和乙二酸根浓度的不同，可以生成不同的配合物：$K_3[Cr(C_2O_4)_3] \cdot 3H_2O$（蓝绿色晶体）、顺式异构体cis—$K[Cr(C_2O_4)_2 \cdot (H_2O)_2] \cdot H_2O$（黑紫色晶体）和反式异构体 trans—$K[Cr(C_2O_4)_2 \cdot (H_2O)_2] \cdot 3H_2O$（玫瑰紫色晶体）。其反应式如下：

$$K_2Cr_2O_7 + 7H_2C_2O_4 + 2K_2C_2O_4 = 2K_3[Cr(C_2O_4)_3] \cdot 3H_2O + 6CO_2\uparrow + 4H_2$$

$$K_2Cr_2O_7 + 7H_2C_2O_4 = 2K[Cr(C_2O_4)_2 \cdot (H_2O)_2] \cdot 2H_2O + 6CO_2\uparrow + H_2O$$

$$K_2Cr_2O_7 + 7H_2C_2O_4 = 2K[Cr(C_2O_4)_2 \cdot (H_2O)_2] \cdot 3H_2O + 6CO_2\uparrow$$

本实验主要合成 $K_3[Cr(C_2O_4)_2 \cdot (H_2O)_2]$ 的顺、反异构体，利用它们与稀氨水反应所生成碱式盐的溶解度不同来鉴别：顺式异构体生成易溶于水的深绿色顺式二乙二酸·羟基·水合铬（III）离子，反式异构体则生成难溶于水的浅棕色反式二乙二酸·羟基·水合铬（III）离子。

三、仪器与药品

仪器：分析天平；水浴锅；布氏漏斗；抽滤瓶；研钵；蒸发皿；表面皿；50 mL 烧杯；10mL 量筒；九孔点滴板。

药品：重铬酸钾（分析纯）；乙二酸（分析纯）；乙二酸钾（分析纯）；无水乙醇（分析纯）；氨水（$2\ mol \cdot L^{-1}$）。

四、实验步骤

1. 反式异构体 trans—$K[Cr(C_2O_4)_2 \cdot (H_2O)_2] \cdot 3H_2O$ 的制备

称取 0.9 g $H_2C_2O_4 \cdot 2H_2O$ 于 50 mL 烧杯中，加入 3 mL 水搅拌且稍加热使之溶解，趁热立即向其中缓缓加入 0.3 g 研细的 $K_2Cr_2O_7$ 固体粉末，反应急剧发生，产生大量气体，将溶液放在水浴中蒸发到原体积的一半。冷到室温静置，有玫瑰紫色晶体产生。抽滤，先用冷水冷却，洗涤 3 次，再用无水乙醇洗涤 3 次，抽干，称量，计算产率。

2. 顺式异构体 cis-K$[Cr(C_2O_4)_2 \cdot (H_2O)_2] \cdot 2H_2O$ 的制备

分别称取 0.6 g $H_2C_2O_4 \cdot 2H_2O$ 和 0.2 g $K_2Cr_2O_7$，置于 50 mL 小烧杯中混合均匀，堆成堆状，用玻璃棒在中央捅一小坑，坑内加一滴水，用表面皿盖住小烧杯，经短期诱导后，即开始剧烈反应。反应平息后，再往烧杯中加入 1 mL 左右的无水乙醇，搅拌混合物直到产物成紫黑色小颗粒结晶状固体，抽滤，用少量无水乙醇洗涤 2 次，自然风干得紫黑色晶体，称量，计算产率。

3. 配合物的性质与鉴别

（1）分别放几粒顺、反异构体晶体于九孔点滴板中，然后在晶粒上滴一滴稀氨水，观察现象并比较。

（2）分别放几粒顺、反异构体晶体于滤纸上，并放在表面皿上，用稀氨水润湿。顺式异构体迅速溶解，由黑紫色转变为深绿色，并浸润在滤纸上；反式异构体则形成浅棕色，仍以固体形式留在滤纸上。

五、注意事项

1. 制备反式异构体时，如反应过于剧烈，可用表面皿盖住小烧杯。

2. 水浴蒸发时，注意水浴的温度不宜过高，一般≤60 ℃。

六、思考题

1. 讨论影响顺、反异构体制备纯度的因素（结晶速度和结晶程度）。

2. 洗涤配合物晶体时，为什么用无水乙醇而不用水？

3. 在顺、反异构体的制备中，$C_2O_4^{2-}$ 起什么作用？

实验三十五　三氯化六氨合钴（Ⅲ）的制备及组成测定

一、实验目的

1. 加深理解配合物的形成对三价钴稳定性的影响

2. 学习水蒸气蒸馏的操作。

二、实验原理

根据有关电对的标准电极电势可知，通常情况下，二价钴盐较三价钴盐稳定得多，而在它们的配合状态下却正相反，三价钴反而比二价钴稳定。因此，通常采用空气或过氧化氢氧化二价钴配合物的方法，来制备三价钴的配合物。

氯化钴（Ⅲ）的氨合物有多种，主要有三氯化六氨合钴（Ⅲ）$[Co(NH_3)_6]Cl_3$（橙黄色晶体）、三氯化一水五氨合钴（Ⅲ）$[Co(NH_3)_5H_2O]Cl_3$（砖红色晶体）、二氯化一氯五氨合钴（Ⅲ）$[Co(NH_3)_5Cl]Cl_3$（紫红色晶体）等。它们的制备条件各不相同。三氯化六氨合钴（Ⅲ）的制备条件是：以活性炭为催化剂，用过氧化氢氧化氨及氯化铵同时存在的氯化钴（Ⅱ）溶液。反应式为：

$$2CoCl_2 + 2NH_4Cl + 10NH_3 + H_2O_2 = 2[Co(NH_3)_6]Cl_3 + 2H_2O$$

所得产品$[Co(NH_3)_6]Cl_3$为橙黄色单斜晶体，20 ℃时在水中的溶解度为 0.26 mol·L^{-1}。

三、仪器与药品

仪器：分析天平；水浴锅；250 mL 烧杯；100 mL 锥形瓶；小试管。

药品：$CoCl_2$·$6H_2O$（分析纯）；氯化铵（分析纯）；活性炭；浓氨水；H_2O_2（60 g·L^{-1}）；浓盐酸；NaOH（10%）；HCl 标准溶液（0.1 mol·L^{-1}）；NaOH 标准溶液（0.1 mol·L^{-1}）；碘化钾（分析纯）；$Na_2S_2O_3$ 标准溶液（0.01 mol·L^{-1}）；酚酞指示剂；淀粉溶液（1g·L^{-1}）；HCl（6 mol·L^{-1}）；$AgNO_3$（0.1 mol·L^{-1}）；K_2CrO_4 指示剂（50 g·L^{-1}）。

四、实验步骤

1. 三氯化六氨合钴（Ⅲ）的制备

将研细的 6 g $CoCl_2$·$6H_2O$ 和 4 g 氯化铵加入 7 mL 水中，加热溶解。倾入一盛有 0.3 g 活性炭的 100 mL 锥形瓶内。冷却后，加 14 mL 浓氨水，进一步冷至 10 ℃以下，缓慢加入 14 mL 60 g·L^{-1}过氧化氢。60 ℃水浴加热，恒温 20 min。以水流冷却后再以冰水冷却之。用布氏漏斗抽滤。将沉淀溶于含 2 mL 浓 HCl 的 25 mL 沸水中，趁热过滤。加 7 mL 浓 HCl 于滤液中。以冰水冷却，即有晶体析出。过滤，抽干。将固体置于 105 ℃以下烘干。

2. 三氯化六氨合钴（Ⅲ）组成的测定

氨的测定：精确称取所得产品 0.2 g 放入 100 mL 锥形瓶中，用少量水溶解，然后加入 10 mL 10% NaOH 溶液。在另一锥形瓶中准确加入 40 mL 0.1 mol·L^{-1} HCl 标准溶液。按图 5-5 搭好装置，漏斗下端固定一小试管，试管内注入 3～5 mL 10% NaOH 溶液，使漏斗柄插入液面下 2～3 cm，整个操作过程中漏斗下端不能露出液面。小

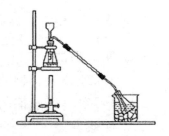

图 5-5　装置图

试管的橡皮塞要切去一个缺口，使试管内与锥形瓶相通。加热样品溶液，开始时用大火加热，溶液开始沸腾时改为小火，保持微沸状态。蒸出的氨通过导管被标准的 HCl 溶液吸收。约 1 小时左右可将氨全部蒸出。取出并拔掉插入 HCl 溶液中的导管，用少量水将导管内外可能粘附的溶液洗入锥形瓶内。用 0.1 mol·L^{-1} NaOH 标准溶液滴定过量 HCl（以酚酞为指示剂）。计算样品中氨的质量分数，并与理论值比较。

钴的测定：精确称取 0.2 g 左右的产品于 250 mL 烧杯中，加水溶解。加入 10%氢氧化钠溶液 10 mL。将烧杯放在水浴上加热，待氨全部被赶走后冷

却，加入 1 g 碘化钾固体及 10 mL 6 mol·L^{-1} HCl 溶液，于暗处放置 5 min 左右。用 0.01 mol·L^{-1} $Na_2S_2O_3$ 溶液滴定到浅黄色，加入 5 mL 新配制的 1 g·L^{-1} 的淀粉溶液后，再滴至蓝色消失。计算钴的质量分数，并与理论值比较。

氯的测定：以 50 g·L^{-1} K_2CrO_4 溶液为指示剂，用 0.1 mol·L^{-1} $AgNO_3$ 标准溶液滴定至出现淡红棕色不再消失为终点。按照滴定的数据，计算氯的质量分数，并与理论值比较。

由以上分析钴、氨、氯的结果，写出产品的实验式。

五、注意事项

活性炭在使用前一定要充分研磨，以提供较大的比表面积。

六、思考题

1. 要使三氯化合钴（Ⅲ）合成产率高，你认为哪些步骤是比较关键的？为什么？

2. 若钴的分析结果偏低，估计一下产生结果偏低的可能因素有哪些？

实验三十六 2,6－二氯酚靛酚法测定果蔬中维生素 C 的含量

一、实验目的

1. 学习并掌握 2,6－二氯酚靛酚法测定果蔬中维生素 C 含量的方法。

2. 熟悉微量滴定法的基本操作。

二、实验原理

维生素 C（Vc）又称抗坏血酸，一般水果、蔬菜中的含量均较高。不同的水果、蔬菜品种以及同一品种在不同栽培条件、不同成熟度等情况下，其 Vc 的含量都有所不同。测定 Vc 含量，可以作为果蔬品质指标之一。

2,6－二氯酚靛酚（DCPIP）是一种染料，在酸性溶液中氧化型 DCPIP 呈红色，在中性或碱性溶液中呈蓝色。Vc 具有较强的还原性，能将 DCPIP 还原成无色的还原型 DCPIP 同时自身被氧化失去两个氢原子而转变成脱氢 Vc。其反应式如下：

| 维生素C | 氧化型DCPIP 红色 | 脱氢维生素C | 还原DCPIP 无色 |

当用 DCPIP 滴定含有 Vc 的酸性溶液时，在 Vc 尚未全部被氧化时，滴下的 DCPIP 立即被还原为无色；Vc 全部被氧化后，滴下的 DCPIP 依然保持红色。因此，在测定过程中当溶液从无色转变成微红色时，表示 Vc 全部被氧化，此时即为滴定终点。根据滴定消耗染料标准溶液的体积，可以计算出被测定样品中 Vc 的含量。

按下式计算试样中 Vc 的含量（mg/g 样品）：

$$w_{Vc} = \frac{(V_{样品} - V_{空白}) \times T \times 5}{m_{样品}}$$

三、仪器与药品

仪器：分析天平；离心机；研钵；漏斗；50 mL 锥形瓶；10 mL 移液管；50 mL 容量瓶；5 mL 微量滴定管。

药品：

标准 Vc 溶液：精确称取 Vc 100 mg，用适量 2% 草酸溶液溶解后移入 500 mL 容量瓶中，并以 2% 草酸溶液定容，振摇混匀，1 mL 含 0.2 mg Vc。

2，6－二氯酚靛酚溶液（0.02%）：称取 2，6－二氯酚靛酚钠盐 50 mg 溶于 200 mL 含 52 mg 碳酸氢钠的热水中。冷后加水稀释至 250 mL，过滤后装入棕色瓶，放置在冰箱中保存。临用前按下法标定：取 5 mL 标准 Vc 溶液于三角瓶中，加 5 mL 2% 草酸，用 2，6－二氯酚靛酚溶液滴定至微红色，15 s 不褪色即为终点，并计算出每 1 mL 染料溶液相当的 Vc 毫克数（T）。

材料：西红柿、黄瓜等新鲜果蔬。

四、实验步骤

1. 样品提取液的制备

称取 10 g 样品，置于洁净的研钵中，再加 2 mL 2% 的草酸溶液进行研磨，用漏斗将磨细的样品转入 50 mL 的容量瓶中，用 2% 的草酸溶液洗涤研钵，将洗液也转入容量瓶中，用 2% 的草酸溶液定容至刻度，混匀，将混合液转入 50 mL 的离心管中，3500 r/min 离心 10 min，将上清液取出，作为样品提取液，备用。

2. 样品提取液的滴定

取 10 mL 样品提取液，用 DCPIP 溶液滴定至终点，平行测定三份，记下每次滴定所耗去的 DCPIP 溶液的毫升数。

3. 空白对照的测定

取 10 mL 2% 的草酸溶液作为空白对照，用 DCPIP 溶液滴定至终点，平行测定三份，记下每次滴定所耗去的 DCPIP 溶液的毫升数。

五、数据记录及结果处理

表 5－27　样品中 Vc 含量的测定

试剂 ＼ 序号	1	2	3
样品（mL）			
DCPIP 初始读数（mL）			
DCPIP 终点读数（mL）			
DCPIP 消耗体积（mL）			
w_{Vc}（mg/g 样品）			
$\overline{w}_{Vc}$（mg/g 样品）			
相对平均偏差（%）			

六、注意事项

1. 当提取液中色素较多时，滴定过程中不易看出颜色变化，需脱色。可用白陶土、300 g·L⁻¹ Zn(Ac)₂ 和 150 g·L⁻¹ K₄Fe(CN)₆ 溶液等。

2. 提取液中还含有其他还原性物质，均可与 DCPIP 反应，但反应速率均较 Vc 慢。因此滴定开始时，染料要迅速加入，而后尽可能逐滴加入，并要不断地摇动锥形瓶直至呈粉红色，15 s 内不褪色为终点。

七、思考题

1. 为了准确测定 Vc 含量，实验过程中应注意哪些操作步骤？为什么？

5.3　设计性实验

实验三十七　植物中一些元素的分离鉴定

一、实验目的

1. 了解从植物中分离和鉴定化学元素的方法。
2. 提高综合运用元素基本性质分析和解决化学问题的能力。

二、实验原理

植物是有机体，主要由 C、H、O、N 等元素组成，还含有 P、I 和 Ca、Mg、Al、Fe、Cu、Zn 等一些金属元素。把植物加热灰化，除了几种主要元素形成易挥发物质逸出去外，其他元素留在灰烬中，用酸浸取，它们进入溶液，即可从中分离和鉴定某些元素。

本实验要求分离鉴定 Ca、Mg、Al、Fe 四种金属元素和 P、I 两种非金属元素。

三、仪器与药品

仪器：分析天平；研钵；蒸发皿；100 mL 烧杯；离心试管；离心机；酒精灯。

药品：HCl（2.0 mol · L⁻¹）；HNO₃（浓）；NaOH（2.0 mol · L⁻¹）；HAc（1.0 mol · L⁻¹）；广泛 pH 试纸及鉴定 Ca^{2+}、Mg^{2+}、Al^{3+}、Fe^{3+}、PO_4^{3+}、I^- 所用试剂。

材料：茶叶、海带、松枝、柏枝等。

四、实验步骤

1. 从松枝、茶叶等植物中任选一种鉴定 Ca、Mg、Al 和 Fe

取约 5g 已洗净且干燥的植物枝叶（青叶用量适当增加），放在蒸发皿中，在通风橱内用酒精灯加热灰化，然后用研钵将植物灰研细。取一勺灰粉约 0.5 g 于 10 mL 2 mol · L⁻¹ HCl 中，加热并搅拌促使溶解，过滤。自拟方案鉴定滤液中 Ca^{2+}、Mg^{2+}、Al^{3+}、Fe^{3+}。

2. 从松枝、柏枝、茶叶等植物中任选一种鉴定磷

用同样的方法制得植物灰粉，取一勺溶于 2 mL 浓 HNO₃ 中，温热并搅拌促使溶解，然后加去离子水 30 mL 稀释、过滤。自拟方案鉴定滤液中的 PO_4^{3+}。

3. 海带中碘的鉴定

将海带用上述方法灰化，取一勺溶于 10 mL l mol · L⁻¹ HAc 中，温热并搅拌促使溶解，过滤。自拟方案鉴定滤液中的 I^-。

五、注意事项

1. 以上各离子的鉴定方法可参考附录三，注意鉴定的条件及干扰离子。

2. 由于植物中以上欲鉴定元素的含量一般都不高，所得滤液中这些离子浓度往往较低，鉴定时取量不宜太少，一般可取 l mL 左右进行鉴定。

3. Fe^{3+} 对 Mg^{2+}、Al^{3+} 鉴定均有干扰，鉴定前应加以分离。可采用控制 pH 方法先将 Ca^{2+}、Mg^{2+} 与 Al^{3+}、Fe^{3+} 分离（参考附录二），然后再将 Al^{3+}、Fe^{3+} 分离。

六、思考题

1. 植物中还可能含有哪些元素？如何鉴定？

2. 若溶液中 Cu^{2+} 干扰 Al^{3+} 离子，如何进行解决？

实验三十八 蛋壳中钙、镁含量的测定

一、实验目的

1. 对于实际试样的处理方法（如粉碎、过筛等）有所了解。
2. 掌握配位滴定法及酸碱滴定法测定蛋壳中钙、镁含量的原理。

二、实验原理

长期以来，人们只注重蛋清和蛋黄的利用，却把占鸡蛋总重量 $10\%\sim12\%$ 的蛋壳当作废弃物丢掉。蛋壳由壳上膜、壳下膜和蛋壳三个部分组成。鸡蛋壳的主要成分为 $CaCO_3$，其次为 $MgCO_3$、蛋白质、色素以及少量 Fe 和 Al。蛋壳有极大的综合利用价值，可加工蛋壳粉肥、蛋壳粉饲料、蛋壳粉直接入药等。测定蛋壳中钙镁含量的方法包括：配位滴定法、酸碱滴定法、高锰酸钾滴定法、原子吸收法等，下面介绍配位滴定和酸碱滴定两种方法测定蛋壳中钙、镁含量。

配位滴定法：

由于试样中含酸不溶物较少，可用盐酸将蛋壳溶解并制成试液，采用络合滴定法测定钙、镁含量。试样经溶解后，Ca^{2+}、Mg^{2+} 共存于溶液中。Fe^{3+}、Al^{3+} 等干扰离子，可用三乙醇胺或酒石酸钾钠掩蔽。调节其酸度至 pH＝10，用铬黑 T 作指示剂，EDTA 标准溶液可直接测定溶液中钙和镁的总量。

酸碱滴定法：

蛋壳中的碳酸盐能与 HCl 发生反应，过量的酸可用标准 NaOH 回滴，据实际与碳酸盐反应的标准 HCl 体积，求得蛋壳中 Ca、Mg 总量。

三、实验步骤

自行查阅相关资料并设计实验方案，选择适当仪器及药品，完成对蛋壳中钙、镁含量的测定。

四、思考题

1. 分析对比两种不同的测定方法，并说明哪种更加合适？
2. 酸碱法滴定时，加入 HCl 溶液后能否立即用 NaOH 标准溶液返滴定？

实验三十九 明矾的制备及定性检测

一、实验目的

1. 学会利用身边易得的废铝材料制备明矾的方法。
2. 巩固溶解度概念及其应用；认识铝和氢氧化铝的两性性质。
3. 学习从溶液中培养晶体的原理和方法。

二、实验原理

明矾是硫酸铝钾的俗称，也叫铝钾矾，其化学式可简写为 $KAl(SO_4)_2 \cdot 12H_2O$，是工业上十分重要的铝盐，用作净水剂、填料和媒染剂等。

本实验采用废铝为原料制备明矾，先将废铝样品制成硫酸铝，再与一定比例的硫酸钾反应制备复盐明矾。溶解铝可采用酸溶或碱溶，分别比较两种方法在反应步骤、杂质去除、产品纯度方面的优劣，选择适宜的方法制备明矾。

在不同温度下的溶解度（g/100gH₂O）如下表所示：

表 5－28　三种盐在不同温度下的溶解度　（g/100 g H₂O）

盐＼温度/K	273	283	293	303	313	333	353	363
$KAl(SO_4)_2$	3.00	3.95	5.90	8.39	11.7	24.8	71.0	109
$Al_2(SO_4)_3$	31.2	33.5	36.4	40.4	45.8	59.2	73.0	80.8
K_2SO_4	7.40	9.30	11.1	13.0	14.8	18.2	21.4	22.9

三、实验步骤

自行查阅相关资料并设计实验方案，选择适当仪器及药品，完成明矾的制备并检验其纯度，计算产率。

四、注意事项

1. 采用碱溶法时，铝与氢氧化钠反应剧烈，注意不要让碱液溅入眼中，铝片应分次加入。

2. 溶液最终体积不易太大，以免溶液未达到饱和，晶体难以析出。

五、思考题

1. 说明实验中用碱溶解 Al 而不用酸溶解的原理？

2. 铝屑中铁杂质如何去除？

实验四十　食品添加剂中硼酸含量的测定

一、实验目的

了解间接滴定法的原理。

二、实验原理

对于 $CK_a \leqslant 10^{-8}$ 的极弱酸，不能用碱标准溶液直接滴定，但可采取措施使其强化，满足 $CK_a \geqslant 10^{-8}$，即可用 NaOH 标准溶液直接滴定。

H_3BO_3 的 $K_a = 7.3 \times 10^{-10}$，故不能用 NaOH 标准溶液直接滴定，在 H_3BO_3 中加入甘油溶液，生成甘油硼酸，其 $K_a = 3 \times 10^{-7}$，可用 NaOH 标准溶液滴定，反应如下：

$$
\begin{array}{c}
\mathrm{H_2C-OH} \\
| \\
\mathrm{HC-OH} \\
| \\
\mathrm{H_2C-OH}
\end{array}
+ \mathrm{H_3BO_3} \rightleftharpoons
\begin{array}{c}
\mathrm{H_2C-OH} \\
| \\
\mathrm{HC-O} \\
| \quad\quad \diagdown \mathrm{BOH} \\
\mathrm{H_2C-O} \diagup
\end{array}
+ 2\mathrm{H_2O}
$$

$$
\begin{array}{c}
\mathrm{H_2C-OH} \\
| \\
\mathrm{HC-O} \\
| \quad\quad \diagdown \mathrm{BOH} \\
\mathrm{H_2C-O} \diagup
\end{array}
+ \mathrm{NaOH} \rightleftharpoons
\begin{array}{c}
\mathrm{H_2C-OH} \\
| \\
\mathrm{HC-O} \\
| \quad\quad \diagdown \mathrm{BONa} \\
\mathrm{H_2C-O} \diagup
\end{array}
+ \mathrm{H_2O}
$$

化学计量点时,溶液呈弱碱性,可选用酚酞作指示剂。

三、实验步骤

自行查阅相关资料并设计实验方案,选择适当仪器及药品,完成对食品添加剂中硼酸含量的测定。

四、思考题

1. 硼酸的共轭碱是什么?可否用直接酸碱滴定法测定硼酸共轭碱的含量?
2. 用 NaOH 测定 H_3BO_3 时,为什么要用酚酞作指示剂?

实验四十一 白酒中甲醇含量的测定

一、实验目的

掌握测定白酒中甲醇含量的方法。

二、实验原理

甲醇是有毒化工产品,对人体有剧烈毒性。它对于视神经危害尤为严重,能引起视力模糊、眼疼、视力减退甚至失明。国家标准规定:凡是以各种谷类为原料制成的白酒,甲醇的含量不得超过 $0.4\ \mathrm{g \cdot L^{-1}}$,以薯类为原料制成的白酒,则不得超过 $1.2\ \mathrm{g \cdot L^{-1}}$。事实上,只要是按正常酿造工艺组织生产,即使是最普通的白酒,甲醇含量也不至于超过限量标准。

甲醇在磷酸介质中被高锰酸钾氧化为甲醛,甲醛与希夫试剂(亚硫酸钠品红溶液)反应后溶液成蓝紫色,反应式为:

$$\mathrm{CH_3OH} \rightarrow \mathrm{CH_3O} \rightarrow 希夫试剂 \rightarrow 蓝紫色溶液$$

在一定酸度下,甲醛所形成的蓝紫色不易褪色,而其他醛类形成的蓝紫色很容易消失,可利用此反应测定甲醇含量。除此方法外,还可选择气相色谱以及液相色谱等方法来测定。

三、实验步骤

自行查阅相关资料并设计实验方案,选择适当仪器及药品,测定所提供的几种白酒样品中甲醇的含量。

四、注意事项

样品加入高锰酸钾－磷酸溶液后，一定要放置 10 min 以上，然后加入草酸－硫酸溶液，必须待褪色后，再加品红－亚硫酸溶液显色。

实验四十二　由煤矸石或铝矾土制备硫酸铝及产品分析

一、实验目的

1. 掌握由煤矸石或铝矾土制备硫酸铝的方法。
2. 学习用配位滴定法检验产品纯度。

二、实验原理

煤矸石和铝矾土中的主要成分是 Al_2O_3 和 SiO_2（其中煤矸石中还有一定量的碳），另有少量的 Fe_2O_3 以及 Ca 和 Mg 的碳酸盐，不同产地原料的成分有所差别，通常的比例是 Al_2O_3 10%～30%、SiO_2 30%～50%、Fe_2O_3 1% 左右。自然界中的 Al_2O_3 一般以 α 型存在，需要在 700 ℃ 左右焙烧 2 h 转化为易于浸取的 γ 型。焙烧温度需掌握好，温度太低不能发生晶型转变，温度太高又会转为 α 型，一般焙烧温度保持在 700±50 ℃。如果原料为煤矸石，将煤矸石粉碎后用 60～80 目的筛子筛取粉末。

焙烧后的原料用 50% 左右的硫酸浸取 Al_2O_3，控制温度在 100 ℃ 左右浸取 1～2 h，注意补加水。根据 Al_2O_3 含量，硫酸的加入量略低于理论量（可掌握 80% 左右），防止酸过量导致浪费及污染环境。被提纯后的硫酸铝溶液加热浓缩（注意不要蒸干）后，冷却得到 $Al_2(SO_4)_3 \cdot 18H_2O$。

三、实验步骤

自行查阅相关资料并设计实验方案，选择适当仪器及药品，以煤矸石或铝矾土为原料制备硫酸铝并对其进行分析。

四、思考题

1. 用煤矸石制备硫酸铝时，焙烧原料的目的除了转化晶型，还有什么？
2. 如何除去产品中的钙、镁、铁等杂质？

5. 1   General Experiments

Experiment 1   Purification of Sodium Chloride

1. Purpose

1. 1   To learn the principle and method of purifying sodium chloride

1. 2   To learn the operation of vacuum filtration, evaporation, concentration and crystallization

1. 3   To learn the methods of qualitative test for Ca^{2+}, Mg^{2+} and SO_4^{2-}

2. Principle

Sodium chloride, which is used as a chemical or medical reagent, is purified from crude salt. There are not only insoluble impurities in the crude salt, such as sediment, but also soluble impurities, such as Ca^{2+}, Mg^{2+}, K^+ and SO_4^{2-}. To remove Ca^{2+}, Mg^{2+} and SO_4^{2-}, add appropriate reagents to produce insoluble precipitates.

First, add $BaCl_2$ to the crude salt solution to remove SO_4^{2-}.

$$Ba^{2+} + SO_4^{2-} = BaSO_4 \downarrow$$

Then add Na_2CO_3 to remove Ca^{2+}, Mg^{2+} and excessive Ba^{2+}.

$$Ca^{2+} + CO_3^{2-} = CaCO_3 \downarrow$$

$$Ba^{2+} + CO_3^{2-} = BaCO_3 \downarrow$$

$$4Mg^{2+} + 2H_2O + 5CO_3^{2-} = Mg(OH)_2 \cdot 3MgCO_3 \downarrow + 2HCO_3^-$$

The excessive Na_2CO_3 can be neutralized with HCl. The low content soluble impurity K^+, having a different solubility from sodium chloride, can be removed by recrystallization. It will be retained in the solution when NaCl crystals form.

3. Apparatus and Chemicals

Apparatus: analytical balance; alcohol burner; buchner funnel; filter flask; evaporating dish; 250mL beaker.

Chemicals: NaCl (crude salt); HCl (6 mol · L^{-1}); HAc (2 mol · L^{-1}); NaOH (6 mol · L^{-1}); $BaCl_2$ (1 mol · L^{-1}); Na_2CO_3 (saturated); $(NH_4)_2C_2O_4$ (saturated); magnesium reagent I; pH test paper.

4. Procedure

4.1　Dissolving crude salt

Weigh 10g of crude salt in a 250 mL beaker, add 40 mL of water, heat (alcohol burner) and stir to make it dissolve.

4.2　Removing SO_4^{2-}

Heat the solution to boiling, and then add $BaCl_2$ solution while stirring until the precipitation is complete. After continuing to boil the mixture for 5 minutes, vacuum filter the mixture.

4.3　Removing Mg^{2+}, Ca^{2+} and excess of Ba^{2+}

Heat the above filtrate to boiling. Add saturated Na_2CO_3 solution while stirring until the precipitation is complete. Add an additional 0.5 mL of Na_2CO_3 solution, and continue heating for 5 minutes. Vacuum filter the mixture, and discard the precipitates.

4.4　Removing residuary CO_3^{2-}

Heat and stir the solution, add 6 mol · L^{-1} HCl until the pH value of the solution is about 2~3.

4.5　Concentration and crystallization

Transfer the above solution to an evaporating dish which is already weighed. Heat and evaporate until crystals form (The volume of the solution should be about a quarter of the original solution). Cool to room temperature and vacuum filter the mixture. Transfer the crystals to the evaporating dish, and dry them with low heat on the asbestos gauze. Cool the crystals to room temperature. Weigh it and calculate the yield.

4.6　Product purity analysis

Take crude salt and purified product NaCl 1 g respectively, add about 5 mL distilled water. Then perform the following qualitative analyses.

(1) SO_4^{2-}

In two test tubes, transfer 1 mL of crude salt solution and 1 mL of purified salt solution, respectively. In each test tube, add two drops of 6 mol · L^{-1} HCl and two drops of 1 mol · L^{-1} $BaCl_2$. Compare the precipitates in the two test tubes.

(2) Ca^{2+}

In two test tubes, transfer 1 mL of crude salt solution and 1 mL of purified salt solution, respectively. In each test tube, add 2 mol • L^{-1} HAc to acidulate, and $3 \sim 4$ drops of saturated $(NH_4)_2C_2O_4$. Compare the white precipitates (CaC_2O_4) in the two test tubes.

(3) Mg^{2+}

In two test tubes, transfer 1 mL of crude salt solution and 1 mL of purified salt solution, respectively. In each test tube, add five drops of 6 mol • L^{-1} NaOH and 2 drops of magnesium I reagent. The blue precipitates confirm the presence of Mg^{2+}. Compare the blue precipitates in the two test tubes.

5. Notes

5. 1   Concentrated liquid must be naturally cool to room temperature.

5. 2   The particles of crude salt must be grinded.

6. Questions

6. 1   When removing Mg^{2+}, Ca^{2+} and SO_4^{2-}, why is $BaCl_2$ added first, and then Na_2CO_3 is added?

6. 2   Can we substitute calcium chloride with toxicant barium chloride to remove the SO_4^{2-} in salt?

6. 3   Can we use another soluble carbonate to replace Na_2CO_3 in order to remove Mg^{2+}, Ca^{2+} and Ba^{2+}?

6. 4   Can we use the method of recrystallization to purity sodium chloride?

Experiment 2   Synthesis of Ammonium Ferrous Sulfate

1. Purpose

1. 1   To understand the preparation principle and the characterization of $(NH_4)_2SO_4 • FeSO_4 • 6H_2O$.

1. 2   To master some basic operations of preparing inorganic compound such as bath heating, dissolution and crystallization, vacuum filtration, evaporation and concentration, decantation and so on.

1. 3   To learn the characterization of some iron compounds.

2. Principle

Ammonium iron (II) sulfate, or Mohr's salt, is the inorganic compound with the formula $(NH_4)_2SO_4 \cdot FeSO_4 \cdot 6H_2O$. It is a double salt of ferrous sulfate and ammonium sulfate. Mohr's Salt is more stable than common ferrous salt, and will not be oxidized in the air. The solubility of double salt is lower than its component (Table 5−1).

Table 5−1 solubilities of three salts （g/100 g H_2O）

Salts \ t/℃	10	20	30
$FeSO_4 \cdot 7H_2O$	20.0	26.5	32.9
$(NH_4)_2SO_4$	73.0	75.4	78.0
$(NH_4)_2SO_4 \cdot FeSO_4 \cdot 6H_2O$	17.2	21.6	28.1

Scrap iron is dissolved in dilute H_2SO_4 to produce $FeSO_4$.

$$Fe + H_2SO_4 = FeSO_4 + H_2 \uparrow$$

Then $(NH_4)_2SO_4$ solution is added until it dissolved completely. Bluish green crystals of ammonium ferrous sulfate with small solubility can be obtained after concentration and crystallization.

$$FeSO_4 + (NH_4)_2SO_4 + 6H_2O = (NH_4)_2SO_4 \cdot FeSO_4 \cdot 6H_2O$$

3. Apparatus and Chemicals

Apparatus：analytical balance; alcohol burner; water glass; buchner funnel; filter flask; evaporating dish; 250 mL conical flask; water bath.

Chemicals：scrap iron; H_2SO_4 （3 mol $\cdot$ L^{-1}）; $(NH_4)_2SO_4$ （analytical reagent）.

4. Procedure

4.1 Preparation of $FeSO_4$

Weigh 2 g of scrap iron in a 250 mL conical flask. Add 10 mL 3 mol $\cdot$ L^{-1} H_2SO_4 to the conical flask and heat the mixture with a water bath. When it is heated, small quantity of water must be added to replenish evaporated water. When no bubbles emerge (It needs about 20 minutes), vacuum filter the mixture while it is still hot. Transfer the filtrate to an evaporating dish, and the pH value of the solution is about 1.

4.2 Synthesis of ammonium ferrous sulfate

According to the amount of iron in solution, calculate and add the proper amount of saturated $(NH_4)_2SO_4$ solution which is prepared at room temperature to the $FeSO_4$ solution. The pH of the solution should be less than 2. Use 3 mol $\cdot$ L^{-1} H_2SO_4 to adjust the pH if it is too high. Heat and stir the solution in the water bath until all the reagents dissolve completely. Continue heating the solution until there is a thin layer of solid on the surface of the solution. Do not stir during the concentration. Cool the mixture to room temperature. Vacuum filter and get the crystals. Observe the obtained crystals on a watch glass. Weigh it and calculate the yield.

5. Notes

5. 1   When it is heated, small quantity of water must be added to replenish evaporated water, which can prevent the precipitation of $FeSO_4$.

5. 2   Filter device should be washed and preheating when hot filtering, and the filter paper was prepared for filtration, then wetting.

6. Questions

6. 1   Why should the excessive H_2SO_4 be used to dissolve the scrap iron? What will happen if the amount of H_2SO_4 is not enough?

6. 2   Can we evaporate the mixture to dryness when doing the concentration of ammonium ferrous sulfate? What will happen if we evaporate the mixture to dryness?

6. 3   What is double salt? Comparing it with the simple salt forming it, what is the characteristic?

Experiment 3   Preparation and Purification of Potassium Nitrate

1. Purpose

1. 1   To learn how to prepare potassium nitrate by conversion method with the theory that different salt has different solubility at different temperatures.

1. 2   To further practice the basic operations of dissolution and vacuum filtration.

1. 3   To exercise indirect hot bath and recrystallization.

2. Principle

Conversion method is always used to prepare potassium nitrate in industry, and the reaction is as follows:

$$NaNO_3 + KCl = NaCl + KNO_3$$

The solubility of NaCl changes little with temperature and it is the least soluble at high temperature among these four salts. $NaNO_3$, KCl and KNO_3

have larger solubility at high temperature and the solubility decreased significantly with temperature decreases (Table 5—2). According to the difference of the solubility of these four salts, mix a certain concentration of $NaNO_3$ and KCl solution, concentrated by heating until the temperature reaches $118 \sim 120 \, ℃$. KNO_3 can't precipitate because of its high solubility, while NaCl can. Remove NaCl by hot filtered, cool the solution to room temperature, a large amount of KNO_3 and only a small amount of NaCl precipitate. This is the crude KNO_3 product. After recrystallization, the pure KNO_3 product can be obtained.

Table 5—2   Solubility of four salts at different temperatures. (g/100 g H_2O)

Salts＼t/℃	0	10	20	30	40	60	80	100
KNO_3	13.3	20.9	31.6	45.8	63.9	110.0	169	246
$NaNO_3$	73	80	88	96	104	124	148	180
KCl	27.6	31.0	34.0	37.0	40.0	45.5	51.1	56.7
NaCl	35.7	35.8	36.0	36.3	36.6	37.3	38.4	39.8

3. Apparatus and Chemicals

Apparatus: analytical balance; water bath; buchner funnel; filter flask; 100 mL beaker; small test tube.

Chemicals: sodium nitrate (industrial grade); potassium chloride (industrial grade); $AgNO_3$ (0.1 mol · L^{-1}); nitrate (5 mol · L^{-1}).

4. Procedure

4.1   Preparation of potassium nitrate

20 g $NaNO_3$ and 17 g KCl are taken into 100 mL beaker and then 30 mL of H_2O is added. The solution is heated until all the salts dissolve. Continue to heat, and stir constantly, evaporate the solution to about 2/3 of the original volume. The crystal precipitate in beaker, hot filtered. The filtrate is taken in to a small beaker and naturally cool to room temperature. Crystals form with the decrease of temperature. Vacuum filtered, and the crude product is dried in water bath, weigh it and calculate the yield.

4.2   The recrystallization of crude product

Retain a small amount of crude product (0.1 $\sim$ 0.2 g) for the purity of crude product inspection, the rest is dissolved in distilled water according to the mass ratio of 2 : 1. Heat and stir, until all the crystals are completely dissolved. If there is still crystals when the solution is boiling, small amount of distilled water should be added. After the solution is cooled to room temperature, vacuum filtered, dried in water bath, the potassium nitrate crystal of high purity is gotten. Weigh it and calculate the yield.

4. 3　Product purity analysis

Weigh 0. 1 g crude and purified products respectively into two small test tubes. Add 2 mL of distilled water to dissolve each product. Add 1 drop of 5 mol • L^{-1} HNO_3 to each product to acidulate, in addition 2 drops of 0. 1 mol • L^{-1} $AgNO_3$ are added. The product solution after recrystallization should be clarified. If not, recrystallization again until qualified.

5.　Notes

5. 1　In order to prevent the emerging of too small crystals, do not cool down too fast in the process of cooling crystallization.

5. 2　The reaction mixture must be quickly vacuum hot filtered, which requires buchner funnel preheating in boiling water or oven.

6.　Questions

6. 1　Why should the solution be heated and hot filtered when prepareing potassium nitrate crystals?

6. 2　What is recrystallization? [What basic operations are involved in this experiment?] What should we pay attention to?

6. 3　How to purify potassium nitrate when it mixed with potassium chloride and sodium nitrate?

Experiment 4　Preparation of Copper Sulfate Pentahydrate

1.　Purpose

1. 1　To learn the method of preparing salt from inactive metal and acid.

1. 2　To master some basic operations of preparing inorganic compound such as bath heating, dissolution and crystallization, vacuum filtration, evaporation and concentration, decantation and so on.

1. 3　To learn the recrystallization method of purifying copper sulfate pentahydrate.

2.　Principle

Copper sulfate pentahydrate whose chemical formula is $CuSO_4$ • $5H_2O$ is commonly known as blue copper, bluestone or malachite. It is widely used as dyeing mordant in cotton and silk, agricultural pesticides, fungicides and copper plating. There are many ways to produce $CuSO_4 \cdot 5H_2O$. The scrap copper and sulfuric acid are chosen as main raw materials in this experiment to prepare copper sulfate pentahydrate.

Copper sulfate can't be obtained directly by reacting copper powder with dilute sulfuric acid because of the radicaloid of copper. Some oxidizing agent must be needed. In the mixed solution of hydrogen peroxide and sulfuric acid, copper is oxidized into Cu^{2+} by hydrogen peroxide, and then combined with SO_4^{2-} to obtain the product of copper sulfate.

$$Cu + H_2O_2 + H_2SO_4 = CuSO_4 + 2H_2O$$

The solubility of copper sulfate is increased with the increasing of temperature, so it can be purified by recrystallization method. In the crude product of copper sulfate, appropriate amount of distilled water is added, and the solution is heated to a saturated solution, hot filtered to remove the insoluble impurities. Copper sulfate precipitate from the cooling filtrate and is separated from the soluble impurities. Pure copper sulfate is obtained by filtration.

3. Apparatus and Chemicals

Apparatus: analytical balance; water bath; buchner funnel; filter flask; evaporating dish; 250 mL erlenmeyer flask; 50 mL beaker.

Chemicals: Cu powder; H_2SO_4 (6 mol $\cdot$ L^{-1}); Na_2CO_3 (10%); H_2O_2 (30%).

4. Procedure

4.1 Purify copper powder.

2 g copper powder and 10 mL of 10% Na_2CO_3 solution are put into a 250mL erlenmeyer flask and heated under water bath. The solution is boiling in order to remove the oil from the copper surface. Remove the alkali liquor by decanted, and wash the copper powder with distilled water by the same way.

4.2 Prepare crude copper sulfate pentahydrate.

Add 10 mL of 6 mol $\cdot$ L^{-1} H_2SO_4 into the erlenmeyer flask fitted with copper powder, and then 3~4 mL of 30% H_2O_2 was slowly added. The reaction temperature maintained at 40~50 ℃ under water bath until the reaction is completed (Some dilute H_2SO_4 and H_2O_2 is needed if there is still copper powder in erlenmeyer flask). After the reaction complete, boil the solution for 2 minutes. Hot filtered, discard the insoluble impurities. Adjust the pH of filtrate to 1~2 and put it into a clean evaporating dish. Evaporate under boiling water bath until a layer of tiny crystals can be observed. Cool the concentrated solution to room temperature, vacuum filtered. Dry the blue copper sulfate pentahydrate crystals and weigh it. Calculate the percentage yield of the product and recover the mother liquor.

4. 3　Recrystallization

The crude product is completely dissolved with distilled water according to the ratio of 1 ∶ 1. 2 under water bath. Hot filtered, then the filtrate is collected into a beaker, slowly cooled to room temperature. If there is no crystals precipitate, the solution should evaporate under water bath until the crystals form. When the solution completely cooled, the mother liquor is removed by decanted.

Pure copper sulfate pentahydrate is obtained after dried. Weight it and calculate the yield.

5. Notes

5. 1　Hydrogen peroxide should be slowly dropped.

5. 2　Filter device should be washed and preheated when hot filtering, and the filter paper was prepared for filtration, then wetting.

5. 3　Concentrated liquid must be naturally cooled to room temperature.

5. 4　The products and mother liquor should be recycling

6. Questions

6. 1　Why does the pH of the solution need to be adjust to 1~2 in the process of evaporation?

6. 2　Whether is the solution evaporated to dryness when concentrated? Why?

6. 3　If no water bath, can we get the pure copper sulfate pentahydrate by direct heating evaporation?

6. 4　Can the purification of NaCl use the same recrystallization method as copper sulfate? Why?

Experiment 5　Preparation and Standardization of Hydrochloride Acid Standard Solution

1. Purpose

1. 1　To master the method of using sodium carbonate as the primary

standard substance to standardize hydrochloride acid solution.

1.2　To master the procedures of titration and how to judge of the end-point.

1.3　To acquaint with bromocresol green-dimethyl yellow mixed indicator.

2. Principle

Since HCl is easy to volatilize, the HCl standard solution can not be prepared directly. Solution of the approximate concentration should be made first and standardized with primary standard substance. Anhydrous sodium carbonate is a suitable chemical for preparing a standard solution. The molarity of the given hydrochloric acid can be found by titrating it with the standard sodium carbonate solution prepared. The reaction is:

$$Na_2CO_3 + 2HCl = 2NaCl + H_2O + CO_2 \uparrow$$

Bromocresol green-dimethyl yellow mixed is used as indicator. At the end-point, the color changes from green to bright yellow (pH = 3.9). According to the mass of the primary standard substance and the volume of hydrochloride acid consumed, the concentration of hydrochloride acid can be calculated from the equation bellow:

$$C_{HCl} = \frac{2m_{Na_2CO_3} \times 1000}{V_{HCl} \times M_{Na_2CO_3}}$$

$$M_{Na_2CO_3} = 105.99 \ (g/mol)$$

3. Apparatus and Chemicals

Apparatus: 25 mL acid burette; 100 mL volumetric cylinder; 250 mL conical flask; 25 mL transferring pipets.

Chemicals: Na_2CO_3 (primary standard reagent); HCl (36%~38%, relative density is 1.18); bromocresol green-dimethyl yellow mixed indicator.

4. Procedure

4.1　Preparation of 0.1 mol · L^{-1} hydrochloride acid solution

According to the amount of HCl in solution (500 mL 0.1 mol · L^{-1}), calculate and add the proper amount of hydrochloride acid solution to a flask, dilute it with distilled water to 500 mL and mix well.

4.2　Standardization of 0.1 mol · L^{-1} hydrochloride acid solution

Weigh accurately about 0.13~0.15 g (accurate to 0.0001 g) anhydrous sodium carbonate which has previously been dried to constant weight at 270~290 ℃ in 250 mL conical flask. Dissolve it with 80 mL distilled water. Add 9 drops bromocresol green-dimethyl yellow mixed indicator. Titrate it with HCl standard solution until the color changes from green to bright yellow. Record the volume of hydrochloride acid. Repeat twice.

5. Data Analysis

Table 5－3   Data record and analysis

Reagent \ Serial number	1	2	3
$m_{Na_2CO_3}$ (g)			
Initial reading of HCl (mL)			
Finish reading of HCl (mL)			
Consumption of HCl (mL)			
C_{HCl} (mol · L^{-1})			
$\overline{C}_{HCl}$ (mol · L^{-1})			
Relative average deviation (%)			

6. Notes

6. 1 Na_2CO_3 must be measured rapidly because it's easy to absorb water.

6. 2   Use the acid buret correctly, such as the basic operation like coating the piston with vaseline, pushing away the bubble.

6. 3   All the conical flasks used for the experiment are not free from water, and the distilled water used is not accurately measured.

7. Questions

7. 1   How to calculate the quantity of the primary standard substance, when using Na_2CO_3 to standardize (0. 2 mol · L^{-1}) HCl solution?

7. 2   Why can we choose the bromocresol green-dimethyl yellow as an indicator when Na_2CO_3 is used to titrate the HCl solution?

7. 3   How many significant figures does the number 0. 07980 have?

Experiment 6   Determination of the Composition of Mixed Base (Double—Tracer Technique)

1. Purpose

1.   To grasp the principle and method of using double indicator to determine the content of mixed base.

2. To master the principle and method of titrating weak acid-strong base salt.

3. To further practice the pipette operation and understand the change of pH during the process of titrating weak acid-strong base salt.

2. Principle

The mixed base is a mixture of Na_2CO_3 and NaOH or Na_2CO_3 and $NaHCO_3$. The percentage composition of them can be determined by double-tracer technique. When the mixed base is titrated with HCl standard solution and phenolphthalein as the indicator, both Na_2CO_3 and NaOH are neutralized to $NaHCO_3$ and NaCl if the color turns from red to colorless. The volume of HCl standard solution consumed is V_1 mL. The reactions are as follows.

$$NaOH + HCl = NaCl + H_2O$$
$$NaCO_3 + HCl = NaHCO_3 + NaCl$$

Then bromocresol green-dimethyl yellow is used as the indicator and the titration is continued. If the color turns from green to bright yellow, $NaHCO_3$ is neutralized completely to H_2O and CO_2. The volume of HCl standard solution consumed is V_2 mL. The reaction is as follows.

$$NaHCO_3 + HCl = NaCl + CO_2 \uparrow + H_2O$$

The volume of mixed base solution is V mL. The percentage composition of mixed base can be determined according to V_1, V_2 and V.

If $V_1 = V_2$, V_1、$V_2 > 0$, the mixed base is Na_2CO_3;

If $V_1 = 0$, $V_2 > 0$, the mixed base is $NaHCO_3$;

If $V_1 > 0$, $V_2 = 0$, the mixed base is NaOH;

If $V_1 > V_2 > 0$, the mixed base is a mixture of NaOH and Na_2CO_3. The percentage composition of NaOH and Na_2CO_3 can be calculated by the formulas below.

$$w_{NaOH} = \frac{[C(V_1 - V_2)]_{HCl} \times M_{NaOH}}{V}$$

$$w_{Na_2CO_3} = \frac{(CV_2)_{HCl} \times M_{Na_2CO_3}}{V}$$

If $V_2 > V_1 > 0$, the mixed base is a mixture of $NaHCO_3$ and Na_2CO_3. The percentage composition of $NaHCO_3$ and Na_2CO_3 can be calculated by the formulas below.

$$w_{Na_2CO_3} = \frac{(CV_1)_{HCl} \times M_{Na_2CO_3}}{V}$$

$$w_{NaHCO_3} = \frac{[C(V_2 - V_1)]_{HCl} \times M_{NaHCO_3}}{V}$$

3. Apparatus and Chemicals

Apparatus: 25 mL pipettes; 25 mL acid burette; 250 mL erlenmeyer flask; beaker.

Chemicals: mixed base 1; mixed base 2; phenolphthalein indicator; bromocresol green-dimethyl yellow; HCl sandard solution (0.1000 mol $\cdot$ L^{-1}).

4. Procedure

Pipet 25.00 mL of mixed base 1 to a 250 mL erlenmeyer flask, add 50 mL distilled water to it. Add 1~2 drops of phenolphthalein indicator. Titrate it with HCl standard solution and judge the endpoint from the color changing from red to colorless. Write down the data as V_1. Add 9 drops of bromocresol green-dimethyl yellow in the above solution. Titrate it with HCl solution until the color turns from green to bright yellow. Write down the data as V_2. The percentage composition of the mixed base can be determinated according to V_1 and V_2. Repeat twice. The determination of the mixed base 2 is the same as above.

5. Data Analysis

Table 5—4 Mixed base 1: data record and analysis

Reagent	Serial number	1	2	3
phenolphthalein	Initial reading of HCl (mL)			
phenolphthalein	Finish reading of HCl (mL)			
phenolphthalein	Consumption of HCl V_1 (mL)			
bromocresol green-dimethyl yellow	Initial reading of HCl (mL)			
bromocresol green-dimethyl yellow	Finish reading of HCl (mL)			
bromocresol green-dimethyl yellow	Consumption of HCl V_2 (mL)			
The components of mixed base 1				
Component 1 (g $\cdot$ L^{-1})				
Average of component 1 (g $\cdot$ L^{-1})				
Component 2 (g $\cdot$ L^{-1})				
Average of component 2 (g $\cdot$ L^{-1})				

Table 5−5   Mixed base 2: data record and analysis

Reagent	Serial number	1	2	3
phenolphthalein	Initial reading of HCl (mL)			
	Finish reading of HCl (mL)			
	Consumption of HCl V_1 (mL)			
bromocresol green-dimethyl yellow	Initial reading of HCl (mL)			
	Finish reading of HCl (mL)			
	Consumption of HCl V_2 (mL)			
The components of mixed base 2				
Component 1 (g · L^{-1})				
Average of component 1 (g · L^{-1})				
Component 2 (g · L^{-1})				
Average of component 2 (g · L^{-1})				

6. Notes

6.1   When the mixed base is the mixture of Na_2CO_3 and $NaOH$, phenolphthalein indicator should be added more drops. Otherwise the results may be lower because of incomplete titration.

6.2   When the titration arrives at the first endpoint, the titration speed must be moderately, otherwise the excessive of HCl results in the loss of CO_2.

7. Questions

7.1   What is the principle of determining the percentage composition of mixed base by double-tracer technique?

7.2   Suggest other indicators that can be used in place of phenolphthalein and bromocresol green-dimethyl yellow.

Experiment 7   Determination of Total Acid in Vinegar

1. Purpose

1.1   To learn the principle and method of determining the total acidity in vinegar.

1.2   To master the preparation and standardization of NaOH standard solution.

1. 3　To learn how to select indicator, and compare the effects of different indicator on the titration results.

1. 4　To master the operative techniques of using burette, volumetric flask and pipette.

2. Principle

2. 1　Standardization of NaOH solution

NaOH is easy to absorb moisture and CO_2 in air. Therefore, its standard solution can not be prepared directly. Solution of the approximate concentration (typically 0. 1 mol • L^{-1}) should be made first and standardized with primary standard substance. Potassium acid phthalate (KHP) is a suitable chemical for preparing NaOH standard solution with excellent properties such as non absorbent, easy to save in air, larger molar mass and so on. The reaction is as follows:

The concentration of NaOH standard solution is calculate by the following formula:

$$C_{NaOH} = \frac{m_{KHP} \times 1000}{V_{NaOH} M_{KHP}}$$

2. 2　The main ingredient in vinegar is acetic acid, and it also contains a small amount of other weak acids such as lactic acid. The total acidity in vinegar can be determined by titrating with NaOH standard solution using phenolphthalein as indicator. The reaction is as follows:

$$HAc + NaOH = NaAc + H_2O$$

The total acidity in vinegar is calculated by the following formula:

$$\text{Total acidity (g • L}^{-1}) = \frac{C_{NaOH} V_{NaOH} M_{HAC}}{V_{Vinegar}}$$

3. Apparatus and Chemicals

Apparatus: 25 mL basic burette; 250 mL conical flask; 250 mL volumetric flask; 25 mL pipette.

Chemicals: NaOH standard solution; potassium acid phthalate (primary standard substance); phenolphthalein indicator.

4. Procedure

4. 1 Standardization of NaOH solution

Weigh accurately $0.3 \sim 0.4$ g potassium acid phthalate to a 250 mL erlenmeyer flask. Dissolve it with $40 \sim 50$ mL distilled water. Add $1 \sim 2$ drops of phenolphthalein indicator and titrate it with NaOH solution until the solution become reddish and not fade within 30 s. The reaction reach the end point. Repeat twice.

4. 2 Determination of total acidity in vinegar

Pipet accurately 25. 00 mL of vinegar to a 250 mL volumetric flask and dilute to the mark with distilled water, mix thoroughly. Pipet 25. 00 mL of dilute vinegar to 250 mL erlenmeyer flask, add 25 mL H_2O, $1 \sim 2$ drops of phenolphthalein indicator, mix thotoughly. The solution is titrated with NaOH standard solution until the solution becomes reddish and not fade within 30s. The reaction reach the end point. Repeat twice and calculate the total acidity of vinegar.

5. Data Analysis

Table 5－6　Standardization of NaOH solution

Serial number　　Reagent	1	2	3
KHP （g）			
Initial reading of NaOH （mL）			
Finish reading of NaOH （mL）			
Consumption of NaOH （mL）			
C_{NaCl} （mol·L^{-1}）			
The average value of C_{NaCl} （mol·L^{-1}）			
Relative average deviation （%）			

Table 5－7　Determination of total acidity in vinegar

Reagent \ Serial number	1	2	3
Diluted vinegar （mL）			
Initial reading of NaOH （mL）			
Finish reading of NaOH （mL）			
Consumption of NaOH （mL）			
The quality of HAc in 25. 00mL diluted vinegar （g）			
The total acidity of vinegar （g • L^{-1}）			
The average total acidity of vinegar （g • L^{-1}）			
Relative average deviation （%）			

6. Notes

6. 1　The concentration of acetic acid in vinegar is higher and darker, so it must be diluted before the titration.

6. 2　To prevent the volatilization of acetic acid, the reagent bottle must be covered immediately after absorbing vinegar.

7. Questions

7. 1　Why is phenolphthalein used as an indicator?

7. 2　Why is the volume of NaOH standard solution consumed in titration smaller when methyl red is used as the indicator?

Experiment 8　Determination of the Content of Organic Nitrogen in Biological Samples by Kjeldahl Method

1. Purpose

1. 1　To learn the principle and operation of Kjeldahl method.

1. 2　To determine the content of nitrogen in biological samples by Kjeldahl method.

2. Principle

Kjeldahl method is as follows:

The sample is heated digestion with sulfuric acid and catalyst. The organic nitrogen in the sample turns to inorganic nitrogen in （NH_4）$_2SO_4$ through its reaction with H_2SO_4. Add alkali and distilled, ammonia free out from the solution and absorbed by boric acid, then titrated with HCl standard solution. The reaction is:

$$(NH_4)_2SO_4 + 2NaOH = 2NH_3 \uparrow + 2H_2O + Na_2SO_4$$

$$2NH_3 + 4H_3BO_3 = (NH_4)_2B_4O_7 + 5H_2O$$

$$(NH_4)_2B_4O_7 + 2HCl + 5H_2O = 2NH_4Cl + 4H_3BO_3$$

The content of nitrogen is calculated by the following formula according to the consumption of HCl standard solution (%).

$$w_N (\%) = \frac{C_{HCl} (V_{HCl_{sample}} - V_{HCl_{blank}}) \times 14}{m_{sample} \times 1000} \times 100\%$$

3. Apparatus and Chemicals

Apparatus: kjeldahl flask and distillation device; 25 mL acid burette; 250 mL erlenmeyer flask.

Chemicals: $CuSO_4$ (analytical reagent); K_2SO_4 (analytical reagent); concentrated H_2SO_4; boric acid solution (2%); NaOH (40%); mixed indicator (1 of 0.2% methyl red and 5 of 0.2% bromocresol green); HCl standard solution (0.1 mol·L^{-1}).

4. Procedure

Weigh accurately 1 g solid sample (total nitrogen content is about 30~40 mg) in 500 mL Kjeldahl flask, add 0.5 g thin $CuSO_4$, 10 g K_2SO_4 and 20 mL concentrated H_2SO_4, shake it gently. A small funnel is fixed to the mouth of the bottle, and the Kjeldahl flask is heated in small fire with 45° angle supported by asbestos gauze. Make all the samples carbonized (bubble disappear), strengthen the fire. The solution is gently boiling and continuous heated for 30 min after the color of the solution turning to blue green transparent. Cool it and add 200 mL distilled water. Connect the distillation units, the bottom of condenser tube is inserted into the liquid in the receiving flask containing 50 mL boric acid solution and 2~3 drops of mixed indicator. Add 70~80 mL 40% NaOH solution through the funnel into the receiving flask and shake it. The materials in the flask turn dark blue or black, and then add 100 mL distilled water through the funnel. Distillate until all the ammonia evaporate, take the bottom of the condenser tube out from the absorption liquid. Distill another 1 min and stop heat. Flush the bottom of the condenser tube, and titrate the absorption liquid with HCl standard titration to gray as the endpoint. The blank experiment is done at the same time.

5. Data Analysis

Table 5—8   Data record and analysis

Serial number / Regant	1	blank
m_{sample} (g)		
Initial reading of HCl (mL)		
Finish reading of HCl (mL)		
Consumption of HCl (mL)		
w_N (%)		

6. Notes

6. 1   If it is not easy for the solution to be transparent when digesting, the solution should be cooled and added slowly $2 \sim 3$ mL 30% H_2O_2 to promote the oxidation.

6. 2   The fire in the process of digestion should be on the bottom of Kjeldahl flask, slowly boiling to avoid the specimen splashed on the bottle wall, this make the digest difficult and ammonia loss.

6. 3 H_2SO_4 must be adequate in the experiment. Otherwise the excess K_2SO_4 will turn to $KHSO_4$ and weaken the digestion of H_2SO_4.

7. Questions

7. 1   What is the purpose of adding concentrated H_2SO_4, $CuSO_4$ and K_2SO_4 in digestion?

7. 2   Why should concentrated alkali be added to the distilled bottle when ammonia is distilled? Why is boric acid solution used to absorb ammonia? Why should the bottom of the condenser tube be inserted into the receiving flask liquid? Can other acid be used instead of boric acid?

Experiment 9   Preparation and Standardization of EDTA Standard Solution

1. Purpose

1. 1   To learn the preparation and standardization of EDTA solution.

1. 2   To learn how to detect the endpoint of a complexometric titration.

1. 3   To understand the use of buffer solutions.

2. Principle

The most important chelating agent in complexometric titration is ethylenediaminetetraacetic acid (EDTA). Disodium EDTA (often written as $Na_2H_2Y \cdot 2H_2O$), which is much more soluble than EDTA, is commonly used to standardize aqueous solutions of transition metal ions. The pH for the aqueous solution of disodium EDTA is about 4.5, which can prevent the precipitation of ethylenediaminetetraacetic acid.

EDTA forms very stable complexes with many metal ions, and the ratio of EDTA to metal ion is 1 : 1. Therefore, the molar concentration of an EDTA solution can be standardized with primary standards such as Zn, Cu, Pb, $CaCO_3$ and $MgSO_4 \cdot 7H_2O$. In this experiment, the EDTA solution is standardized with a primary standard Zn using the indicator Eriochrome Black T (EBT) at pH=10. The buffer solution used in this experiment is $NH_3 \cdot H_2O - NH_4Cl$.

Before titration (In^{3-} means the indicator):
$$Zn^{2+} + In^{3-} \text{ (blue)} = [ZnIn]^- \text{ (wine red)}$$
Before the endpoint:
$$Zn^{2+} + Y^{4-} = [ZnY]^{2-} \text{ (colorless)}$$
At the endpoint:
$$[ZnIn]^- \text{ (wine red)} + Y^{4-} = [ZnY]^{2-} + In^{3-} \text{ (blue)}$$
So the endpoint is detected by the color changing from wine red to blue.

3. Apparatus and Chemicals

Apparatus: analytical balance; 25 mL pipettes; 25 mL acid burette; 250 mL erlenmeyer flask; 100 mL beaker; 100 mL volumetric flask.

Chemicals: $NH_3 \cdot H_2O - NH_4Cl$ buffer solution (pH $\approx$ 10): 6.75 g NH_4Cl is dissolved into 20 mL of distilled water, adding 57 mL of 15 mol $\cdot$ L^{-1} $NH_3 \cdot H_2O$. Dilute the solution to 100 mL with distilled water; EBT indicator; pure zinc; disodium EDTA (analytical reagent); HCl (1+1).

4. Procedure

4.1 Preparation of EDTA standard solution (0.01 mol $\cdot$ L^{-1})

Weigh about 3.7 g of disodium EDTA, and dissolve it into 1000 mL distilled water. Heat and filter if necessary, mix well and transfer to a polyethylene bottle.

4.2 Preparation of Zn^{2+} standard solution (0.01 mol $\cdot$ L^{-1})

Accurately weigh the pure zinc. Make sure the weight is between 0.1500 and 0.2000 g. Put the zinc sample in a 100 mL beaker. Add 5 mL of HCl (1+1) to the beaker, and cover the beaker with a watch glass. If necessary, heat carefully to totally dissolve the zinc. Rinse the watch glass and the wall of the beaker. Transfer all the above solution to a 250 mL volumetric flask. Add water until the mark on the flask is reached. Invert the flask slowly a few times to make the solution homogeneous. Calculate the molar concentration of Zn^{2+} standard solution.

4.3   Standardization of EDTA standard solution

Pipet 25.00 mL of Zn^{2+} standard solution to an erlenmeyer flask, add 1+1 $NH_3 \cdot H_2O$ drop by drop until a white precipitate $Zn(OH)_2$ appears. Then, add 5 mL of $NH_3 \cdot H_2O - NH_4Cl$ buffer, 50 mL of distilled water and three drops of EBT, titrate the Zn^{2+} standard solution with EDTA solution until the color changes from wine red to blue. Record the volume of the EDTA solution used for titration. Repeat twice and calculate the molar concentration of the EDTA solution.

5. **Data Analysis**

Table 5−9   Data record and analysis

Reagent \ Serial number	1	2	3
M_{Zn} (g)			
$C_{Zn^{2+}}$ (mol · L^{-1})			
Initial reading of EDTA (mL)			
Finish reading of EDTA (mL)			
Consumption of EDTA (mL)			
C_{EDTA} (mol · L^{-1})			
The average value of C_{EDTA} (mol · L^{-1})			
Relative average deviation (%)			

6. **Notes**

6.1   Ensure the solid is dissolved when prepareing EDTA solution.

6.2   Complex reaction should be slow to ensure completion.

7. **Questions**

7.1   What characteristics should the indicator possess in complexometric titrations?

7.2   How should the pH in this experiment be adjusted?

Experiment 10　An Analysis of the Concentrations of Calcium and Magnesium Ions in a Water Sample

1.　Purpose

1. 1　To learn the principle, the method, and the calculation of complexometric titration.

1. 2　To learn the use and the color change of EBT indicator and calconcarboxylic acid.

1. 3　To understand the calculation method of the water hardness.

2.　Principle

First, we will determine the Ca^{2+} concentration in a water sample with EDTA. Second, we will determine the total concentration of Ca^{2+} and Mg^{2+} in the other water sample with EDTA. Finally, we can calculate the Mg^{2+} concentration in the water sample by the different volumes of EDTA used in the two experiments.

To determine the concentration of calcium ions, adjust the pH of the solution to $12 \sim 13$ with NaOH to produce $Mg(OH)_2$ precipitate. Then add calconcarboxylic acid to react with calcium ions which can produce wine red complexes. Next, the calcium ions are titrated with EDTA. EDTA will firstly react with free calcium ions to form complexes, and then react with the calcium ions which have already formed complexes with the calconcarboxylic acid. The endpoint of the titration is detected by the color change from wine red to blue. The concentration of calcium ions can be calculated by the volume of EDTA used in the titration.

To determine the total concentration of calcium and magnesium ions, EDTA will be used with EBT indicator in a buffer solution with a pH of 10. The stability of different complexes is $CaY^{2-} > MgY^{2-} > MgIn > CaIn$. So EBT will react with magnesium ions to form MgIn complex (wine red). When EDTA is added, EDTA will firstly react with both calcium and magnesium ions, and then react with magnesium ions which are in the complexes MgIn. Now the EBT indicator is free, and the color changes from wine red to blue. This is the endpoint of the titration. The total concentration of calcium and magnesium ions can be calculated by the volume of EDTA used in the titration. Also, we will know the hardness of the water sample.

The total water hardness is the sum of the molar concentrations of Ca^{2+} and Mg^{2+}, in $mol \cdot L^{-1}$ or $mmol \cdot L^{-1}$ units. Water hardness is often not expressed as a molar concentration, but rather in various units, such as German degrees (°). We often use the German degree; one degree (1°) means 10 mg CaO per liter of water.

3.　Apparatus and Chemicals

Apparatus: 25 mL acid burette; 25 mL pipettes; 250 mL erlenmeyer flask.

Chemicals: NaOH (6 $mol \cdot L^{-1}$); $NH_3 - NH_4Cl$ buffer solution (pH ≈ 10); EDTA standard solution; EBT indicator; calconcarboxylic acid.

4.　Procedure

4. 1　Determine the concentration of Ca^{2+}

Pipet a water sample of 50 mL to a 250 mL erlenmeyer flask, add 50 mL of distilled water. 2 mL of 6 $mol \cdot L^{-1}$ NaOH (pH＝12～13) and 4～5 drops of calconcarboxylic acid. Titrate the water sample with EDTA until the color of the solution turns to blue. Record the volume (V_{EDTA1}) of EDTA. Repeat twice. Calculate the mass concentrations of Ca^{2+} ($mg \cdot L^{-1}$) according to the following formulate.

$$\text{Mass concenteation of CaCO}_3 = \frac{C_{EDTA}V_{EDTA1} \times M_{CaCO_3}}{V_0} \times 1000$$

$$\text{Mass concentration of CaO} = \frac{C_{EDTA}V_{EDTA1} \times M_{CaO}}{V_0} \times 1000$$

$$\text{Mass concentration of Ca}^{2+} = \frac{C_{EDTA}V_{EDTA1} \times M_{Ca}}{V_0} \times 1000$$

In these formulates: C_{EDTA} is the molar concentration of EDTA ($mol \cdot L^{-1}$); V_{EDTA1} is the average volume of EDTA used for the three titrations of Ca^{2+} (mL); V_0 (mL) is the volume of the water sample.

4. 2　Determine the total concentration of Ca^{2+} and Mg^{2+}

Pipet 50 mL water sample to a 250 mL erlenmeyer flask. Add 50 mL of distilled water. 5 mL $NH_3 - NH_4Cl$ buffer (pH ≈ 10) and nine drops of EBT. Titrate the water sample with EDTA until the color of the solution changes from wire red to blue. Record the volume (V_{EDTA2}) of EDTA. Repeat the titration twice. Calculate the total concentrations of Ca^{2+} and Mg^{2+} (mmol ·

L^{-1}），and the mass concentrations of Ca^{2+} and Mg^{2+}（mg • L^{-1}）according to the following formulate.

$$\text{Molar concentration of } Ca^{2+} \text{ and } Mg^{2+} \text{（mmol • } L^{-1}) = \frac{C_{EDTA}V_{EDTA2}}{V_0} \times 1000$$

$$\text{Water hardness （CaO）} = \frac{C_{EDTA}V_{EDTA2} \times M_{CaO}}{V_0} \times 1000$$

$$\text{Mass concentration of } Mg^{2+} = \frac{C_{EDTA}（V_{EDTA2} - V_{EDTA1}） \times M_{Mg}}{V_0} \times 1000$$

In these formulates: C_{EDTA} is the molar concentration of EDTA （mol • L^{-1}）; V_{EDTA2} is the average volume of EDTA used for the three titrations of Ca^{2+} and Mg^{2+} （mL）; V_0 （mL） is the volume of the water sample.

5. Notes

5. 1   EDTA standard solution should be standardized by Zn^{2+} standard solution before use.

5. 2   The amount of indicator should not be too excessive.

6. Questions

6. 1   Can we determine the concentration of Ca^{2+} only with the EBT indicator? How should we do it if possible?

6. 2   Why should the titration be slow?

Experiment 11   Determination of Fe^{3+} and Zn^{2+} in the Mixed Solution of Iron, Zinc

1. Purpose

1. 1   To master the principles of continuous titration using EDTA for various metal ions. To improve the selectivity of EDTA by controlling the acidity of the solution.

1. 2   To familiar with the application of sulfosalicylic acid indicator and the endpoint color change.

2. Principle

Fe^{3+} and Zn^{2+} can form stable 1 : 1 complexes with EDTA. The stability of EDTA$-Fe^{3+}$ complex is far greater than that of EDTA$-Zn^{2+}$. $\log K_{MY}^{\theta}$ of them are 25. 1 and 16. 36 respectively. The difference between the two is larger so there is no interference produced by Zn^{2+} when the content of Fe^{3+} is determined. Therefore Fe^{3+} and Zn^{2+} can be determined by continuous titration through controlling the acidity of the mixed solution.

Sulfosalicylic acid is used as indicator. The color of the solution is changing with the acidity.

It is colorless at pH<1.5, and purple red at pH>2.5. The acidity in this method is controlled at pH=1.5~2.5. The determination result is low at pH =1.5. While at pH>3, red brown hydroxide of Fe^{3+} began to form which can effect the observation of the endpoint.

Under the condition of pH≈2, with sulfosalicylic acid as indicator, Fe^{3+} can form purple red complex with sulfosalicylic acid. It can be titrated with ED-TA, while Zn^{2+} can't. At the endpoint, the solution color changes from purple red to bright yellow. Adjust the pH of solution which has been determinate the content of Fe^{3+} to 5~6, the content of Zn^{2+} is determined with xylenol orange as indicator.

Xylenol orange is yellow in color, and the complex of it with Zn^{2+} is purple red in color. Zn^{2+} can form more stable complex with EDTA, so at the endpoint of titration, the color of the solution changes from purple red to bright yellow because of the releasing of xylenol orange.

The content of Fe^{3+} is calculated by the following formula $(g \cdot L^{-1})$:

$$w(Fe^{3+}) = \frac{C_{EDTA}V_{EDTA} \times M_{Fe}}{V_{solution}}$$

The content of Zn^{2+} is calculated by the following formula $(g \cdot L^{-1})$:

$$w(Zn^{2+}) = \frac{C_{EDTA}V_{EDTA} \times M_{Zn}}{V_{solution}}$$

3. Apparatus and Chemicals

Apparatus: 25 mL pipettes; 25 mL acid burette; 250 mL erlenmeyer flask.

Chemicals: HCl (1+1); ammonia (3 mol · L^{-1}); sulfosalicylic acid indicator (10%); EDTA standard solution (0.02 mol · L^{-1}); hexamethylene-tetramine solution (20%); xylenol orange indicator (0.2%).

4. Procedure

4.1 Determination of Fe^{3+}

Pipet accurately 25.00 mL of test solution to a 250 mL erlenmeyer flask, drop 3 mol · L^{-1} ammonia solution until the formation of brown flocculent precipitate. Shock and drop 1+1 HCl slowly until the precipitate disappeared, add another 3 drops of $1+1$ HCl. Add $4 \sim 8$ drops of sulfosalicylic acid indicator, heat gently and titrate it with EDTA standard solution until the color of solution turn to yellow. This is the endpoint. Calculate the content of Fe^{3+} $(g \cdot L^{-1})$ in the mixed liquid basing on the consumption of EDTA.

4.2 Determination of Zn^{2+}

Add 2 drops of xylenol orange indicator to the solution above and add 3 mol $\cdot$ L^{-1} ammonia until the solution color changes from yellow to orange (Don't add too much), and in addition add 20% hexamethylenetetramine solution until the color of the solution changes to purple red. Add excess 3 mL hexamethylenetetramine solution, and titrate it with EDTA standard solution until the color of solution changes to bright yellow. This is the endpoint. Calculate the content of Zn^{2+} $(g \cdot L^{-1)}$ in the mixed liquid basing on the consumption of EDTA.

5. Data Analysis

Table 5－10 Determination of Fe^{3+}

Reagent＼Serial number	1	2	3
Sample volume (mL)			
Initial reading of EDTA (mL)			
Finish reading of EDTA (mL)			
Consumption of EDTA (mL)			
Content of Fe^{3+} $(g \cdot L^{-1})$			
Average content of Fe^{3+} $(g \cdot L^{-1})$			
Relative average deviation (%)			

Table 5－11 Determination of Zn^{2+}

Reagent＼Serial number	1	2	3
Sample volume (mL)			
Initial reading of EDTA (mL)			
Finish reading of EDTA (mL)			
Consumption of EDTA (mL)			
Content of Zn^{2+} $(g \cdot L^{-1})$			
Average content of Zn^{2+} $(g \cdot L^{-1})$			
Relative average deviation (%)			

6. Notes

6. 1   The titration rate of complexometric titration is slow, so pay attention to slow the adding speed of the titrant.

6. 2   Hexamethylenetetramine and its conjugate are added together to form a buffer system which can stabilize the solution pH in $5 \sim 6$.

7. Questions

7. 1   Whether can we determine the content of Zn^{2+} firstly and then determine the content of Fe^{3+} in the same sample?

7. 2   What is the range of pH in the titration process of Fe^{3+} and Zn^{2+}?

7. 3   What are the principles of sulfosalicylic acid and xylenol orange that used as indicators?

Experiment 12   Determination of Pb^{2+} and Bi^{3+} in the Mixed Solution of Lead, Bismuth

1. Purpose

1. 1   To master the principle and method of continuous titration for various metal ions by controlling the acidity of the solution.

1. 2   To familiar with the application of xylenol orange indicator and the endpoint color change.

2. Principle

Bi^{3+} and Pb^{2+} can form stable 1 : 1 complexes with EDTA. $\log K_{MY}^{\theta}$ of them are 27. 94 and 18. 04 respectively. The difference between the two $\log K_{MY}^{\theta}$ is larger, so the content of Bi^{3+} and Pb^{2+} can be determined by continuous titration through controlling the acidity of the mixed solution. Bi^{3+} is determined in the pH range of 0. 6 $\sim$ 1. 6, while Pb^{2+} is in 3 $\sim$ 7. 5. Adjust the pH of Bi^{3+} solution to 1, titrate it with EDTA standard solution using xylenol orange (H_3In^{4-}) as indicator. Then adjust the pH of the above solution to $5 \sim 6$, titrate it with EDTA standard solution.

The reaction at pH=1 is:

Before titration: $Bi^{3+} + H_3In^{4-} = BiH_3In^-$ (purplish red)

Before stoichiometric point: $Bi^{3+} + H_2Y^{2-} = BiY^- + 2H^+$

At stoichiometric point:

$H_2Y^{2-} + BiH_3In^-$ (purplish red) $= BiY^- + H_3In^{4-}$ (bright yellow) $+ 2H^+$

The reaction at pH＝5～6 is：

Before titration：$Pb^{2+} + H_3In^{4-} = PbH_3In^{2-}$ （purplish red）

Before stoichiometric point：$Pb^{2+} + H_2Y^{2-} = PbY^{2-} + 2H^+$

At stoichiometric point：

$$H_2Y^{2-} + PbH_3In^{2-} \text{ （purplish red）} = PbY^{2-} + H_3In^{4-} \text{ （bright yellow）} + 2H^+$$

The content of Bi^{3+} is calculated by the following formula （$g \cdot L^{-1}$）：

$$w_{Bi^{3+}} = \frac{C_{EDTA} \cdot V_{EDTA} \cdot M_{Bi}}{V_{solution}}$$

The content of Pb^{2+} is calculated by the following formula （$g \cdot L^{-1}$）：

$$w_{Pb^{2+}} = \frac{C_{EDTA} V_{EDTA} \times M_{Pb}}{V_{solution}}$$

3. Apparatus and Chemicals

Apparatus：25 mL pipettes；25 mL acid burette；250 mL erlenmeyer flask.

Chemicals：EDTA standard solution （0.02 mol $\cdot$ L^{-1}）；xylenol orange indicator （0.2%）；hexamethylenetetramine solution （20%）；ammonia （1＋1）；NaOH （2 mol $\cdot$ L^{-1}）；HNO_3 （2 mol $\cdot$ L^{-1}, 0.1 mol $\cdot$ L^{-1}）

4. Procedure

4.1　Determination of Bi^{3+}

Pipet accurately 25.00 mL of test solution to a 250 mL erlenmeyer flask, add 2 mol $\cdot$ L^{-1} NaOH until the appearance of white opacity. Add 2 mol $\cdot$ L^{-1} HNO_3 carefully to the solution until the disappearance of white opacity. Adjust the pH of the solution to 1 by 10 mL 0.1 mol $\cdot$ L^{-1} HNO_3, and add 1～2 drops of xylenol orange indicator. Titrate the solution with EDTA standard solution until the color changes from purple red to bright yellow. Repeat the titration twice, and calculate the content of Bi^{3+} （$g \cdot L^{-1}$） in the mixed liquid.

4.2　Determination of Pb^{2+}

Add 2～3 drops of xylenol orange indicator to the same solution above and add 1＋1 ammonia drop by drop until the solution color turns to orange. In addition add 20% hexamethylenetetramine solution until the color of the solution changes to purple red. Add excess 5 mL hexamethylenetetramine to the solution, titrate it with EDTA standard solution until the color changes to bright yellow. Calculate the content of Pb^{2+} （$g \cdot L^{-1}$） in the mixed liquid.

5. Data Analysis

Table 5－12   Determination of Bi³⁺

Serial number / Reagent	1	2	3
Sample volume (mL)			
Initial reading of EDTA (mL)			
Finish reading of EDTA (mL)			
Consumption of EDTA (mL)			
Content of Bi^{3+} (g $\cdot$ L^{-1})			
Average content of Bi^{3+} (g $\cdot$ L^{-1})			
Relative average deviation (%)			

Table 5－13   Determination of Pb²⁺

Serial number / Reagent	1	2	3
Sample volume (mL)			
Initial reading of EDTA (mL)			
Finish reading of EDTA (mL)			
Consumption of EDTA (mL)			
Content of Pb^{2+} (g $\cdot$ L^{-1})			
Average content of Pb^{2+} (g $\cdot$ L^{-1})			
Relative average deviation (%)			

6. Notes

6.1   Pay attention to slow the dropping speed of the titrant.

6.2   Hexamethylenetetramine and the conjugate acid of it are added together to form a buffer system which can stabilize the pH of the solution in 5～6.

7. Questions

7.1   Whether can we determine the content of Pb^{2+} firstly and then determine the content of Bi^{3+} in the same sample?

7.2   Why doesn't the coexistence Pb^{2+} disturb the determination of Bi^{3+} at approximately pH＝1 when Bi^{3+} is titrated with EDTA standard solution?

Experiment 13　Determination of the Content of Chlorine in Tap Water（Mohr Method）

1.　Purpose

1. 1　To master the principle of precipitate titration（Mohr method）.

1. 2　To learn the preparation and standardization of $AgNO_3$ standard solution.

1. 3　To master how to use potassium chromate as indicator.

2.　Principle

Moire method is commonly used to determine the content of chlorine in soluble chloride. In neutral or weak alkaline solution, sample is titrated with $AgNO_3$ standard solution using K_2CrO_4 as indicator, the reactions are as follows:

$$Ag^+ + Cl^- = AgCl \downarrow \text{（White）} \quad K_{sp} = 1.8 \times 10^{-10}$$
$$2Ag^+ + CrO_4^{2-} = Ag_2CrO_4 \downarrow \text{（Brick red）} \quad K_{sp} = 2.0 \times 10^{-12}$$

Since the solubility of AgCl precipitate is smaller than Ag_2CrO_4, AgCl precipitate firstly. When AgCl deposits, excessive $AgNO_3$ reacts with CrO_4^{2-} in the solution and brick red precipitate of $AgCrO_4$, this is the endpoint.

The titration must be carried out in a neutral or weak alkaline solution, and the most suitable pH is $6.5 \sim 10.5$. The pH of the solution changes to $6.5 \sim 7.2$ when ammonium salt exists. The concentration of the indicator has effects on the titration, the appropriate concentration of K_2CrO_4 is 5×10^{-3} $mol \cdot L^{-1}$.

The concentration of $AgNO_3$ standard solution is calculated by the following formula（$mol \cdot L^{-1}$）:

$$C_{AgNO_3} = \frac{m_{NaCl} \times 1000}{V_{AgNO_3} M_{NaCl}}$$

The content of Cl^- in tap water is calculated by the following formula（$g \cdot L^{-1}$）:

$$w_{Cl^-} = \frac{C_{AgNO_3} \cdot [V_{AgNO_3 \text{(sample)}} - V_{AgNO_3 \text{(blank)}}] \times M_{Cl}}{V_{sample}}$$

3.　Apparatus and Chemicals

Apparatus: 25 mL pipettes; 25 mL acid burette; 250 mL erlenmeyer flask; 250 mL volumetric flask; 100 mL beaker.

Chemicals: $AgNO_3$ (analytical reagent); NaCl (primary standard substance); K_2CrO_4 (5% aqueous solution).

4. Procedure

4.1 Standardization of $AgNO_3$ standard solution

Weigh accurately 0.12~0.13 g of NaCl in a small beaker, dissolve it with distilled water and transfer it to a 250 mL volumetric flask. Dilute to the mark with distilled water and mix thoroughly. Pipet accurately 25.00 mL of NaCl standard solution to a 250 mL erlenmeyer flask, add 0.50 mL of 0.5% K_2CrO_4, shake and titrate it with $AgNO_3$ standard solution until the color of solution changes to reddish and not fade within 30 s. Repeat the titration twice.

4.2 Determination of Cl^- in tap water

Pipet accurately 100.00 mL of tap water to a 250 mL erlenmeyer flask, add 1.30 mL of 0.5% K_2CrO_4 and titrat it with $AgNO_3$ standard solution until the color of the solution changes to brick red. The blank titration is done according to the above method and the tape water is replace by distilled water. Calculate the content of Cl^- ($g \cdot L^{-1}$) in tap water. Repeat the titration twice.

5. Data Analysis

Table 5—14 Standardization of $AgNO_3$ standard solution

Reagent Serial number	1	2	3
m (NaCl)			
Initial reading of $AgNO_3$ (mL)			
Finish reading of $AgNO_3$ (mL)			
Consumption of $AgNO_3$ (mL)			
C_{AgNO_3} (mol $\cdot$ L^{-1})			
$\overline{C}_{AgNO_3}$ (mol $\cdot$ L^{-1})			
Relative average deviation (%)			

Table 5－15   Determination of Cl⁻ in tap water

Reagent \ Serial number	1	Blank 1	2	Blank 2	3	Blank 3
Water sample （mL）						
Initial reading of AgNO₃ （mL）						
Finish reading of AgNO₃ （mL）						
Consumption of AgNO₃ （mL）						
w_{Cl^-} （g · L⁻¹）						
$\overline{w}_{Cl^-}$ （g · L⁻¹）						
Relative average deviation （%）						

6. Notes

6. 1 Ag_2CrO_4 can't be quickly converted to AgCl, so the titration speed must be slow down, mix thoroughly.

6. 2   Don't make $AgNO_3$ contact with skin.

6. 3   At the end of experiment, burettes containing $AgNO_3$ solution should be washed 2～3 times with distilled water, and then rinse with tap water to avoid the silver chloride precipite which is difficult to clean.

6. 4   Waste water containing silver should be recycled, and not free to pour into the sink.

7. Questions

7. 1   Whether can Ag^+ be titrated directly with NaOH standard solution by Mohr method? Why?

7. 2   Why does the pH of the solution must be controlled in 6. 5～10. 5 when determining chlorine using Mohr method?

7. 3   What is the blank test? Why do the blank test?

7. 4   What is the impact of the concentration of K_2CrO_4 used as indicator on the titration when the concentration is too high or too low?

Experiment 14   Determination of the Content of Chlorine in Soluble Chloride （Volhard Method）

1. Purpose

1. 1   To learn the preparation and standardization of NH_4SCN standard so-

lution.

1. 2   To master the principle of determining the content of chlorine in chloride by back titration.

2. Principle

Volhard method is always used to determine the content of Ag^+ in the solution, using ammonium ferric sulfate as indicator and NH_4SCN (or KSCN) standard solution as titrant. When Cl^-, Br^-, I^- or SCN^- are measured, excessive Ag^+ is added to precipitate these ions. The residual Ag^+ is titrated with NH_4SCN standard solution.

For example, the reactions of determining chlorine are as follows:

Ag^+ (Overdose) $+ Cl^- = AgCl \downarrow$ (White) $K_{sp} = 1.8 \times 10^{-10}$

Ag^+ (Surplus) $+ SCN^- = AgSCN \downarrow$ (White) $K_{sp} = 1.0 \times 10^{-12}$

At the stoichiometric point, the red complex of Fe $(SCN)^{2+}$ immediately appear when AgSCN deposits completely. The reaction is as follows:

$$Fe^{3+} + SCN^- = Fe\ (SCN)^{2+}\ (Red)$$

The concentration of NH_4SCN standard solution is calculated by the following formula $(mol \cdot L^{-1})$:

$$C_{NH_4SCN} = \frac{C_{AgNO_3} V_{AgNO_3}}{V_{NH_4SCN}}$$

The content of Cl^- in NaCl is calculated by the following formula (%):

$$w_{Cl^-} = \frac{(C_{AgNO_3} V_{AgNO_3} - C_{NH_4SCN} V_{NH_4SCN}) \times M_{Cl} \times \dfrac{250}{25}}{m_{NaCl} \times 1000} \times 100\%$$

3. Apparatus and Chemicals

Apparatus: 25 mL acid burette; 25 mL pipettes; 250 mL erlenmeyer flask; 250 mL volumetric flask; 50 mL beaker.

Chemicals: $AgNO_3$ (0.1 mol $\cdot$ L^{-1}); HNO_3 (1+1); ammonium ferric sulfate indicator (400 g $\cdot$ L^{-1}); NH_4SCN standard solution; NaCl (analytical reagent); nitrobenzene (analytical reagent).

4. Procedure

4. 1   Standardization of NH_4SCN standard solution

Pipet accurately 25.00 mL of $AgNO_3$ standard solution to a 250 mL erlenmeyer flask, add 5 mL of (1+1) HNO_3 and 1.0 mL ammonium ferric sulfate indicator. Shake and titrate it with NH_4SCN standard solution until the color of solution changes to reddish, this is the endpoint.

Calculate the concentration of NH_4SCN standard solution. Repeat twice.

4.2 Analysis of NaCl sample

Weigh about 2 g NaCl in a small beaker, dissolve it with distilled water and then transfer it to a 250 mL volumetric flask, dilute to the mark with distilled water and mix thoroughly.

Pipet accurately 25.00 mL of sample to a 250 mL erlenmeyer flask, add 25 mL of H_2O and 5 mL $1+1$ HNO_3. Add excess $AgNO_3$ standard solution, the excessive amount is $5\sim10$ mL, accurately record the volume of $AgNO_3$ standard solution. Then add 2 mL nitrobenzene, plug the erlenmeyer with a stopper, swirl sharply for 30s to separate the solution and the nitrobenzene layer with AgCl precipitate. Add 1.0 mL of ammonium ferric sulfate indicator, titrated with NH_4SCN standard solution until the red complex of $[Fe(SCN)]^{2+}$ forms. Calculate the content of Cl^- in NaCl and repeat twice.

5. Data Analysis

Table 5-16　Standardization of NH_4SCN standard solution

Reagent　　　　　Serial number	1	2	3
V_{AgNO_3} (mL)			
Initial reading of NH_4SCN (mL)			
Finish reading of NH_4SCN (mL)			
Consumption of NH_4SCN (mL)			
C_{NH_4SCN} (mol·L^{-1})			
$\overline{C}_{NH_4SCN}$ (mol·L^{-1})			
Relative average deviation (%)			

Table 5-17　Analysis of NaCl sample

Reagent　　　　　Serial number	1	2	3
V_{NaCl} (mL)			
V_{AgNO_3} (mL)			
Initial reading of NH_4SCN (mL)			
Finish reading of NH_4SCN (mL)			
Consumption of NH_4SCN (mL)			
w_{Cl^-} (%)			
$\overline{w}_{Cl^-}$ (%)			
Relative average deviation (%)			

6. Notes

6. 1   The concentration of H^+ is controlled in $0.1 \sim 1 \text{ mol} \cdot L^{-1}$. Nitrobenzene (toxic) or petroleum need to be added to protect AgCl precipitate.

6. 2   The concentration of indicator has effects on the titration, the appropriate concentration of Fe^{3+} is $0.015 \text{ mol} \cdot L^{-1}$.

7. Questions

7. 1   Why should the petroleum ether or nitrobenzene be added to the solution when the content of chlorine is titrated by Volhard method?

7. 2 HNO_3 not HCl or H_2SO_4 is used to acidify the experimental solution, Why?

Experiment 15   Determination of the Content of NaCl in Normal Saline (Fajans Method)

1. Purpose

1. 1   To master the principle and method of deteriming NaCl content in normal saline (Fajans method).

1. 2   To master the correct using method of adsorption indicator.

2. Principle

Silver measuring method using adsorption indicator for the endpointis called Fajans mothed.

The fluorescent yellow indicator (HFIn) is used as an example. Its anion is green in aqueous solution (pH $7 \sim 10$):

$$HFIn \ (aq) \ + \ H_2O \ (l) \ = \ H_3O^+ + \ FIn^- \ (aq, \ green);$$

Before the stoichiometric point, excess Cl^- ions are adsorbed to AgCl colloidal surface. The colloidal particles have negative electric charge and can not absorb the anions of the indicator:

$$AgCl(s)+ \ Cl^- \ (aq)+FIn^- \ (aq)=AgCl \cdot Cl^- \ (no \ adsorption)$$
$$+FIn^- \ (aq,green)$$

After the stoichiometric point, excess Ag^+ ions are adsorbed to AgCl colloidal surface. The colloidal particles have positive electric charge and absorb the anions of the indicator, then their color turn to pink:

$$AgCl(s)+ \ Ag^+ \ (aq)+ \ FIn^- \ (aq)= \ AgCl \cdot Ag^+ \cdot FIn^- \ (adsorption \ state,pink)$$

This is the endpoint.

The content of NaCl in normal saline is calculated by the following formula $(g \cdot L^{-1})$:

$$w_{NaCl} = \frac{C_{AgNO_3} \times V_{AgNO_3} \times M_{NaCl}}{V_{Normal\ saline}}$$

3. Apparatus and Chemicals

Apparatus: 10 mL pipettes; 25 mL acid burette; 250 mL erlenmeyer flask.

Chemicals: $AgNO_3$ standard solution (0.1000 mol $\cdot L^{-1}$); normal saline; fluorescent yellow starch indicator.

4. Procedure

Pipet accurately 7.00 mL of normal saline to a 250 mL erlenmeyer flask, add 20 mL distilled water and 5 mL fluorescent yellow starch indicator solution. Shake it and titrate it with $AgNO_3$ standard solution until the solution color changes from yellow green to pink. Calculate the content of NaCl ($g \cdot L^{-1}$) in normal saline. Repeat the titration twice.

5. Data Analysis

Table 5—18　Determination of NaCl content in normal saline

Reagent ＼ Serial number	1	2	3
$V_{normal\ saline}$ (mL)			
Initial reading of $AgNO_3$ (mL)			
Finish reading of $AgNO_3$ (mL)			
Consumption of $AgNO_3$ (mL)			
W_{NaCl} ($g \cdot L^{-1}$)			
$\overline{W}_{NaCl}$ ($g \cdot L^{-1}$)			
Relative average deviation (%)			

6. Notes

6.1　Waste water containing silver should be recycled, and not free to pour into the sink.

6.2　Silver colloid with adsorption indicator is very sensitive to light. The metallic silver is easily precipitated under light irradiation, so the titration process should be avoided to glare.

7. Questions

7. 1　What is the purpose of adding starch to the indicator?

Experiment 16　Determination of the Content of Barium in BaCl$_2$ · 2H$_2$O (Precipitation Method)

1. Purpose

1. 1　To understand the condition of precipitation method.

1. 2　To master the basic operations of precipitation preparation such as filtration, washing, burning and constant weight.

1. 3　To learn the principle and method of determining the content of barium in BaCl$_2$ · 2H$_2$O.

2. Principle

Ba^{2+} can generate a series of slightly soluble compounds such as BaCO$_3$, BaCrO$_4$, BaC$_2$O$_4$, BaHPO$_4$, BaSO$_4$ and so on. Among them the solubility of BaSO$_4$ is the minimum (25 ℃, 0. 25 mg/100 mL H$_2$O). BaSO$_4$ is very stable in nature, and its composition is consistent with the chemical formula. Therefore the precipitation method is often used to determine the content of barium in BaSO$_4$. The reaction is as follows:

$$Ba^{2+} + SO_4{}^{2-} = BaSO_4 \downarrow \quad (White)$$

Weigh a certain amount of BaCl$_2$ · 2H$_2$O and dissolved it with distilled water. In order to get larger particles and pure BaSO$_4$, dilute HCl is added. Heat to boiling, stir constantly, add dilute hot H$_2$SO$_4$ to the solution. Crystalline precipitate of BaSO$_4$ is obtained. The precipitate is treated by aging, filtering, rinsing and burning, and weigh in the form of BaSO$_4$.

The content of barium (%) in BaCl$_2$ · 2H$_2$O is calculated by the formula below.

$$w_{Ba} = \frac{m_{BaSO_4} M_{Ba}}{m_{BaCl_2 \cdot 2H_2O} M_{BaSO_4}} \times 100\%$$

3. Apparatus and Chemicals

Apparatus: analytical balance; porcelain crucible; muffle furnace; 250 mL beaker; 100 mL beaker; surface plates; electric jacket; electromagnetic oven; funnel.

Chemicals: BaCl$_2$ · 2H$_2$O (analytical reagent); HCl (2 mol · L^{-1});

H_2SO_4 ($1 \ mol \cdot L^{-1}$, $0.01 \ mol \cdot L^{-1}$).

4. Procedure

4.1 Constant the weight of porcelain crucible.

Two clean porcelain crucibles are taken into muffle furnace. After burned 1.5 hours at 800 ± 20 ℃, weigh it.

4.2 Preparation of the precipitate

Weight accurately 0.41 g of $BaCl_2 \cdot 2H_2O$ to a 250 mL beaker, and dissolve it with 100 mL distilled water. Add 3 mL 2 $mol \cdot L^{-1}$ HCl, and heat to near boiling. Add 4 mL 1 $mol \cdot L^{-1}$ H_2SO_4 to the other 100 mL beaker, add 30 mL of distilled water and heat to near boiling. Hot H_2SO_4 is added drop by drop to the hot barium salt solution, stir constantly with a glass rod. H_2SO_4 is used to check whether the precipitate is complete. A surface dish is covered on the beaker, overnight aging.

4.3 Filtering and rinsing

The precipitate is filtered by medium speed filter paper, andrinsed with dilute H_2SO_4 ($0.01 \ mol \cdot L^{-1}$) $3 \sim 4$ times, 10 mL washing liquid is used each time. Then the precipitate is quantitatively transferred to filter paper. Wipe the beaker wall with small pieces of filter paper, and put it into the funnel. Rinse the precipitate again with dilute H_2SO_4 3 times until there is no Cl^- in the washing liquid.

4.4 Burning and weighing

A constant weight of porcelain crucible with filter paper bag containing precipitate is placed on the electromagnetic oven. Dry, carbonization, ash, and then burned at 800 ± 20 ℃ in muffle furnace for 30 min. Remove the crucible, cool it to room temperature and weigh it. Calculate the content of barium in the sample.

5. Data Analysis

Table 5－19   Determination of the content of barium in BaCl$_2$ · 2H$_2$O

Reagent \ Serial number	1	2
Crucible weight (g)		
BaCl$_2$ · 2H$_2$O weight (g)		
Crucible and BaSO$_4$ weight (g)		
BaSO$_4$ weight (g)		
w_{Ba} (%)		
$\overline{w}_{Ba}$ (%)		
Relative average deviation (%)		

6. Notes

6. 1   Ba^{2+} can generate a series of slightly soluble compounds in the reactions. Moreover NO$_3$$^-$ and Cl$^-$ can also co precipitate with K$^+$, Fe^{3+} and other irons. This has a great influence on the result of the determination. Therefore the experimental condition must be strictly controlled.

6. 2   The tiny crystals which formed in the preliminary stage of BaSO$_4$ precipitation is filtered easily through filter paper. In order to obtain pure and larger crystal particles, hot dilute H$_2$SO$_4$ should be added drop by drop to the hot dilute acidic solution with continuous stirring.

6. 3   The precipitation of BaSO$_4$ under acid condition can effectively prevent the precipitation of BaCO$_3$, BaHPO$_4$, BaC$_2$C$_4$ and BaCrO$_4$ by heating to near boiling.

7. Questions

7. 1   Why does the BaSO$_4$ must be precipitated in the medium of diluted HCl?

7. 2   What is the purpose of carbonization and ash?

Experiment17 Determination of Glucose
(Indirect Iodometry)

1. Purpose

1. 1 To understand the procedures and principle of determining glucose.

1. 2 To master the other five methods of determining glucose.

2. Principle

Iodine react directly with sodium hydroxide to form secondary sodium iodate which can quantitative oxidize the glucose. The reactions are as follows:

$$I_2 + 2NaOH = NaIO + NaI + H_2O$$

$$C_6H_{12}O_6 + NaIO = C_6H_{12}O_7 + NaI$$

$$I_2 + C_6H_{12}O_6 + 2NaOH = C_6H_{12}O_7 + 2NaI + H_2O \text{ (the total reaction equation)}$$

And the excessive secondary sodium iodate which can generate I_2 under weak acid condition. The reactions are as follows:

$$3NaIO = NaIO_3 + 2NaI \text{ (disproportionation)}$$

$$NaIO_3 + 5NaI + 6HCl = 3I_2 + 6NaCl + 3H_2O$$

The iodine is then titrated with the sodium thiosulfate solution. The mass concentration of glucose can be calculated by the volume of sodium thiosulfate used in the titration. The reaction is as follows:

$$I_2 + 2Na_2S_2O_3 = Na_2S_4O_6 + 2NaI$$

Furthermore, we can find that the mole radio of $C_6H_{12}O_6$ and I_2 is 1 to 1 through these reaction equations. The concentration of $C_6H_{12}O_6$ is calculated by the following formula (g/L):

$$C_6H_{12}O_6 \text{ (g/L)} = \frac{(C_{I_2} \cdot V_{I_2} - \frac{1}{2}C_{Na_2S_2O_3}V_{Na_2S_2O_3}) \times M_{C_6H_{12}O_6}}{25.00}$$

3. Apparatus and Chemicals

Apparatus: 25 mL pipette; 250 mL iodine flask; 25 mL acid burette.

Chemicals: HCl (6 mol $\cdot$ L^{-1}); NaOH (2 mol $\cdot$ L^{-1}); $Na_2S_2O_3$ standard solution (0. 1 mol $\cdot$ L^{-1}); iodine (0. 05 mol $\cdot$ L^{-1}); starch indicator (0. 5%); glucose solution ($w=0.50$).

4. Procedure

Pipet 25. 00 mL glucose solution to a 250 mL iodine flask. Add 25. 00 mL of iodine solution. Add 6 mol · L^{-1} NaOH drop by drop while swirling the flask until the color turns pale-yellow. The speed of dropping can not be too fast, or there will be disproportionation which causes the result low. Cover the iodine flask and keep the solution in dark place for 10~15 min. Then add 2 mL 6 mol · L^{-1} HCl, and titrate the solution immediately with Na$_2$S$_2$O$_3$ standard solution until the solution has a pale-yellow color. Add 2 mL starch solution and continue the addition of the Na$_2$S$_2$O$_3$ solution until the color is just vanished. Repeat the titration 2 times. Calculate the mass concentration of the C$_6$H$_{12}$O$_6$ solution.

5. Data analysis

Table 5—20 Data record and analysis

Reagent \ Serial number	1	2	3
Initial reading of Na$_2$S$_2$O$_3$ (mL)			
Finish reading of Na$_2$S$_2$O$_3$ (mL)			
Consumption of Na$_2$S$_2$O$_3$ (mL)			
Content of C$_6$H$_{12}$O$_6$ (%)			
Average content of C$_6$H$_{12}$O$_6$ (g/L)			
Relative average deviation (%)			

6. Notes

6. 1 The starch solution should be added near the end point.

6. 2 The titration should be carried in neutral or weak acidic solution.

7. Questions

7. 1 Why should the iodine solution be preserved in a brown, glass-stopper bottle?

7. 2 In the standardization of I$_2$ solution, starch is used as the indicator when titrating I$_2$ solution using Na$_2$S$_2$O$_3$ or titrating Na$_2$S$_2$O$_3$ solution using I$_2$. What is the difference of time to add the starch indicator?

Experiment 18 Determination of Chemical Oxygen Demand (COD) (KMnO₄ Titrimetry)

1. Purpose

1.1 To master the basic principle of the determination of chemical oxygen demand (COD) titrated by $KMnO_4$ standard solution.

1.2 To understand the significance of the determination of chemical oxygen demand (COD).

2. Principle

In environmental chemistry, the chemical oxygen demand (COD) test is commonly used to indirectly measure the amount of organic compounds in water, and is a useful measure of water quality in environmental protection. It is expressed in milligrams per liter ($mg \cdot L^{-1}$), which indicates the mass of oxygen consumed per liter of solution. Many oxidizing agents such as potassium permanganate ($KMnO_4$) (acidic $KMnO_4$ method or basic $KMnO_4$ method) and potassium dichromate have been used to determine COD. The method for testing COD using potassium permanganate ($KMnO_4$) can be used to measure the amount of organic compounds in surface water, drinking water and domestic sewage which are less polluted.

In this experiment, we will test the chemical oxygen demand (COD) using acidic potassium permanganate ($KMnO_4$) method. Firstly, add $KMnO_4$ solution quantitatively to the water sample and heat it to make the reaction between $KMnO_4$ and the organic compounds exhaustive. Then the excessive $KMnO_4$ is reduced by $Na_2C_2O_4$ and the excessive $Na_2C_2O_4$ is titrated by $KMnO_4$ solution using back titration. The reaction is as follows:

$$2MnO_4^- + 5C_2O_4^{2-} + 16H^+ = 2Mn^{2+} + 10CO_2 \uparrow + 8H_2O$$

3. Apparatus and Chemicals

Apparatus: 25 mL acid burette; 250 mL erlenmeyer flask; 100 mL measuring cylinder; water bath; pipet.

Chemicals: $0.005 \ mol \cdot L^{-1} \ KMnO_4$; H_2SO_4 (1 : 2); $AgNO_3$ ($w = 0.10$); $Na_2C_2O_4$ standard solution ($0.013 \ mol \cdot L^{-1}$): weigh out accurately about 0.42 g $Na_2C_2O_4$ dissolved in distilled water and prepare standard solutions in 250 mL erlenmeyer flask.

4. Procedure

4. 1 Measure 50 mL water sample to a 250 mL erlenmeyer flask, and add 100 mL distilled water to it. Add 10 mL of H_2SO_4 (1 : 2) and 5 mL of $AgNO_3$ ($w=0.10$). Then pipet accurately 10.00 mL 0.005 mol $\cdot$ L^{-1} $KMnO_4$ (V_1) to it. Heat the erlenmeyer flask under boiling water bath for 30 min to oxidize the organic substances in the sample. Then pipet 10.00 mL 0.013 mol $\cdot$ L^{-1} $Na_2C_2O_4$ when the temperature of the water cool down to around 80 ℃. Titrate with 0.005 mol $\cdot$ L^{-1} $KMnO_4$ solution at 70~80 ℃ until the color changes from colorless to reddish red. Write down the volume of $KMnO_4$ (V_2) if the color has not faded for 30s.

4. 2 Add 100 mL distilled water and 10 mL of H_2SO_4 (1 : 2) to a 250 mL erlenmeyer flask, then pipet 10.00 mL 0.013 mol $\cdot$ $L^{-1}Na_2C_2O_4$ to it. Titrate with 0.005 mol $\cdot$ L^{-1} $KMnO_4$ solution at 70~80 ℃ until the color turns to reddish red. Write down the volume of $KMnO_4$ (V_3) if the color has not faded for 30s.

4. 3 Add 100 mL distilled water and 10 mL of H_2SO_4 (1 : 2) to a 250 mL erlenmeyer flask. Titrate with 0.005 mol $\cdot$ L^{-1} $KMnO_4$ solution at 70~80 ℃ until the color turns to reddish red. Write down the volume of $KMnO_4$ (V_4) if the color has not faded for 30s.

Calculate the chemical oxygen demand ($COD_{(Mn)}$) according to the following formulate.

$$COD_{(Mn)}/(mg \cdot L^{-1})=\frac{[(V_1+V_2-V_4) \cdot f-10.00] \times C(Na_2C_2O_4) \times 16.00 \times 1000}{V_S}$$

In this formulate: $f=10.00/(V_3-V_4)$: 1 mL $KMnO_4$ solution amount to f mL $Na_2C_2O_4$ standard solution; V_S is the volume of water sample; 16.00 is the relative atomic mass of oxygen atom.

6. Notes

6. 1 The chloride ions of the water sample are easy to be oxidized in acidic $KMnO_4$ solution, which make the analytic result on the high side.

6. 2 The distilled water used in this experiment should be double distilled by the water containing acidic $KMnO_4$.

7. Questions

7. 1 What factors will impact the experimental results of the determination of chemical oxygen demand (COD)? Why?

7. 2   What can we do to prevent the effect of Cl^- to the experiment?

Experiment19   Iodimetric Titration of Vitamin C

1. Purpose

1. 1   To master the titration of direct iodimetry.

1. 2   To understand the procedure of direct iodimetry.

2. Principle

Vitamin C (ascorbic acid) is an antioxidant that is essential for human nutrition. Vitamin C deficiency can lead to a disease called scurvy, which is characterized by abnormalities in the bones and teeth. The formula of ascorbic acid is $C_6H_8O_6$ and shown below:

$$
\begin{array}{c}
\overset{\displaystyle\,\,\lceil\!\!-\!\!O\!\!-\!\!\rceil\quad H}{\underset{\displaystyle O\;\;OH\;OH\;H\;\;OH}{C-C=C-C-C-CH_2OH}}
\end{array}
$$

One way to determine the amount of vitamin C is to use a redox titration-direct iodimetry. The amount of ascorbic acid can be determined by a redox titration with a standardized solution of iodine. The iodine is reduced by the ascorbic acid to form iodide.

$$
C-C=C-C-C-CH_2OH+I_2 = C-C=C-C-C-CH_2OH+2HI
$$

The titration end point is reached when a slight excess of iodine is added to the ascorbic acid solution. Starch suspension is used to determine the endpoint. Excess iodine reacts with starch to form the expected blue-black color.

Vitamin C is easily oxidized by air, especially in alkaline solutions owing to its strong reducing properties and the reacting should be performedin a dilute acetic acid solution to prevent side-reaction.

3. Apparatus and Chemicals

Apparatus: 25 mL acid burette; 250 mL erlenmeyer flask; measuring cylinder; analytical balance.

Chemicals: iodine $(0.05 \text{ mol} \cdot L^{-1})$; vitamin C; starch indicator $(w= 0.005)$; HAc $(1+1)$.

4. Procedure

Weigh accurately about 0. 2 g of Vitamin C in 250 mL erlenmeyer flask. Dissolve it in a mixture of 100 mL freshly boiled and cooled distilled water, then add 10 mL 1+1 acetic acid. Titrate the solution at once with 0. 05 mol • L^{-1} iodine standard solution using 3 mL of starch solution as indicator until a persistent blue color is obtained. Repeat twice.

5. Data Analysis

Table 5—21   Data record and analysis

Reagent \ Serial number	1	2	3
m_{V_c} (g)			
Initial reading of I_2 (mL)			
Finish reading of I_2 (mL)			
Consumption of I_2 (mL)			
$w_{C_6H_8O_6}$ (%)			
$\overline{w}_{C_6H_8O_6}$ (%)			
Relative average deciation (%)			

Calculate the percentage of Vitamin C:

$$w_{C_6H_8O_6} \% = \frac{C_{I_2} \times V_{I_2} \times M_{C_6H_8O_6} \times 10^{-3}}{m_{V_c}} \times 100\%$$

6. Notes

6. 1   Vitamin C is more stable against air oxidation in acidic solution, but it is still necessary to perform the standardization immediately after the dissolution of Vitamin C.

6. 2   Do not confuse the measuring cylinders for dilute acetic acid and starch solution.

7. Questions

7. 1   Why is it necessary to dissolve the sample with freshly boiled and cooled distilled water?

7. 2   What is the use of acetic acid when measuring Vitamin C?

Experiment 20   Preparation of Potassium Dichromate Standard Solution and Determination of the Content of Iron in Ferrite

1. Purpose

1. 1   To master the direct preparation of standard solution.

1. 2   To master the method and principle of determining the content of Fe^{2+}.

2. Principle

Potassium dichromate method is often used to determine the total iron content of iron ore. Fe^{2+} can be quantitatively oxidized to Fe^{3+} by $K_2Cr_2O_7$, the reaction is as follows:

$$6Fe^{2+} + Cr_2O_7^{2-} + 14H^+ = 6Fe^{3+} + 2Cr^{3+} + 7H_2O$$

Sodium diphenylaminesulfonate is used as indicator in this titration, its reduction state is colorless and oxidation state is purple red. Phosphoric acid or sodium fluoride must be added in the titration. On the one hand the formation of $[Fe(HPO_4)]^+$ can lower the electrode potential of Fe^{3+}/Fe^{2+} and expand the jumping range of the titration which make the color range of the indicator fall in the titration jump range. On the other hand, the complex is colorless which can eliminate the interference of yellow Fe^{3+} in solution to the endpoint.

The content of Fe^{2+} in ferrite is calculated by the following formula (%):

$$w_{Fe^{2+}} \ (\%) = \frac{6C_{K_2Cr_2O_7} V_{K_2Cr_2O_7} M_{Fe}}{m_{FeSO_4} \times 1000} \times 100\%$$

3. Apparatus and Chemicals

Apparatus: analytical balance; 25 mL acid burette; 100 mL beaker; 100 mL volumetric flask; 250 mL erlenmeyer flask; 50 mL cylinder.

Chemicals: $K_2Cr_2O_7$ (analytical reagent); $FeSO_4$ (analytical reagent); mixed acid (15 mL H_2SO_4 + 70 mL H_2O + 15 mL H_3PO_4); sodium diphenylaminesulfonate indicator.

4. Procedure

4. 1   Preparation of $K_2Cr_2O_7$ standard solution

Weigh accurately 0. 6 g $K_2Cr_2O_7$ to 100 mL beaker, dissolve it with 30 mL distilled water and transfer it to 100 mL volumetric flask. Dilute to the mark with distilled water and mix thoroughly.

4.2　Determination of Fe^{2+} content in ferrite

Weigh accurately 0.6 g $FeSO_4$ sample in a 250 mL erlenmeyer flask, add 20 mL distilled water, 15 mL mixed acid and 5~6 drops of sodium diphenyl-aminesulfonate solution. Then titrate the solution with $K_2Cr_2O_7$ standard solution until the color of the solution changes from green to purple or purple blue, this is the endpoint. Repeat the titration twice, and calculate the content of Fe^{2+} in ferrite (%).

5. Data Analysis

Table 5－22　Deterimination of the content of Fe^{2+} in ferrite

Reagent ＼ Serial number	1	2	3
m_{FeSO_4}　(g)			
Initial reading of $K_2Cr_2O_7$　(mL)			
Finish reading of $K_2Cr_2O_7$　(mL)			
Consumption of $K_2Cr_2O_7$　(mL)			
w_{Fe}　(%)			
$\overline{w}_{Fe}$　(%)			
Relative average deviation　(%)			

6. Notes

The potassium dichromate solution should be recovery because of its pollution to the environment.

7. Questions

7.1　Why does the direct method can be used to prepare $K_2Cr_2O_7$ standard solution?

7.2　What is the purpose of adding sulfuric acid and phosphoric acid?

7.3　Why does the color of the solution change from green to purple or purple blue at the endpoint using sodium diphenylaminesulfonate as indicator?

Experiment 21　Alkali Metals and Alkali Earth Metals

1. Purpose

1.1　To understand the reactivity of sodium and magnesium.

1.2　To master the operations of flame reactions.

1. 3　To test andcompare the insolubility of hydroxides of the alkali earth metals.

2.　Apparatus and Chemicals

Apparatus：centrifuge；small test tubes；knife；forceps，mortar box；melting pot；platinum filament（or nickel-chromium filament）；pH test paper；blue cobalt glass and so on.

Chemicals：HCl（2 mol · L^{-1}，6 mol · L^{-1}）；HNO_3（6 mol · L^{-1}）；H_2SO_4（2 mol · L^{-1}）；HAc（2 mol · L^{-1}）；NaOH（2 mol · L^{-1}）；Na_2CO_3（0. 1 mol · L^{-1}）；NH_3 · H_2O-NH_4Cl buffer solution（1 mol · L^{-1}）；HAc-NH_4Ac buffer solution（1 mol · L^{-1}）；$MgCl_2$（0. 1 mol · L^{-1}）；$CaCl_2$（0. 1 mol · L^{-1}）；$BaCl_2$（0. 1 mol · L^{-1}）；Na_2SO_4（0. 5 mol · L^{-1}）；$CaSO_4$（saturated solution）；$(NH_4)_2C_2O_4$（saturated solution）；$KMnO_4$（0. 01 mol · L^{-1}）；$(NH_4)_2CO_3$（0. 5 mol · L^{-1}）；K_2CrO_4（0. 1 mol · L^{-1}）；Na^+，K^+，Ca^{2+}，Sr^{2+}，Ba^{2+} solution（10 g · L^{-1}）；phenolphthalein；Na（s）；Mg（s）；azoviolet I and so on.

3.　Procedure

3. 1　Reducibility of sodium and magnesium

（1）Reaction of sodium with oxygen in air

A piece of sodium of soybean size is cut with scissors，its superficial kerosene is absorbed by filer paper，then immediately put it into a crucible，heat，when the sodium begins burning，stop heating. Observe the color and state of products.

（2）Reaction of magnesium with oxygen in air

Take magnesium of l cm length，reveal the fresh superficial membrane with sand paper，light it and observe whether the reaction happens，then observe the phenomena of the reaction. Is there compound of Mg_3N_2 in products? How to test it?

（3）Reaction of sodium and magnesium with water

A piece of sodium of soybean size is cut with scissors，its superficial kerosene is absorbed by filter paper，then put it into a 250 mL beaker with 1/4 volume of water. Observe the phenomenon of the reaction and test whether the solution is acidic or alkaline. Put polished magnesium ribbon into a test tube with 2 mL distilled water. Observe the phenomenon of the reaction. Heat the test tube, what will happen? Test whether the solution is acidic or alkaline.

3. 2   Flame test of alkali metals, alkali earth metals

Aflame test is an analytic procedure used in chemistry to detect the presence of certain elements, primarily alkali metal and alkali earth metal ions, based on each element's characteristic emission spectrum. The color of flames in general also depends on temperature; see flame color. For example: Na-yellow; K-lilac; Ca-brick red; Sr-crimson; Ba-apple green.

Take a glass rod with a platinum wire (or nickel-chromium wire). To clean the wire whose tip is bent into a ring, dip it into the test tube of $6 \ mol \cdot L^{-1} HCl$ and heat the wire on the oxidizing flame. Repeat this operation until the flame appears colorless (or pale yellow for nickel-chromium wire). When the platinum wire is clean, dip the wire in the test tube containing Na^+, K^+, Ca^{2+}, Sr^{2+}, Ba^{2+} solution respectively. Every time the wire must be cleaned according to the method above. As we observe the color of the flame of the potassium ion, a piece of blue cobalt glass should be used.

3. 3   The properties, formation of the insoluble salts of calcium, magnesium, barium

(1) Compare the solubility of sulfate salts of calcium, magnesium, barium

Add 1 mL of $0. 1 \ mol \cdot L^{-1} MgCl_2$, $CaCl_2$ and $BaCl_2$ solution to three test tubes respectively, then add 1 mL $0. 5 \ mol \cdot L^{-1} Na_2SO_4$ solution respectively. Observe the phenomena. If there is no precipitate, heat it gently. Test the reaction of the precipitate with $6 \ mol \cdot L^{-1} HNO_3$.

In another two tubes, 1 mL of $0. 1 \ mol \cdot L^{-1} MgCl_2$ and $BaCl_2$ are added respectively first, then 0. 5 mL $CaSO_4$ (saturated solution) are added, observe the formation of precipitate. Compare the solubility of $MgSO_4$, $BaSO_4$ and $CaSO_4$.

(2) The properties, formation of calcium carbonate, barium carbonate and magmesium carbonte

a.   Add 0. 5 mL of $0. 1 \ mol \cdot L^{-1} MgCl_2$, $CaCl_2$ and $BaCl_2$ solution to three different tubes, then add 0. 5 mL $0. 1 \ mol \cdot L^{-1} Na_2CO_3$ solution to each one and heat them for a little while. Observe the phenomena. Test the reaction between the product and $2 \ mol \cdot L^{-1} NH_4Cl$ and write down the reaction equations.

b. Add 0.5 mL of 0.1 mol $\cdot$ L^{-1} MgCl$_2$, CaCl$_2$ and BaCl$_2$ solution to three different tubes, then add 0.5 mL NH$_3$ $\cdot$ H$_2$O—NH$_4$Cl buffer solution (pH $\approx$ 9) and 0.5 mL 0.5 mol $\cdot$ L^{-1} (NH$_4$)$_2$CO$_3$ solution to each one. Heat them for a little while and observe the phenomena. Summarize the method and the condition of the separation of Mg^{2+}, Ca^{2+} and Ba^{2+}.

(3) The properties, formation of calcium chromate, barium chromate

a. Add 0.5 mL of 0.1 mol $\cdot$ L^{-1} CaCl$_2$ and BaCl$_2$ solution to two different tubes, then add 0.5 mL 0.1 mol $\cdot$ L^{-1} K$_2$CrO$_4$ solution respectively. Observe the phenomena. Test the reaction of the product with 2 mol $\cdot$ L^{-1} HAc solution and write down the reaction equations.

b. Add 0.5 mL of 0.1 mol $\cdot$ L^{-1} CaCl$_2$ and BaCl$_2$ solution to two different tubes, then add 0.5 mL HAc-NH$_4$Ac buffer solution and 0.5 mL 0.1 mol $\cdot$ L^{-1} K$_2$CrO$_4$ solution respectively. Observe the phenomena and summarize the condition of separating Ca^{2+} and Ba^{2+}.

4. Notes

Sodium and calcium should be stored in kerosene or liquid paraffin. As we use them, we should cut them into small ones in the kerosene. Fetch it with forceps, and absorb the kerosene with filter paper. Make sure not to contact with skin. Residual sodium should not be thrown over casually, you may add a small amount of anhydrous ethanol to make it decompose slowly or recycle.

5. Questions

5.1 How do we separate Ca^{2+}, Ba^{2+} from CaCO$_3$, BaCO$_3$ precipitate?

5.2 If there is a fire accident caused by magnesium in lab, how shall we put out fire? Can we use the water or carbon dioxide to put it out?

Experiment 22 Elements of Boron Group, Carbon Group and Oxygen Family

1. Purpose

1.1 To master the main properties of boric acid and borax.

1.2 To test and master the reducibility of tin (Ⅱ) and oxidizability of lead (Ⅳ).

1.3 To master the main properties of ammonium salt, nitric acid, nitrous acid and phosphate.

2. Apparatus and Chemicals

Apparatus: centrifuge; small test tubes; pH test paper; water bath and so on.

Chemicals: $SnCl_2$ (0.1 mol · L^{-1}); NaOH (2 mol · L^{-1}); Bi $(NO_3)_3$ (0.1 mol · L^{-1}); HNO_3 (6 mol · L^{-1}, 2 mol · L^{-1}); PbO_2 (s); saturated borax solution; concentrated H_2SO_4; H_3BO_3 (s); glycerol $C_3H_5(OH)_3$; methyl orange; NH_4Cl (s); $NH_4H_2PO_4$ (s); NH_4NO_3 (s); saturated $NaNO_2$ solution; KI (0.1 mol · L^{-1}); $NaNO_2$ (0.5 mol · L^{-1}); $KMnO_4$ (0.01 mol · L^{-1}); concentrated HNO_3; sulfur powder; copper sheet; red litmus test paper; Na_2HPO_4 (0.1 mol · L^{-1}); ammonium molybdate; $Na_4P_2O_7$ (0.1 mol · L^{-1}); $NaPO_3$ (0.1 mol · L^{-1}); $AgNO_3$ (0.1 mol · L^{-1}); HAc (2 mol · L^{-1}); protein solution.

3. Procedure

3.1 Reducibility of tin (II) and oxidizability of lead (IV)

a. Reducibility of tin (II)

Drop 2 mol · L^{-1} NaOH solution to a test tube with 1 mL 0.1 mol · L^{-1} $SnCl_2$ solution and shake it until the product is dissolved. Three more drops of NaOH are added. Then place drops of 0.1 mol · L^{-1} Bi($NO_3)_3$ solution. Observe the phenomena and write down the reaction equations. (This reaction can be used to indentify Bi^{3+}.)

b. The oxidizability of PbO_2

Add one drop of 0.1 mol · L^{-1} $MnSO_4$ and 10 drops of distilled water into the test tube. Then add 1 mL 6 mol · L^{-1} HNO_3 solution and a small amount of solid PbO_2. What will happen when heat and stir it under water bath. Then write down the reaction equations.

3.2 Preparation, properties of boric acid

a. Preparation of boric acid

Take 1 mL saturated borax solution, then test its pH value by pH test paper. Add 0.5 mL concentrated H_2SO_4, cool down in ice water. Observe whether there are crystals. Centrifugalize the tube, remove solution of above layer, wash the precipitate with a little of ice water for 2~3 times. Then dissolve the precipitate with 0.5 mL distilled water and test pH value again. Compare the mixed solution with the borax solution.

b. Properties of boric acid

Add a small amount of solid H_3BO_3 and 6 mL distilled water to the test tube. Heat gently until the solid is dissolved. Add a drop of methyl orange solution and observe the color.

Divide the solution into two different test tubes. Add drops of glycerol $C_3H_5(OH)_3$ to one of them, shake it and compare the color of the solution of the two tubes. Then explain the reason in the report.

Write down the reaction mechanism of boric acid and glycerol.

3.3　Thermal decomposition of ammonium salts

a. The anions are volatile acid radicals

Place about 1 g solid NH_4Cl in a dry test tube, and put a red litmus test paper at the opening of the test tube. Heat the bottom of the test tube slight. Observe the color change of the test paper. What is the white compound in the test tube after being cooled down? Record and explain in your report.

b. The anions are non−volatile acid radicals

Use $NH_4H_2PO_4$ to replicate the above experiment and test the produced gas.

c. The anions are oxidizing acid radicals

Use NH_4NO_3 to replicate the above experiment and observe the phenomenon.

Write down the reaction equations, and sum up the relationship of the decomposition product of ammonium salts and the anions.

3.4　Properties, formation of nitrite

a. The formation of nitrite

Mix 1 mL saturated $NaNO_2$ solution which has been cooled down by ice−water and about 1 mL 1 mol $\cdot$ L^{-1} H_2SO_4. Observe the phenomenon. What will happen when the solution is laid up for a while? Write down the reaction equations and explain in your report.

b. Oxidizability and reducibility of NO_2^-

(1) Acidify 0.5 mL 0.1 mol $\cdot$ L^{-1} KI solution with drops of 1 mol $\cdot$ L^{-1} H_2SO_4, and then add several drops of 0.5 mol $\cdot$ L^{-1} $NaNO_2$ solution. Shake it, observe the color change and test the produced gas.

(2) Acidify 0.5 mL 0.01 mol $\cdot$ L^{-1} $KMnO_4$ solution with drops of 1 mol $\cdot$ L^{-1} H_2SO_4, and then add several drops of 0.5 mol $\cdot$ L^{-1} $NaNO_2$ solution.

Shake it and observe what change should take place.

Write down the reaction equations. According to the standard electrode potentials, point out the $NaNO_2$ is oxidizing agent or reducing regent in the reactions above.

3. 5   Oxidizability of nitric acid

a. Reactions of concentrated nitric acid with nonmetals

Put a small amount of sulfur powder into a test tube, then add 10 drops of concentrated HNO_3 and heat it under water bath until the solid is dissolved. Exact a small amount of solution with a long burette and put it in another test tube. Add drops of $0.1\ mol \cdot L^{-1}\ BaCl_2$ solution after diluting it with distilled water. What will happen and what is the oxidation product of sulfur. Write down the reaction equations.

b. Reactions of concentrated nitric acid with metals

Put a small piece of copper sheet into the test tube. Add $0.5\ mL$ concentrated HNO_3. Observe the color of the produced gas and write down the reaction equations.

c. Reactions of dilute nitric acid with metals

Take a small piece of copper sheet into the test tube. Add $0.5\ mL\ 6\ mol \cdot L^{-1}\ HNO_3$ and heat it under the water bath. Observe the phenomena and tell the difference between the reactions a and b. Is there any color change of the produced gas at the opening of the test tube? Write down the reaction equations.

d. Reactions of dilute nitric acid with active metals

Take a piece of magnesium and $1\ mL\ 1\ mol \cdot L^{-1}\ HNO_3$ solution in the test tube. What will happen? Test whether the NH_4^+ exist in the solution according to the identification method listed in appendix 3. Write down the reaction equations.

3. 6   Identification, difference of oxyacid radicals of phosphorus

a. Identification of oxyacid radicals of phosphorus—ammonium molybdate method

PO_4^{3-}, $P_2O_7^{4-}$ and PO_3^- can all react with ammonium molybdate $(NH_4)_2MoO_4$ to produce yellow precipitates $(NH_4)_3P(Mo_3O_{10})_4$.

$$PO_4^{3-} + 3NH_4^+ + 12MoO_4^{2-} + 24H^+ = (NH_4)_3P(Mo_3O_{10})_4 \downarrow + 12H_2O$$

The yellow precipitates in cooled solution confirm that $H_2PO_4^-$, HPO_4^{2-} or

PO_4^{3-} is present. The appearance of yellow precipitates after heating the cooled solution confirms that PO_3^- or $P_2O_7^{4-}$ is present.

Mix two drops of $0.1 \text{ mol} \cdot L^{-1}$ Na_2HPO_4 solution and $8\sim10$ drops of ammonium molybdate $(NH_4)_2MoO_4$ in the test tube. Rub the inside of the test tube with a glass rod until there are yellow precipitates, which can prove the existence of PO_4^{3-}. Take $0.1 \text{ mol} \cdot L^{-1}$ $Na_4P_2O_7$ or $NaPO_3$ in the test tube and repeat the experiment above. Heat it gently under water bath for a while if there is not yellow precipitate. What will happen? Explain the phenomena in your report.

b. Reactions of oxyacid radicals of phosphorus with $AgNO_3$

Place two drops of $0.1 \text{ mol} \cdot L^{-1}$ Na_2HPO_4, $Na_4P_2O_7$ and $NaPO_3$ to three different test tube, and add $2\sim3$ drops of $0.1 \text{ mol} \cdot L^{-1}$ $AgNO_3$ solution respectively. What is the phenomenon? Observe the color and state of the precipitate after adding a small amount of $2 \text{ mol} \cdot L^{-1}$ HNO_3 to the three test tube respectively.

c. Reactions of oxyacid radicals of phosphorus with protein solution

Take two drops of $0.1 \text{ mol} \cdot L^{-1}$ Na_2HPO_4, $Na_4P_2O_7$ and $NaPO_3$ to three test tube, and acidify them with $2 \text{ mol} \cdot L^{-1}$ HAc respectively. Add 10 drops of protein solution to the test tubes and shake them. Observe whether there is the coagulation of protein solution in the tubes.

4. Questions

4.1　How to identify $NaNO_2$, $Na_2S_2O_3$ and KI solution?

4.2　Design three methods to identify $NaNO_2$ and $NaNO_3$.

4.3　When identifying NO_3^-, how do we remove NO_2^-?

Experiment 23　Elements of Oxygen and Halogen Group

1. Purpose

1.1　To grasp the chemical properties of peroxide and sodium thiosulfate, and master the identification of peroxide.

1.2　To master the identification of SO_4^{2-}, SO_3^{2-}, $S_2O_3^{2-}$, S^{2-}.

1.3　To learn the oxidizing strength of oxysalts of halogens.

1.4　To understand the properties of some metal halides.

2. Apparatus and Chemicals

Apparatus: small test tubes; water bath and so on.

Chemicals: H_2SO_4 (2 mol · L^{-1}, 6 mol · L^{-1}, 3 mol · L^{-1}); HCl (2 mol · L^{-1}, 6 mol · L^{-1}); NaOH (2 mol · L^{-1}); $Pb(NO_3)_2$ (0. 1 mol · L^{-1}); $BaCl_2$ (0. 1 mol · L^{-1}); K_2CrO_4 (0. 1 mol · L^{-1}); H_2O_2 (w=0. 03); $AgNO_3$ (0. 1 mol · L^{-1}); $K_4[Fe(CN)_6]$ solution (0. 1 mol · L^{-1}); $Na_2S_2O_3$ (0. 1 mol · L^{-1}); saturated $ZnSO_4$ solution; $MnSO_4$ (0. 1 mol · L^{-1}); $Na_2[Fe(CN)_5NO]$ solution; chlorine water; iodine water; thioacetamide solution (w = 0. 05); MnO_2 (s); diethyl ether; crystal $KClO_3$; concentrated HCl; $KClO_3$ (saturated solution); Na_2SO_3 (0. 1 mol · L^{-1}); CCl_4; KI (0. 1 mol · L^{-1}, 0. 5 mol · L^{-1}); $KBrO_3$ (saturated solution); KBr (0. 5 mol · L^{-1}); NaF (0. 1 mol · L^{-1}); NaCl (0. 1 mol · L^{-1}); KBr (0. 1 mol · L^{-1}); KI (0. 1 mol · L^{-1}); $Ca(NO_3)_2$ (0. 1 mol · L^{-1}); HNO_3 (2 mol · L^{-1}); $NH_3 · H_2O$ (2 mol · L^{-1}); starch solution and so on.

3. Procedure

3. 1 Identification of hydrogen peroxide

Place 2 mL of H_2O_2 solution (w=0. 03) in a test tube, and add 0. 5 mL diethyl ether and 1 mL 2 mol · L^{-1} H_2SO_4. Then add 3~5 drops of 0. 1 mol · L^{-1} K_2CrO_4 solution. Observe the color changes of the solution and the diethyl ether layer. Identify the hydrogen peroxide through experiment.

3. 2 Properties of hydrogen peroxide

a. Oxidizability of H_2O_2

Mixed drops of 0. 1 mol · L^{-1} $Pb(NO_3)_2$ solution and thioacetamide solution (w=0. 05) in a test tube. Heat it under the water bath. What will happen? After precipitate forms, centrifugalize, separate and decant the above opaque solution. Add a small amount of H_2O_2 (w = 0. 03) to the precipitate which has been washed by distilled water. What will happen to the precipitate? Observe the phenomenon and explain in your report.

b. Reducibility of H_2O_2

Add 2 mol · L^{-1} NaOH solution to 0. 5 mL 0. 1 mol · L^{-1} $AgNO_3$ solution when brown precipitate is produced, then add a small quantity of H_2O_2 (w= 0. 03), observe the phenomenon. Test the produced gas by a match ember. Please explain above phenomena.

c. Acidity of alkalinity of medium's influence to oxidizability and reducibility of H_2O_2

Add several drops of 2 mol $\cdot$ L^{-1} NaOH solution to 1 mL of H_2O_2 ($w=$ 0.03), then add several drops of 0.1 mol $\cdot$ L^{-1} MnSO$_4$ solution. Shake it and observe the phenomenon. Keep the solution standing, decant the clear solution and add small amount of 2 mol $\cdot$ L^{-1} H$_2$SO$_4$ solution to the precipitate. Then H_2O_2 ($w=0.03$) is added, what will you observe? Write down the reaction equation and explain it.

d. Catalytic decomposition of H_2O_2

Heat 2 mL H_2O_2 solution ($w=0.03$) under water bath, and test the produced gas by match ember. What will happen? Mixed 2 mL H_2O_2 solution ($w=0.03$) and a small quantity of solid MnO$_2$, then test the produced gas by match ember. Observe the phenomenon. Summarize the two experiments and explain the effect of MnO$_2$ in the reaction of decomposition of H_2O_2. Write down the reaction equation.

3.3 Properties of tisosulfate

a. Reaction of Na$_2$S$_2$O$_3$ and Cl$_2$

Place 1 mL 0.1 mol $\cdot$ L^{-1} Na$_2$S$_2$O$_3$ solution, two drops of 2 mol $\cdot$ L^{-1} NaOH solution and 2 mL chlorine water in a test tube. Shake it and test whether there is SO$_4^{2-}$.

b. Reaction of Na$_2$S$_2$O$_3$ and I$_2$

Add iodine water to 1 mL 0.1 mol $\cdot$ L^{-1} Na$_2$S$_2$O$_3$ solution in a test tube. What will happen? Is there SO$_4^{2-}$ in the solution?

c. Coordination reaction of Na$_2$S$_2$O$_3$

Place 0.5 mL 0.1 mol $\cdot$ L^{-1} AgNO$_3$ solution in a test tube, and add Na$_2$S$_2$O$_3$ solution drop by drop until the produced precipitate is dissolved. Record your observations.

3.4 Identification of SO$_4^{2-}$, SO$_3^{2-}$, S$_2$O$_3^{2-}$ and S^{2-}

Identification of SO$_4^{2-}$, SO$_3^{2-}$, S$_2$O$_3^{2-}$ and S^{2-} respectively according to the identification method listed in appendix 3. Record your observations and the identification steps.

3.5 Oxidizability of chlorate

a. Oxidizability of potassium chlorate

(1) Add a small quantity of distilled water to crystal KClO$_3$, then a small

quantity of concentrated hydrochloric acid is added. Observe the gas produced, test the gas, write down the reaction equations, and explain the phenomenon.

(2) Test the reaction between saturated $KClO_3$ and $0.1 mol \cdot L^{-1} Na_2SO_3$ solution under neutral and acid medium. Test the product produced by $AgNO_3$. What conclusion can you draw on the relationship between the oxidizability of potassium chlorate and acid or alkaline properties of medium?

(3) Fetch a small quantity of crystal $KClO_3$, dissolve it with $1 \sim 2$ mL water, add a small quantity of CCl_4 and $0.1 mol \cdot L^{-1} KI$ solution, shake the test tube, observe the phenomena of organic phase and water phase. Add $6 mol \cdot L^{-1} H_2SO_4$ solution, what change does it happen? Write down the reaction equation. Can you acidify the solution with HNO_3? Why?

b. Oxidizability of potassium bromate (carrying out in fume hood)

(1) Acidify the saturated potassium bromate solution by H_2SO_4 in two test tubes, then add $0.5 mol \cdot L^{-1} KBr$ solution and $0.5 mol \cdot L^{-1} KI$ solution respectively, observe and test the product. Write down the reaction equations.

(2) Test the reaction between $KBrO_3$ solution and Na_2SO_3 solution in neutral and acid medium. Record the phenomenon and write down the reaction equation.

c. Oxidizability of iodate

$0.1 mol \cdot L^{-1} KIO_3$ solution acidified with $3 mol \cdot L^{-1} H_2SO_4$ is added to several drops of starch solution, then add $0.1 mol \cdot L^{-1} Na_2SO_3$ solution. Observe the phenomenon and write down the reaction equation. If the mixture isn't acidified, what phenomenon will we observe? Change the sequence when you add the reagents. What phenomenon will be observed?

3.6   The properties of metal halide

a. Comparison of halide's solubility

(1) Drop $0.1 mol \cdot L^{-1} Ca(NO_3)_2$ solution to $0.1 mol \cdot L^{-1} NaF$, NaCl, KBr and KI respectively. Observe the phenomenon, write down the reaction equations.

(2) Drop $0.1 mol \cdot L^{-1} AgNO_3$ solution to the test tubes with $0.1 mol \cdot L^{-1} NaF$, NaCl, KBr and KI respectively. Centrifugalize the precipitate, then make precipitate react with $2 mol \cdot L^{-1} HNO_3$, $2 mol \cdot L^{-1} NH_3 \cdot H_2O$ and $0.5 mol \cdot L^{-1} Na_2S_2O_3$ solution, observe the dissolving of precipitate. Write

down the reaction equations. Explain the differences of solubility between fluoride and their halides and summarize the changing law.

b. Light sensitiveness of silver halides

Overlay produced AgCl on filter paper, put a key on the filter paper, illuminate about ten minutes, clear adumbration can be seen. AgCl decomposes most quickly, while AgI does slowly.

3.7 Design

For mixture contains Cl^-, Br^- and I^-, design a separation and identification scheme.

4. Notes

Potassium chlorate is a strong oxidizing agent, improper preservation may cause explosion. The mixture of potassium chlorate, sulfur and phosphor is dynamite. So you should never mix them together. $KClO_3$ decomposes easily, don't grind emphatically or oven dry. Carrying out the experiments with $KClO_3$, as you do experiment with other regents of strong oxidizability, surplus reagent should be poured into recovery bottle, no pouring to acid jar.

5. Questions

5.1 Can H_2O_2 be used as oxidant and reductant? What is the medium needed if MnO_2 oxidizes H_2O_2 to produce O_2? What is the medium needed if H_2O_2 oxidizes Mn^{2+} to MnO_2?

5.2 How to confirm the existence of SO_4^{2-} in sulfite? There always contains sulfite in sulfate, but sulfate always does not contain sulfite, why? How to detect SO_3^{2-} in sulfate?

5.3 When identifying NO_3^-, how do we remove NO_2^-?

Experiment 24 Chromium, Manganese, Iron, Cobalt, Copper, Silver, Zinc, Mercury

1. Purpose

1.1 To learn the properties of these elements.

1.2 To master the identification methods of Cr^{3+}, Mn^{2+}, Fe^{3+}, Cu^{2+} ions and so on.

2. Apparatus and Chemicals

Apparatus: centrifuge; small test tubes; water bath; spot plate and so on.

Chemicals: $AgNO_3$ (0. 1 mol $\cdot$ L^{-1}, 0. 5 mol $\cdot$ L^{-1}); H_2SO_4 (1 mol $\cdot$ L^{-1}); $CrCl_3$ (0. 1 mol $\cdot$ L^{-1}); $K_2Cr_2O_7$ (0. 1 mol $\cdot$ L^{-1}); NaOH (2 mol $\cdot$ L^{-1}, $w=0.4$, 6 mol $\cdot$ L^{-1}); $BaCl_2$ (0. 1 mol $\cdot$ L^{-1}); $MnCl_2$ (0. 1 mol $\cdot$ L^{-1}); $MnSO_4$ (0. 1 mol $\cdot$ L^{-1}); concentrated HCl; $KMnO_4$ (0. 01 mol $\cdot$ L^{-1}); MnO_2 (s); $Co(NO_3)_2$ (0. 1 mol $\cdot$ L^{-1}); HCl (2 mol $\cdot$ L^{-1}); $K_4[Fe(CN)_6]$ solution; Fe^{2+} solution; Fe^{3+} solution; $K_3[Fe(CN)_6]$ solution; $CuSO_4$ (0. 1 mol $\cdot$ L^{-1}); glucose solution ($w=0.10$); NaCl (s); copper powder; concentrated ammonia water; concentrated H_2SO_4; $ZnSO_4$ (0. 1 mol $\cdot$ L^{-1}); $HgCl_2$ (0. 1 mol $\cdot$ L^{-1}); $SnCl_2$ (0. 1 mol $\cdot$ L^{-1}); $(NH_4)_2Fe(SO_4)_2$ (s); $CuCl_2$ (1 mol $\cdot$ L^{-1}); KI (0. 1 mol $\cdot$ L^{-1}); $AgNO_3$ (0. 1 mol $\cdot$ L^{-1}); H_2O_2 (w 为 0. 03); HAc (6 mol $\cdot$ L^{-1}); $Pb(NO_3)_2$ (6 mol $\cdot$ L^{-1}); $NH_3 \cdot H_2O$ (2 mol $\cdot$ L^{-1}); $Hg_2(NO_3)_2$ (0. 1 mol $\cdot$ L^{-1}).

3. Procedure

3. 1 Compounds of Cr

a. The property, formation of $Cr(OH)_3$ (Ⅲ)

Self access to relevant information and design experimental scheme to prepare $Cr(OH)_3$ with 0. 1 mol $\cdot$ L^{-1} $CrCl_3$ solution. Test the amphoteric property of $Cr(OH)_3$.

b. Reducibility of Cr^{3+}

Design experimental scheme to oxidize the Cr^{3+} to CrO_4^{2-} with 0. 1 mol $\cdot$ L^{-1} $CrCl_3$ solution. And write down the reaction equations. The following components should be paid attention to:

(1) It is easy for Cr^{3+} to be oxidized under the strong basic condition.

(2) It is better to heat them during the experiment because of the low reaction rate.

c. The transformation of $Cr_2O_7^{2-}$ and CrO_4^{2-}

Add two drops of 2 mol $\cdot$ L^{-1} NaOH to 0. 5 mL 0. 1 mol $\cdot$ L^{-1} $K_2Cr_2O_7$ solution and observe the phenomena.

Add small quantities of $BaCl_2$ solution into 5 drops of 0. 1 mol $\cdot$ L^{-1} $K_2Cr_2O_7$ solution. Observe the phenomena and think about the reason why the precipitate is not $BaCr_2O_7$. Write down the reaction equations.

d. Identification of Cr^{3+}

The method of identifying Cr^{3+} refers to the appendix of the book.

3. 2   Compounds of Mn

a.   The formation and property of $Mn(OH)_2$

Design experimental scheme to prepare $Mn(OH)_2$ with $0.1 \text{ mol} \cdot L^{-1}$ $MnCl_2$ solution.   Test whether the $Mn(OH)_2$ is amphoteric property.

Put a portion of the $Mn(OH)_2$ precipitate in the air for a period of time. Observe the change of the color and explain the reason.   Then write down the reaction equations.

b.   The formation of MnO_4^{2-}

Decant the clear liquid above.   Heat gently and stir it for 2 min.   Put it stand for a while.   Observe the color of the solution and write down the reaction equations.

Decant above the layer and acidify it with $1 \text{ mol} \cdot L^{-1}$ H_2SO_4, and observe the color change and the formation of the precipitate.   Write down the reaction equations and summarize the existing condition of MnO_4^{2-}.

c.   Compare the oxidation of Mn（Ⅶ）and Mn（Ⅳ）

Place a small amount of $0.01 \text{ mol} \cdot L^{-1}$ $KMnO_4$ solution and solid MnO_2 to react with concentrated HCl and $0.1 \text{ mol} \cdot L^{-1}$ $MnSO_4$ respectively.   Compare the oxidation of Mn（Ⅶ）and Mn（Ⅳ）according to the result of the experiment and write down the reaction equations.

3. 3   Compound of Fe and Co

a.   The formation and property of $Fe(OH)_2$

Add 1 mL distilled water into a test tube，heat to boil in order to drive off the air，then add $(NH_4)_2Fe(SO_4)_2$ solid of a mung bean size and two drops of concentrated H_2SO_4 when it is cold.   Stir briskly to dissolve the solid.

Add $1 \text{ mL } 6 \text{ mol} \cdot L^{-1}$ NaOH into another test tube，heat to boil in order to drive off the air.   Exact 0.5 mL NaOH solution with a long burette after cooling down，then insert it into $(NH_4)_2Fe(SO_4)_2$ solution of the former test tube（till to bottom of test tube），slowly drop NaOH（preventing air from entering the solution in the whole procedure）.   Observe the color and state of product.   Stand for a while after shaking the tube，observe the change.   Write down the related reaction equation.

b.   The formation and property of $Co(OH)_2$

Dropping $2 \text{ mol} \cdot L^{-1}$ NaOH solution to 5 drops of $0.1 \text{ mol} \cdot L^{-1}$

$Co(NO_3)_2$, observe the color of precipitate. Heat it gently and observe the color change of the product. Stand for a while, observe the change. Write down the related reaction equation.

3. 4 Identification of Fe^{2+} and Fe^{3+}

a. Identification of Fe^{3+}

Add a drop of Fe^{3+} solution on two spot plates respectively. Then add one drop 2 mol • L^{-1} HCl and one drop $K_4[Fe(CN)_6]$ solution. Observe the color and state of the precipitate.

b. Identification of Fe^{2+}

Add a drop of Fe^{3+} solution on two spot plates respectively. Then add one drop 2 mol • L^{-1} HCl and one drop $K_3[Fe(CN)_6]$ solution. Observe the color and state of the precipitate.

Sum up the principle and write down the reaction equation on the basis of above experimental phenomena.

3. 5 Compound of Cu

a. The formation of Cu_2O

Add excessive 6 mol • L^{-1} NaOH to a 0. 5 mL 0. 1 mol • L^{-1} $CuSO_4$ solution. After the produced precipitate is dissolved, add 0. 5 mL glucose solution ($w=0.1$). Mix well and heat gently. Observe the phenomena.

b. The formation and property of CuCl

Add 5 mL 1 mol • L^{-1} $CuCl_2$ solution to a test tube, then small quantities of solid NaCl and copper powder are mixed. Heat to boil, if it appears dark brown, pour all the solution to 20 mL distilled water rapidly, observe the phenomena. When bulk of precipitate appears, stand, decant above the layer, and divide the precipitate into two portions. One reacts with concentrated ammonia water, another with concentration HCl solution. Whether does precipitate dissolve? Write down the reaction equations.

c. The formation and property of CuI

Add 5 drops of 0. 1 mol • L^{-1} $CuSO_4$ solution to a test tube, then add 0. 1 mol • L^{-1} KI solution drop by drop. What will you observe? Drops of 0. 1 mol • L^{-1} $Na_2S_2O_3$ solution are added to eliminate the interference of the color of I_2 until the color of I_2 has died away. Observe the phenomena and write down the reaction equations.

3. 6 Compound of Ag

a. The formation and property of Ag_2O

0.5 mL 0.1 mol·L^{-1} $AgNO_3$ solution are added to the tube, 2 mol·L^{-1} NaOH solution is then added dropwise, shake, observe the color and state of Ag_2O. Centrifugalize the tube, remove solution of above layer. Wash the precipitate with distilled water. Divide the precipitate into two portions. One reacts with acid solution, the other with base solution. Observe the phenomena and write down the reaction equations.

b. Silver mirror reaction

1 mL 0.1 mol·L^{-1} $AgNO_3$ is added to one clean test tube, 2 mol·L^{-1} $NH_3·H_2O$ is added until precipitate is dissolved. Then drops of 10% glucose solution are added, shake and place it in water bath. What will be seen in the test tube? Write down the reaction equations.

3.7 Compounds of Zn and Hg

a. The formation and property of $Zn(OH)_2$

Design experimental scheme to prepare $Zn(OH)_2$ and test whether the solution is acidic or alkaline.

b. Transformation of Hg（Ⅱ）and Hg（Ⅰ）

Add 0.1 mol·L^{-1} $SnCl_2$ dropwisely to 0.5 mL 0.1 mol·L^{-1} $HgCl_2$ solution, shake it. Observe the phenomena and write down the reaction equations.

Add 2 mol·L^{-1} $NH_3·H_2O$ dropwisely to 0.5 mL 0.1 mol·L^{-1} $Hg_2(NO_3)_2$ solution and shake it. Observe the color of the precipitate and write down the reaction equations

4. Questions

4.1 Adding KI to $CuSO_4$ solution can form CuI precipitate, but adding KCl to $CuSO_4$ solution can not form CuCl precipitate. Why?

4.2 Hg and Hg^{2+} are toxic. What precautions should you take when doing experiments with them?

4.3 When preparing $Fe(OH)_2$, the solutions should be boiled and shaking should be avoided. Why?

Experiment 25   Determination of Ionization Constant and the Degree of Ionization of Acetic Acid

1. Purpose

1.1   To determine the degree of ionization and ionization constant of acetic acid.

1.2   To further understand the concept of ionization equilibrium.

1.3   To learn how to use the pH meter and volumetric flask.

1.4   To understand the concept of the common ion effect through this experiment.

2. Principle

The ionization equilibrium of acetic acid is:

$$HAc \rightleftharpoons H^+ + AC^-$$

The ionization constant of acetic acid is expressed as:

$$K_a^\ominus = \frac{([H^+]/c^\ominus)([Ac^-]/c^\ominus)}{[HAc]/c^\ominus} \tag{1}$$

Suppose that the initial concentration of acetic acid is c, and the equilibrium concentration of H^+ equals that of Ac, that is $[H^+] = [Ac^-] = x$. So equation (1) can be written as

$$K_{HAc} = \frac{x^2}{c-x} \tag{2}$$

The degree of ionization acetic acid (α) is expressed as

$$\alpha = [H^+]/c \tag{2}$$

At a certain temperature, if we prepare the acetic acid solution and determine the pH of this equilibrium solution, we can calculate the concentration of H^+ according to the formula, $pH = -\lg[H^+]$. Then the degree of ionization and ionization constant can be calculated.

3. Apparatus and Chemicals

Apparatus: burette; pH meter; volumetric flask.

Chemicals: HAc (0.10 mol $\cdot$ L^{-1}); NaAc (0.10 mol $\cdot$ L^{-1}).

4. Procedure

4.1   Prepare acetic acid solution with various concentrations

Four dry 50 mL volumetric flasks are labled with numbers from 1 to 4.

Transfer 5.00 mL, 10.00 mL, 25.00 mL and 50.00 mL of standardized HAc solution to No. 1 to 4 volumetric flask by burette, then add distilled water to the mark and invert the flask several times to ensure that the solution is homogeneous.

Lable another dry 50 mL volumetric flask with number 5, transfer 25.00 mL standardized HAc solution into it, then add 5.00 mL 0.10 mol $\cdot$ L^{-1} NaAc. Add distill water to the mark and invert the flask several times to ensure that the solution is homogeneous.

4.2　Determine the pH value of acetic acid solution

Transfer 30.00 mL different solution to five 50 mL dry beakers respectively. Determine their pH by pH meter as the concentration is increasing. Record the data at room temperature, and then fill in the blank. Calculate the degree of ionization and ionization constant.

5.　Data Analysis

Table 5－23　The degree of ionization and ionization constant of HAc. [r. t（℃）=　]

No.	c/ (mol $\cdot$ L^{-1})	pH	[H$^+$] / (mol $\cdot$ L^{-1})	[Ac$^-$] / (mol $\cdot$ L^{-1})	$K_a^{\ominus}$	α
1						
2						
3						
4						
5						

6.　Notes

6.1　The five beakers must be clean and dry.

6.2　When determine the pH value of these HAc solution by pH meter, we must make sure the concentration is increasing.

7.　Questions

7.1　How do you determine the ionization constant of HAc in this experiment?

7.2　How do you prepare an acetic acid solution? How do you determine its ionization constant and the degree of ionization from the pH value.

Experiment 26　Determination of the Composition and the Stability Constant of an Iron（Ⅲ）— sulfosalicylate Complex

1.　Purpose

1. 1　To learn the spectrophotometric method for determining the composition and the stability constant of a complex.

1. 2　To master the method of operating the spectrophotometer.

2.　Principle

The Lamber—Beer law relates the absorption of light to the properties of the sample through which the light is travelling. The absorbance is used to explain the absorption of light. The absorbance (A) is defined as:

$$A = \varepsilon bc$$

If more light is absorbed by the sample, the value of A will be bigger. According to Lamber—Beer law, the absorbance (A) is related to the distance the light travels through the sample (i. e. , the path length, b) and the molar concentration of the sample (c). The molar absorptivity (ε) is a characteristic constant of the sample at a certain wavelength. When the path length (b) is maintained constant, A is in direct proportion to c.

A stable Iron（Ⅲ）— sulfosalicylate complex can be formed by sulfosalicylic acid and iron ions (Fe^{3+}). The composition of this complex depends upon the pH. The Iron（Ⅲ）— sulfosalicylate complex which contains one ligand is red purple at a pH of less than 4. It is red with two ligands at a pH of $4 \sim 10$ and yellow with three ligands at a pH of around 10. In this experiment, we will determine the composition and the stability constant of an Iron（Ⅲ）— sulfosalicylate complex at pH$\approx$2.

The method of continuous variations is widely used for the spectrophotometric determination of a complex composition. If the total concentration of the metal ion （M）and the ligand（L）is maintained constant and only their ratio is changed, a wavelength of light is selected where the complex absorbs strongly but the metal ion and ligand do not. The maximum absorbance will be obtained when the metal ion and the ligand are in a proper ratio to form the complex. A plot of the mole fraction of ligand versus the absorbance gives the triangular—

shaped curve shown in Figure bellow. The legs of the triangle are extrapolated until they cross at Point A, which corresponds to the maximum absorbance (A_1). The mole fraction at point A gives the composition of the complex because at this point the metal ion and the ligand are in a proper ratio to form the complex. The radio of the metal ion to ligand is $1 : 1$, so the complex is ML.

The actual maximum absorbance (A_2) observed from the experiment slightly deviate from the extrapolated value (A_1). Actually, the complex is slightly dissociated, so the absorbance A_2 is slightly low. The degree of dissociation (α) of the complex can be written as:

$$\alpha = \frac{A_1 - A_2}{A_1}$$

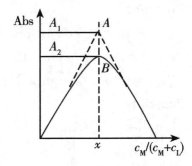

Figure 5—1   Continuous Variations plot

The relation between the stability constant $\beta^{\ominus}$ and the degree of dissociation α of the complex can be expressed as follows:

$$\beta^{\ominus} = \frac{c_{\text{eq(ML)}}/c^{\ominus}}{\{c_{\text{eq(M)}}/c^{\ominus}\} \cdot \{c_{\text{eq(R)}}/c^{\ominus}\}} = \frac{1-\alpha}{c\alpha^2}c^{\ominus}$$

Where c is the molar concentration of the complex ML at Point A.

3. Apparatus and Chemicals

Apparatus: UV−Vis spectrophotometer; 100 mL volumetric flask; 25 mL pipette; 25 mL beaker.

Chemicals: $NH_4Fe(SO_4)_2$ (0.01 mol $\cdot$ L^{-1}); sulfosalicylic acid (0.01 mol $\cdot$ L^{-1}); NaOH (6 mol $\cdot$ L^{-1}); concentrated sulfuric acid.

4. Procedure

4.1   Prepare 0.00100 mol $\cdot$ L^{-1} $NH_4Fe(SO_4)_2$ solution and 0.00100 mol $\cdot$ L^{-1} sulfosalicylic acid sollution

Accurately pipet 10 mL 0.01 mol $\cdot$ L^{-1} $NH_4Fe(SO_4)_2$ solution and 10 mL 0.01 mol $\cdot$ L^{-1} sulfosalicylic acid solution to two 100 mL volumetric flasks. Dilute the solution to 100 mL with distilled water (Test the pH value when the calibrated mark etched on the flask is reached and you can use one drop of concentrated H_2SO_4 or 6 mol $\cdot$ L^{-1} NaOH to adjust it if the pH value is not 2.)

4.2   Preparation of a series of solution

According to the table below, prepare a series of solutions with NH_4Fe

$(SO_4)_2$ solution and sulfosalicylic acid solution.   Pipet an appropriate amount of solution into each 25 mL beaker.

Table 5－24   **Experimental data**

Serial number / Reagent	1	2	3	4	5	6	7	8	9	10	11
$NH_4Fe(SO4)_2$ (mL)	0	1.00	2.00	3.00	4.00	5.00	6.00	7.00	8.00	9.00	10.00
sulfosalicylic acid (mL)	10.00	9.00	8.00	7.00	6.00	5.00	4.00	3.00	2.00	1.00	0
Volume fraction $\dfrac{V_{(Fe^{3+})}}{V_{(Fe^{3+})}+V_{(R)}}$											
Absorbance A											

4. 3   Determination of the absorbance

At the wavelength of 500 nm, using distilled water as the blank, determine the absorbance of the solution 1 to 11 in cuvette ($b=1$ cm).

5. Data Analysis

Plot the absorbance A versus the volume fraction of the ligand $(\dfrac{V_{(Fe^{3+})}}{V_{(Fe^{3+})}+V_{(R)}})$.   Then calculate the composition and the stability constant of the Iron（Ⅲ）－sulfosalicylate complex.

6. Questions

6. 1   For the series of prepared solution, do they have the same pH? If not, what is the effect of the different pH values on the results?

6. 2   What should we pay attention to when we operate the spectrophotometer?

5.2 Comprehensive Experiments

Experiment 27 Preparation and IR Analysis of the Complex of Cu^{2+} and Dimethyl Sulfoxide

1. Purpose

1.1 To understand the principle and method of preparing complex.

1.2 To analysis and determine the bonding mode of the metal and ligand in complex by IR spectra.

2. Principle

CuCl$_2$ · 2DMSO complex can be obtained from the reaction of anhydrous CuCl$_2$ and dimethyl sulfoxide (DMSO, $(CH_3)_2S=O$). The reaction is as follows:

$$CuCl_2 + 2DMSO \rightarrow CuCl_2 \cdot 2DMSO$$

The normal IR vibrational frequency of S=O bond in DMSO is 1050 cm^{-1}. When it coordinate with metal, the chemical bond is formed between O or S of DMSO and the metal ions. If the chemical bond is between the lone pair electrons of S and metal in the form of M←S=O, S=O bond is enhanced, and the IR frequency of S=O bond is greater than 1050 cm^{-1}; Otherwise the chemical bond is between the lone pair electrons of O and metal in the form of M←O=S, S=O bond is weaken, and the IR frequency of S=O bond is less than 1050 cm^{-1}. Therefore the bonding mode of metal and ligand can be analyzed by IR spectra.

3. Apparatus and Chemicals

Apparatus: analytical balance; magnetic stirrer; buchner funnel; filter flask; 10 mL erlenmeyer flask; infrared spectrometer.

Chemicals: anhydrous CuCl$_2$ (analytical reagent); DMSO (analytical reagent); anhydrous alcohol (analytical reagent).

4.　Procedure

4. 1　Preparation of CuCl$_2$ · 2DMSO

Weigh accurately 0. 10 ～ 0. 15 g CuCl$_2$ to a dry 10 mL erlenmeyer flask, add 1 mL of anhydrous ethanol. Stir until the solid completely dissolved, slowly add 0. 25 mL DMSO. The exothermic reaction generates immediately, and green precipitate form. Stir constantly for 10 min, filter and wash with 0. 5 mL cold ethanol. Dry and weigh, determinate the melting point of the complex (156～157 ℃).

4. 2　IR analysis

Record the infrared spectrum of the sample using dry KBr as the background in the range of 700～4000 cm^{-1}.

5.　Data analysis

5. 1　Calculate the yield of the complex.

5. 2　Mark the characteristic peaks of the complex in IR spectrum, and determine the bonding mode of Cu^{2+} and DMSO.

6.　Notes

The HSAB theory should be mastered before this experiment.

7.　Questions

7. 1　According to the HSAB theory, predict the boding mode of metal and ligand between PtCl$_2$, SnCl$_2$, FeCl$_3$, AuCl and DMSO.

7. 2　Write down the lewis structure of DMSO.

Experiment 28　Determination of the Solubility Product Constant of BaSO$_4$ (Electrical Conductivity Method)

1.　Purpose

1. 1　To familiar with the formation of precipitate, aging, centrifugal separation, washing and other basic operations.

1. 2　To understand the method of determining the solubility product constant of undissolved electrolyte.

1. 3　To review and consolidate the using method of conductivity instrument.

2.　Principle

The solubility of undissolved electrolyte is very small, so it is difficult to directly determinate it. However, as long as there is dissolution, there must be charged ions in solution. And the solubility of undissolved electrolyte can be calculated according to the relationship between conductivity and concentration through measuring the conductance or conductivity of the solution, then convert it to the solubility product of undissolved electrolyte.

The conductivity of electrolyte is represented by resistance (R) or conductance (G), they are reciprocal.

$$G = \frac{1}{R} \quad \text{unit: Siemens (s)}$$

Because $R = \rho \dfrac{1}{A}$ ρ——Resistivity, l——Resistance length, A—— Cross sectional area of resistance

So $G = \dfrac{1}{\rho} \cdot \dfrac{A}{l} = k \cdot \dfrac{A}{l}$ k——Conductivity, unit: $s \cdot m^{-1}$

At certain temperature, the conductivity of 1mol electrolyte solution in two parallel electrodes between which the distance is 1m is known as the molar conductivity and indicated by Λ_m.

$$\Lambda_m = \frac{k}{c} \quad (s \cdot m^2 \cdot mol^{-1})$$

Limiting molar conductivity Λ_∞ represents the molar conductivity at infinite dilution conditions, and it is a constant.

Because of the solubility of $BaSO_4$ is too small, the solution can be regarded as infinite dilution solution.

$$\Lambda_{mBaSO_4} = \Lambda_{mBa^{2+}} + \Lambda_{mSO_4^{2-}}$$

$$\Lambda_{\infty BaSO_4} = \Lambda_{mBaSO_4} \qquad C_{BaSO_4} = \frac{1000 k_{BaSO_4}}{\Lambda_{\infty BaSO_4}}$$

Because $C_{BaSO_4} = C_{Ba^{2+}} = C_{SO_4^{2-}}$

$$K_{sp} = [Ba^{2+}][SO_4^{2-}] = C_{BaSO_4}^2 = \left(\frac{1000 k_{BaSO_4}}{\Lambda_{\infty BaSO_4}}\right)^2 = \left[\frac{1000 (k_{BaSO_4(solution)} - k_{H_2O})}{\Lambda_{\infty BaSO_4}}\right]^2$$

$\Lambda_{\infty BaSO_4} = 287.2 s \cdot cm^2 \cdot mol^{-1}$

3. Apparatus and Chemicals

Apparatus: conductivity meter; centrifuge; DJS－1 platinum light electrode; alcohol lamp; 100 mL beaker; surface plate.

Chemicals: H_2SO_4 (0.05 mol $\cdot$ L^{-1}); $BaCl_2$ (0.05 mol $\cdot$ L^{-1}); $AgNO_3$ (0.01 mol $\cdot$ L^{-1}).

4. Procedure

4.1　Preparation of BaSO4 precipitate

Add 30 mL 0.05 mol·L^{-1} H_2SO_4 to 100 mL beaker, and 30 mL 0.05 mol·L^{-1} $BaCl_2$ to another beaker. Heat the solution of H_2SO_4 till boiling, and then add $BaCl_2$ solution to it while stirring. Wash the beaker containing $BaCl_2$ solution with 5 mL distilled water, and pour all the water to the H_2SO_4 solution. Cover the beaker with surface plate, heat it for 5 min and let the solution stand still for 10 min, take down and aging $15\sim20$ min. Pour the supernatant and wash $BaSO_4$ precipitate with boiled distilled water.

4.2　Configuration of BaSO4 saturated solution

50 mL distilled water whose conductivity has been measured already is added to $BaSO_4$ precipitate. Boil for $3\sim5$ min, stir continuously, static and cool down.

4.3　Determination of conductivity

The conductivity (k) of $BaSO_4$ solution is measured to calculate the K_{sp} of $BaSO_4$.

5. Notes

5.1　If the conductivity of the distilled water in this experiment is less than 5×10^{-4} s·m^{-1}, the solubility product of $BaSO_4$ will close to the literature values.

5.2　Pay attention that cleanliness water and glassware all have an impact on the experimental results.

6. Questions

6.1　Why should Cl^- be washed out in the preparation of $BaSO_4$?

6.2　Is there must be precipitate at the bottom of the solution in the preparation of $BaSO_4$?

6.3　The water conductivity can't be ignored in the determination of $BaSO_4$ conductivity, why?

Experiment 29　Determination of the Splitting Energy of $[Ti(H_2O)_6]^{3+}$ by Spectrophotometry

1. Purpose

1.1　To learn how to determine the splitting energy of the complex by spectrophotometry.

2. Principle

D orbits of the transition metal ions will split in crystal field. If the d orbits are not fully filled by electron, the electron in low energy orbit can jump to the d orbit in high energy after absorbing certain wavelength of visible light. This energy of d—d transition can be measured through the experiment.

The 5 degeneracy d orbits of Ti^{3+} in $[Ti(H_2O)_6]^{3+}$ which is octahedral structure will split into two types of orbit. One is double degeneracy known as e_g orbit, the other is three degeneracy known as t_{2g} orbit, the energy difference between these two orbits is called splitting energy.

According to:

$$E_{light} = E_{e_g} - E_{t_{2g}} = \Delta_o \tag{1}$$

$$E_{light} = hv = \frac{hc}{\lambda} \tag{2}$$

$$\Delta_o = E_{light} = \frac{hc}{\lambda} = \frac{6.626 \times 10^{-34} \times 2.9989 \times 10^8}{\lambda}$$

$$= \frac{1}{\lambda} \times 1.986 \times 10^{-25} \, J \cdot m = 1.986 \times 10^{-23} \times 10^7 \frac{1}{\lambda} \, J \cdot i \tag{3}$$

Where:　　　h———Planck constant, $6.626 \times 10^{-37} \, J \cdot s$;

c———Light speed, $2.9989 \times 10^8 \, m \cdot s^{-1}$;

E_{light}———The energy of visible light, J;

v———frequency, s^{-1};

λ———wavelength, nm.

Δ_o is commonly expressed by the unit cm^{-1} of wavenumber $(1/\lambda)$. $1 \, cm^{-1}$ is equivalent to $1.986 \times 10^{-23} \, J$. When the unit of λ is nm, $\Delta_o = 10^7/\lambda$ where λ is the absorption peak wavelength of $[Ti(H_2O)_6]^{3+}$.

For $[Cr(H_2O)_6]^{3+}$ or $(Cr-EDTA)^-$ which is octahedral structure, 3 d electrons of the center ion Cr^{3+} in d orbit is affected not only by the octahedral field but also by the interaction between the electrons. D orbit split under this condition (Figure 5—2). After the complex ion absorbing the visible light energy, there will be 3 corresponding electronic transition absorption peaks. The energy needed to excite electron transition from t_{2g} to e_g is equal to Δ_o (10 Dq).

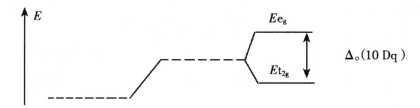

Figure 5－2 **Schematic diagram of d orbits.**

As long as the optical density A of different complexes are determined in visible light, the absorption curves of $A \sim \lambda$ will be drawn. Δ_o (10 Dq) can be calculated with the λ which is corresponding to the lowest energy peak in the curve by equation (3).

3. Apparatus and Chemicals

Apparatus: analytical balance; UV－Vis spectrophotometer; 50 mL volumetric flask; 50 mL beaker; 5 mL pipette.

Chemicals: EDTA disodium salt (analytical reagent); $CrCl_3 \cdot 6H_2O$ (analytical reagent); $TiCl_3$ (15% aqueous solution).

4. Procedure

4. 1 Preparation of $[Cr(H_2O)_6]^{3+}$ solution

Weigh accurately 0. 3 g $CrCl_3 \cdot 6H_2O$ into a 50 mL beaker, dissolve it with a small amount of water and transfer to a 50 mL volumetric flask, dilute to the mark, mix thoroughly.

4. 2 Preparation of $(Cr-EDTA)^-$ solution

Weigh accurately 0. 5 g EDTA disodium salt into a 50 mL beaker, dissolve it with 30 mL distilled water by heating. Add 0. 05 g $CrCl_3 \cdot 6H_2O$, heat it, and the purple $(Cr-EDTA)$ solution will be obtained.

4. 3 Preparation of $[Ti(H_2O)_6]^{3+}$ solution

Pipet accurately 5 mL $TiCl_3$ aqueous solution into a 50 mL volumetric flask, dilute to the mark with distilled water, mix thoroughly.

4. 4 Determination of optical density

The optical density of the above solution is measured by spectrophotometer in the range of $420 \sim 600$ nm with the interval of 10 nm wavelength, the distilled water is used as reference. Wavelength interval can be reduced properly in the absorption peak near the maximum.

5. Data analysis

5. 1　To record the relevant data in tabular form.

5. 2　The absorption curve of $[Ti(H_2O)_6]^{3+}$, $[Cr(H_2O)_6]^{3+}$ and $(Cr-EDTA)^-$ are drawn by the wavelength measured and the corresponding optical density A.

5. 3　Calculate the Δ_o values of the above complexes.

6. Notes

The crystal field theory of the complex must be learned carefully.

7. Questions

7. 1　What factors will affect the splitting energy of the complex?

7. 2　Is the splitting energy affected by the concentration of the solution when drawing the absorption curve?

Experiment 30　Determination of Trace Beryllium in Water by Morin Fluorimetry

1. Purpose

1. 1　To understand the basic principle of the fluorescence spectrophotometry.

1. 2　To grasp the using method of fluorescence spectrophotometer and be familiar with its structure.

2. Principle

The relationship between the fluorescence intensity of material (I_f) and the UV light intensity absorbed by material to excite the fluorescence (I_a) is as follows: $I_f = Y_q I_a$, where Y_q is the fluorescence quantum efficiency. The UV absorption intensity is proportional to the concentration of the material: $I_a = Kc$. From the above two equations, it can be derived that $I_f = K'c$.

In alkaline medium (pH$= 10.5 \sim 12.5$), beryllium react with morin ($2'$, 3, $4'$, 5, 7 — pentahydroxyflavone) in the form of berrylate. The product emits yellow fluorescence under the irradiation of UV light (fluorescence wavelength is 530 nm). In a certain range of concentration, the fluorescence intensity is proportional to the concentration of beryllium. The determination of trace beryllium in specimen can be determined by this fluorescent reaction.

3. Apparatus and Chemicals

Apparatus: fluorescence spectrophotometer; 25 mL volumetric flask; 10

mL pipette; 1 mL pipette; 5 mL pipette; 2 mL pipette;

Chemicals: NaOH solution (5%); EDTA disodium salt (10%);

Beryllium standard solution: 0.1068 g $BeSO_4 \cdot 4H_2O$ is accurately weighed into a 100 mL volumetric flask and dilute it with 1 mol $\cdot$ L^{-1} HCl to the mark. The concentration of this beryllium stock solution is 0.100 g $\cdot$ L^{-1}. It should be dilute to 0.001 g $\cdot$ L^{-1} with double distilled water before working;

Morin solution: 10 mg guarantee reagent morin is dissolved in 100 mL anhydrous ethanol before using.

4. Procedure

4.1 Draw the standard curve

Pipet accurately 0, 0.05, 0.10, 0.15 and 0.20 mL of beryllium standard solution (0.001 g $\cdot$ L^{-1}) into five 25 mL volumetric flasks, mark them as No.1~5, and dilute to 5 mL with distilled water respectively. Adjust the pH of them to neutral by 5% NaOH (0.5~1 drop 5% NaOH), add 0.5 mL of 10% EDTA disodium salt, and then add 0.5 mL of 0.1 g $\cdot$ L^{-1} morin solution. Dilute to the mark with distilled water, mix thoroughly. Let the solution stand still for 3 min and then determine the fluorescence intensity on a fluorescence spectrophotometer at a wavelength near 530 nm and high voltage of 700V. Record the data and draw the standard curve of beryllium.

4.2 Determination of the content of beryllium in unknown solution

Pipet accurately 2 mL solution whose content of beryllium is unknown into another 25 mL volumetric flask. Deal it with the method used to draw standard curve, find out the mass fraction of beryllium in unknown solution from the beryllium standard curve.

5. Data analysis

Table 5—25 Data record and analysis

Concentration　　　　Fluorescence intensity	I_f
Number 1	
Number 2	
Number 3	
Number 4	
Number 5	
Unknown solution	

6. Question

6.1　In fluorescence measurement, the incident excitation light and the receiving excitation fluorescence light are not on the same straight but a certain angle, why?

Experiment 31　Preparation and Determination of Zinc Gluconate

1. Purpose

1.1　To understand the preparation method of zinc gluconate.

1.2　To master the determination of the content of zinc in zinc salt.

2. Principle

Calcium gluconate react directly with zinc sulfate in equimolar to form zinc gluconate in this experiment. The reaction is as follows:

$$Ca(C_6H_{11}O_7)_2 + ZnSO_4 = Zn(C_6H_{11}O_7)_2 + CaSO_4 \downarrow$$

Separate the precipitate of calcium sulfate, zinc gluconate can be obtained.

The content of zinc is determined using complexometric titration. Zinc gluconate is titrated with EDTA standard solution in the weak alkaline condition formed by $NH_3 - NH_4Cl$.

The content of Zn is calculated by the following formula (%):

$$w_{Zn} = \frac{c_{EDTA}V_{EDTA} \times M_{Zn} \times 4}{m_{Zincghiconate} \times 1000} \times 100\%$$

3. Apparatus and Chemicals

Apparatus: analytical balance; water bath; buchner funnel; filter flask; evaporating pan; thermometer; 100 mL graduated cylinder; 100 mL volumetric flask; 25 mL pipette; 250 mL erlenmeyer flask; 100 mL beaker; 25 mL acid burette.

Chemicals: $ZnSO_4 \cdot 7H_2O$ (analytical reagent); ethanol (95%); EDTA standard solution (0.05 mol $\cdot$ L^{-1}); $NH_3 - NH_4Cl$ buffer solution (pH=10); erichrome black T indicator.

4. Procedure

4.1　Preparation of zinc gluconate

Weigh accurately 13.4 g $ZnSO_4 \cdot 7H_2O$ into a beaker, add 80 mL distilled water and heat at $80 \sim 90$ ℃ under water bath until the solid completely dissolved. Transfer the beaker to the water bath at 90 ℃ and gradually add 20 g calcium gluconate. Stir and maintain 90 ℃ under water bath for 20 min. Hot filter and take the filtrate to evaporating dish, concentrated to sticky under boiling water bath. Cool the solution to room temperature, add 20 mL 95% ethanol and stir continuously until a large number of colloidal zinc gluconate precipitate. After sufficiently mixed, ethanol solution is removed by decantation. Moreover add 20 mL 95% ethanol to the precipitate, fully stir, the precipitate change to crystal. Filter and dry, the crude product is obtained (recovery mother liquor). Add 20 mL distilled water to the crude product, heat to dissolve, hot filter, and cool the filtrate to room temperature. Add 20 mL 95% ethanol and fully stir, crystal precipitate, filter and dry at 50 ℃, the pure product obtained.

4. 2　Determination of the content of zinc

Weigh accurately 1. 6000 g zinc gluconate to a small beaker, dissolve it with distilled water. Then transfer it into 100 mL volumetric flask, dilute to the mark with distilled water, and mix thoroughly. Accurately pipet 25. 00 mL of the above solution into a 250 mL erlenmeyer flask, add 10 mL $NH_3 - NH_4Cl$ buffer solution, 4 drops of eriochrome black T indicator, and titrate it with 0. 05 mol • L^{-1} of EDTA standard solution until the color of the solution changes from red to blue. Calculate the content of zinc according to the volume of EDTA standard solution. Repeat twice.

5.　Data analysis

Table 5－26　Determination of the content of zinc

Serial number Reagent	1	2	3
zinc gluconate (mL)			
Initial reading of EDTA (mL)			
Finish reading of EDTA (mL)			
Consumption of EDTA (mL)			
w_{Zn} (%)			
$\overline{w}_{Zn}$ (%)			
Relative average deviation (%)			

6.　Notes

The reaction should be carried out at 90 ℃ under water bath. Or the zinc gluconate may decompose at high temperature, and the reaction speed is too slow at low temperature.

7. Questions

7.1　Why should the 95% ethanol be used in the precipitation and the crystallization of zinc gluconate?

7.2　Why the hot water bath must be used in the preparation of zinc gluconate?

Experiment 32　Determination of Nickel in Steel

1. Purpose

1.1　To learn the application of organic precipitant in weight analysis.

1.2　To learn the operation of weight method and how to use the glass sand funnel.

1.3　To master the method of drying and constant weighing of the sample by microwave oven.

2. Principle

There are a few percent of nickel in nickel alloy steel. It can be determined by diacetyldioxime through the weight method or by EDTA via the complexometric titration method. The EDTA method is simple, but the separation of interference ions is difficult. Diacetyldioxime is a dicarboxylic acid (H_2D) whose formula is $C_4H_8O_2N_4$, and molar mass is 116.2 g·mol^{-1}. Nickel and two molecular of diacetyldioxime can form red precipitate Ni(HD)$_2$. This method has high selectivity and is usually used in the determination of nickel, the solubility of precipitate is small, the composition is constant, and the precipitate can be weighed after dried. But diacetyldioxime can also precipitate with Fe^{2+} in ammonia solution, so Fe^{2+} must be removed to eliminate the interference, and then add tartaric acid or citric acid to form soluble complexes with Fe^{3+}, Al^{3+}, Cr^{3+} and Ti^{3+}.

The content of nickel in steel is calculated by the following formula (%):

$$w_{Ni} = \frac{m_{red\ precipitate}}{m_{sanple}} \times \frac{M_{Ni}}{M_{Ni(HD)_2}}$$

3. Apparatus and Chemicals

Apparatus: analytical balance; microwave oven; water bath; glass sand funnel; 250 mL beaker; dryer.

Chemicals: steel samples; mixed acid of HCl, HNO_3 and H_2O (3+1+2); tartaric acid or citric acid solution (50%); diacetyldioxime (1% ethanol solution); HNO_3 (2 mol · L^{-1}); HCl (1+1); ammonia (1+1); $AgNO_3$ (0.1 mol · L^{-1}); ethanol (20%); ammonia—ammonium chloride washing liquid (1 mL NH_3 · H_2O and 1 g NH_4Cl in 100 mL water).

4. Procedure

4.1   Constant the weight of glass sand funnel

Wash the glass sand funnel with water, and filtered until no water bead on it. Take it into microwave oven and heated for 10 min under high fire, pause for 3 min and then continue to fire for 5 min. Take it into the dryer to cool for 20 min and weigh it. Take it again into microwave oven and heated for 5 min, then into the dryer to cool for 20 min and weigh it. The error of the two weights should be less than 0.4 mg.

4.2   Dissolution of steel sample and the preparation of precipitate

Two 0.4~0.6 g nickel chromium steel samples whose nickel content is about 13% are accurately weighed and taken into two 250 mL beakers respectively. Add 10 mL of 1+1 HCl and 10 mL of 2 mol · L^{-1} nitrate. Cover the beakers with surface dishes. Heated gently until the sample is completely dissolved, boiled to remove the nitrogen oxides. Cool it, add 100 mL distilled water and 10 mL tartaric acid solution, heated under water bath at 70 ℃. The pH of the solution is adjusted to 3~4 by ammonia with continuous stirring (the color changes into deep green). Keep the temperature at 70 ℃, then add 20 mL ethanol and 35 mL diacetyldioxime, adjust the pH of the solution to 7~8 (the yellow precipitate changes to dark red), static precipitate under water bath for 30 min.

4.3   Filter, dry and constant weight

Filter the precipitate by the dried glass sand funnel, wash the beaker and precipitate twice with 20 mL of 20% ethanol solution (to remove the diacetyldioxime), wash the beaker and sediment with warm distilled water until there is no Cl^- exist. The precipitate is dried and constant weighted in microwave oven using the same method above.

5. Notes

5.1   The heating time and cooling time of constant weighing should be kept same each time.

5.2   The fire should be kept faint in the initial dissolution process to avoid the premature volatilization of HCl and HNO$_3$, and be strengthened after the sample completely dissolved in order to remove the nitrogen oxides. However there must keep a certain liquid to prevent the solid precipitate.

5. 3 The pH of the solution should be accurately adjusted to 3~4 by ammonia and the amount of diacetyldioxime added should be accurately too, which can make the product completely precipitated.

6. Questions

6. 1 What role does ammonia play in the dissolution of the sample?

6. 2 What condition should be controlled during the precipitation with diacetyldioxime?

6. 3 The precipitate of diacetyldioxime can also be burned in this experiment, compare the advantages and disadvantages of burned and dried.

Experiment 33 Synthesis and Characterization of Metal Phthalocyanine

1. Purpose

1. 1 To master the template synthesis method of macrocyclic metal complexes.

1. 2 To understand the application of metal template synthesis in inorganic synthesis.

1. 3 To further master some operation methods and skills in inorganic synthesis.

2. Principle

Phthalocyanine compound is an important category of four nitrogen macrocyclic ligand which has highly conjugated system. It can form metal phthalocyanine complexes with metal ion. The structure of complex is shown in figure 5－3. Metal phthalocyanine has been studied extensively in recent years. Its structure is similar to the natural metal porphyrin, and it has good thermal stability. These properties make it have important applications in

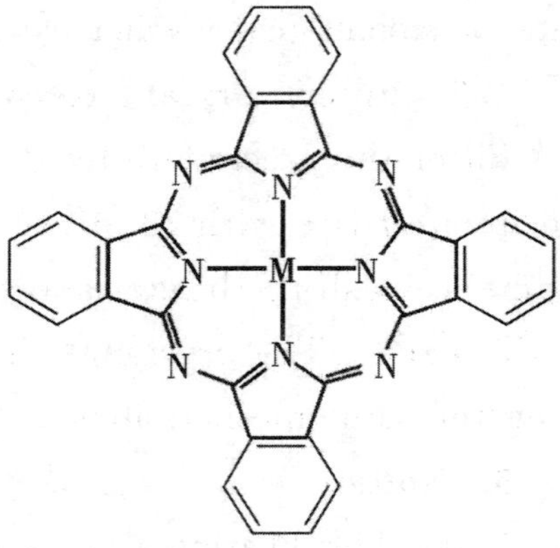

Figure 5－3 Structure of metal ohthalocvanine complex

photoelectric conversion, catalytic activity of small molecule, information storage, biological simulation, industrial dyes and so on. Template method is often used to synthesis metal phthalocyanine. Macrocyclic metal complex is synthesized via the coordination of metal ion and the simple ligand, metal ion is used as the template.

The reaction is as follows:

$$4 \ \ \ + MX_n + CO(NH)_2 \ \xrightarrow[(NH_4)_2MoO_4]{200\sim300\ ℃} \ MPc + H_2O + CO_2$$

Phthalic anhydride, urea and anhydrous cobalt chloride are used as raw materials in this experiment with ammonium molybdate as catalyst. Metal phthalocyanine cobalt is synthesized by metal template method. The product was purified by concentrated H_2SO_4 and characterized by IR and UV spetra.

3. Apparatus and Chemicals

Apparatus: analytical balance; temperature controllable electric heating jacket; mortar; 250 mL three-necked bottle; buchner funnel; filter flask; condenser tube; round bottom flasks; surface plate; iron support; vacuum drying; circulating water pump; UV-Vis spectrophotometer; IR spectrometer.

Chemicals: phthalic anhydride (analytical reagent); anhydrous alcohol (analytical reagent); ammonium molybdate (analytical reagent); anhydrous cobalt chloride (analytical reagent); urea; kerosene; HCl (2%).

4. Procedure

4. 1 Preparation of crude cobalt phthalocyanine

5 g phthalic anhydride, 9 g urea and 0. 4 g ammonium molybdate are added into mortar, grind and add 0. 8 g anhydrous cobalt chloride. Mixed and blended into a 250 mL three-necked bottle immediately. Add 70 mL kerosene and reflux react (200 ℃) for 2 h. Stop the reaction until the color of the solution changes from blue to purple red. Cooled to 70 ℃, and diluted the solution with 10~15 mL anhydrous ethanol. Hot filter and wash it with ethanol 2 times, the crude product is obtained.

4. 2 Purification of crude product

The filter cake is taken into 2% HCl, hot filtered after boiling. Then take it into the distilled water, boil and hot filter. The cake is taken again into alkali and hot filtered after boiling. Repeat the above steps 2~3 times, until the filtrate is near colorless and the pH of it is neutral. Weigh it and calculate the yield.

4.3　Characterization and analysis of the sample

Mix a small amount of sample and dry KBr, grind and presser, analysis it by IR spectrometer. A small amount of sample is dissolved in DMSO, analysis it by UV spectrometer.

5．Data analysis

5.1　IR Spectroscopy

Metal phthalocyanine has 4 characteristics absorption band in its IR spectrum.

The sharp peak at 3030 cm^{-1} is caused by C—H vibration in aromatic ring.

The two peaks at 1580 cm^{-1} and 1600 cm^{-1} is caused by the stretching vibration of C=C and C=N in aromatic ring.

In low frequency, it can be seen there are two brands in the free phthalocyanine spectrum corresponding to the metal phthalocyanine spectrum, and the absorb peaks of metal phthalocyanine spectrum are more partial to higher frequencies. The peaks move to high frequency in different degrees when the central metal changed.

In the far infrared region, skeleton vibration absorption band appear mainly in the range of 150~200 cm^{-1}. This band which is not appear in free phthalocyanine is the vibration of metal—ligand—ligand in the metal phthalocyanines whose central metal are Fe, Co, Ni, Cu and so on. The vibration frequency of metal—ligand—ligand in metal phthalocyanine shift to higher frequency in the following order: Zn>Pd>Pt>Cu>Fe>Co>Ni.

5.2　UV Spectroscopy

Generally the B band of metal phthalocyanine is at 250~300 nm, while the Q band at about 700~800 nm. B band is minimum influenced by the central metal and small change of phthalocyanine ring such as substituted, hydrogenation and so on, while Q is more susceptible.

6．Notes

6.1　In order to prevent the absorption of moisture in the air, anhydrous cobalt chloride should be mixed rapidly and taken into the three neck bottle, add kerosene immediately.

6. 2 Reflux reaction should not be stopped until the color of the solution changes from blue to colorless.

6. 3 The suction must be repeated until the filtrate is nearly colorless. Otherwise too many impurities will affect the later characterization.

7. Questions

7. 1 What can be drawn from the UV spectra of metal phthalocyanine?

7. 2 How to deal with the waste liquid generated during the experiment? What harm will it cause if the waste is pour into the sink without dealing?

Experiment 34 Preparation and Identification of the Cis-trans-isomer of Potassium Oxalato Chromate (Ⅲ)

1. Purpose

1. 1 To understand the isomerism in coordination by the preparation of cis-trans-isomer.

1. 2 To learn the difference between the solubility of cis and trans isomers that is used as the basis of preparation and separation.

2. Principle

Geometric isomerism is the most common isomerism in complex. It mainly occurs in the complex of 4 coordinated whose structure is square planar and 6 coordinated whose structure is octahedral. In these kinds of complexes, ligands around the central metal can occupy different positions, and usually be divided into two kinds of cis and trans isomers. There are three types of geometric isomers in octahedral structure complexes, namely MA_4B_2, MA_3B_3 and ML_2B_2, where the central M often metal ions, A and B are monodentate ligands and L is bidentate ligand. They are all present in cis and trans isomers, as shown in figure $5-4$:

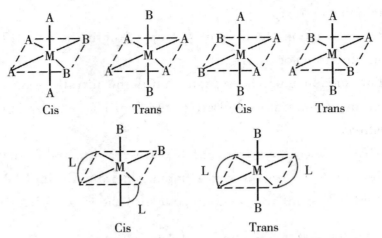

Figure 5－4　Geometric isomers of octahedral complexes

Potassium dichromate and oxalic acid react through oxidation and reduction. Different complexes are formed under different reaction conditions and different concentrations of oxalic acid: $K_3[Cr(C_2O_4)_3] \cdot 3H_2O$ (blue and green crystal), cis isomer cis-$K[Cr(C_2O_4)_2 \cdot (H_2O)_2] \cdot H_2O$ (dark purple crystals) and trans isomer trans-$K[Cr(C_2O_4)_2 \cdot (H_2O)_2] \cdot 3H_2O$ (rose violet crystal). The reactions are as follows:

$$K_2Cr_2O_7 + 7H_2C_2O_4 + 2K_2C_2O_4 = 2K_3[Cr(C_2O_4)_2] \cdot 3H_2O + 6CO_2 \uparrow + 4H_2$$

$$K_2Cr_2O_7 + 7H_2C_2O_4 = 2K[Cr(C_2O_4)_2 \cdot (H_2O)_2] \cdot 2H_2O + 6CO_2 \uparrow + H_2O$$

$$K_2Cr_2O_7 + 7H_2C_2O_4 = 2K[Cr(C_2O_4)_2 \cdot (H_2O)_2] \cdot 3H_2O + 6CO_2 \uparrow$$

The cis-trans-isomer of $K[Cr(C_2O_4)_2 \cdot (H_2O)_2]$ prepared in this experiment are identified by the different solubility of the basic salts which are obtained by the reaction of cis-trans-isomer and dilute ammonia. The product of cis isomer is cis oxalic acid · hydroxy · hydrated chromium (Ⅲ) ion which is deep green and soluble in water; while that of the trans isomer is trans oxalic acid · hydroxy · hydrated chromium (Ⅲ) ion which is light brown and insoluble in water.

3. Apparatus and Chemicals

Apparatus: analytical balance; water bath; buchner funnel; filter flask; mortar; evaporating pan; surface plate; 50 mL beaker; 10 mL cylinder; nine holes well hole plate.

Chemicals: potassium dichromate (analytical reagent); oxalic acid (analytical reagent); potassium oxalate (analytical reagent); anhydrous alcohol (analytical reagent); ammonia (2 mol · L^{-1}).

4. Procedure

4. 1   Preparation of *trans*-K$[Cr(C_2O_4)_2 \cdot (H_2O)_2] \cdot 3H_2O$

Weigh 0. 9 g $H_2C_2O_4 \cdot 2H_2O$ into 50 mL beaker, dissolve it with 3 mL distilled water. Heat and slowly add 0. 3 g $K_2Cr_2O_7$ solid powder to the beaker. The mixtures react rapidly, and produce large amounts of gas. The solution is evaporated to half of the original volume under water bath, and cooled to room temperature, rose purple crystals are obtained. Filter and wash it 3 times with cold water, and then with anhydrous ethanol. Dry and weigh, calculate the yield.

4. 2   Preparation of cis-K$[Cr(C_2O_4)_2 \cdot (H_2O)_2] \cdot 2H_2O$

Mix 0. 6 g $H_2C_2O_4 \cdot 2H_2O$ and 0. 2 g $K_2Cr_2O_7$ in a 50 mL beaker, pile it and poke a small hole in the center with a glass rod. Add a drop of water to the pit, and cover the beaker with surface plate. After short-term induction, the reaction began violently. After the reaction subsided, add 1 mL anhydrous alcohol to the beaker, stir the mixture until the product change to purple black particles crystalline. Filter and wash it 2 times with a small amount of anhydrous ethanol. Dry in natural air and purple black crystals are obtained. Weigh it and calculate the yield.

4. 3   The properties and identification of complexes

(1) A few grains of cis and trans isomers are respectively placed in the nine holes spot plate, add a drop of dilute ammonia on the crystalline grain. Observe the phenomenon.

(2) A few grains of cis and trans isomers are placed on two different filter papers which are put on the surface plates, wet it with dilute ammonia. The cis isomer quickly dissolve on the filter paper, and changes from dark purple to dark green. While the trans isomer is still in solid form and turns to shallow brown.

5. Notes

5. 1   If the reaction is too violent during the preparation of trans isomer, a small beaker should be covered by surface plate.

5. 2   Pay attention that the temperature should be less than 60 ℃ in the process of water evaporation.

6. Questions

6. 1   What factors will influence on the purity of cis-trans-isomer (crystal-

lization rate and the degree of crystallization)?

6. 2   Why do we wash the complex crystals with anhydrous ethanol instead of water?

6. 3   What role does $C_2O_4^{2-}$ play in the preparation cis-trans-isomer?

Experiment 35   Preparation and Determination of $[Co(NH_3)_6]$ Cl_3

1. Purpose

1. 1   To understand the influence of the formation of complex on the stability of the trivalent cobalt ion.

1. 2   To study the operations of steam distillation operation.

2. Principle

According to the relevant standard electrode potential, bivalent cobalt is much more stable than trivalent cobalt in salts. But on the contrary, trivalent cobalt is more stable then bivalent cobalt when they are in complexes. Therefore, trivalent cobalt complex is usually prepared by oxidizing bivalent cobalt complex with air or hydrogen peroxide.

$CoCl_3$ has a variety of complexes with ammine, and mainly include $[Co(NH_3)_6]$ Cl_3 (orange yellow crystal), $[Co(NH_3)_5H_2O]$ Cl_3 (brick red crystal) and $[Co(NH_3)_5Cl]Cl_3$ (purple crystal) etc. The preparation conditions of them are not identical. The condition of preparing $[Co(NH_3)_6]$ Cl_3 is that $CoCl_2$ is oxidized by H_2O_2 in the solution containing NH_4Cl and NH_3 with activated carbon as catalyst. The reaction is as follows:

$$2CoCl_2 + 2NH_4Cl + 10NH_3 + H_2O_2 \Longrightarrow 2 [Co(NH_3)_6] Cl_3 + 2H_2O$$

The product $[Co(NH_3)_6]$ Cl_3 is orange monoclinic crystal, its solubility in water at 20 ℃ is 0. 26 mol $\cdot$ L^{-1}.

3. Apparatus and Chemicals

Apparatus: analytical balance; water bath; buchner funnel; filter flask; 250 mL beaker; 100 mL erlenmeyer flask; small test tube.

Chemicals: $CoCl_2 \cdot 6H_2O$ (analytical reagent); NH_4Cl (analytical reagent); activated carbon; stronger ammonia water; concentrated HCl; H_2O_2 (60 g $\cdot$ L^{-1}); NaOH (10%); HCl standard solution (0. 1 mol $\cdot$ L^{-1}); NaOH standard solution (0. 1 mol $\cdot$ L^{-1}); KI (analytical reagent); $Na_2S_2O_3$

standard solution (0. 01 mol · L⁻¹); phenolphthalein indicator; starch solution (1 g · L⁻¹); HCl (6 mol · L⁻¹); AgNO₃ (0. 1 mol · L⁻¹); K₂CrO₄ indictor (50 g · L⁻¹).

4. Procedure

4. 1 Preparation of $[Co(NH_3)_6] Cl_3$

Add 6 g fine grinding $CoCl_2 · 6H_2O$ and 4 g NH_4Cl to 7 mL distilled water, heated and dissolved, then poured into a 100 mL conical flask containing 0. 3 g active carbon. Cool it and add 14 mL stronger ammonia water, then further cool down to below 10 ℃. Slowly add 14 mL 60 g · L⁻¹ H_2O_2, and heated under the water bath at 60 ℃ for 20 min. Cool it with water and ice water. Vacuum filtrated, and the precipitate is dissolved in 25 mL boiling water which containing 2 mL concentrated HCl. Hot filtrated, add 7 mL concentrated HCl in the filtrate, cooled with ice water, the crystal precipitate. Filter and dry at 105 ℃.

4. 2 Determination of the composition of $[Co(NH_3)_6] Cl_3$

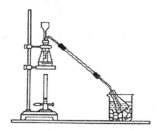

Figure 5－5 Steam distillation device

Determination of ammonia: accurately weigh 0. 2 g products to a 100 mL erlenmeyer flask, dissolve it with a small amount of water, and then add 10 mL 10% NaOH solution. Accurately add 40 mL 0. 1 mol · L⁻¹ HCl standard solution to another 100 mL erlenmeyer flask. The steam distillation device is shown in fugure 5－5. A small test tube is fixed at the lower end of the funnel, add 3～5 mL 10% NaOH solution into the tube. The infundibular stalk is inserted into the liquid 2～3 cm which can not exposed the surface in the whole operation process. The rubber stopper that plug the small test tube need to be cut a notch through which the tube is communicated with the conical flask. The solution is fire heated until it begins to boil, turn to small fire simmered. Distilled ammonia is absorbed by HCl standard solution through the catheter.

Ammonia is evaporated for about 1 h. Remove and pull out the catheter inserted in the HCl standard solution. Wash the catheter with a small amount of water. Titrate the excess HCl with $0.1 \text{ mol} \cdot \text{L}^{-1}$ NaOH standard solution with phenolphthalein as indicator.

Calculate the mass fraction of ammonia and compare it with the theoretical value.

Determination of cobalt: accurately weigh 0.2 g products into a 250 mL beaker, dissolve it with water. Add 10 mL 10% NaOH solution to the beaker, and heat it under water bath. Cool it until all the ammonia expelled. Add 1g KI solid and 10 mL $6 \text{ mol} \cdot \text{L}^{-1}$ HCl solution to the beaker and place it in the dark place for about 5 min. Titrate the solution with $0.01 \text{ mol} \cdot \text{L}^{-1}$ $Na_2S_2O_3$ solution to pale yellow, add 5 mL $1 \text{ g} \cdot \text{L}^{-1}$ starch solution and titrate the solution again with $0.01 \text{ mol} \cdot \text{L}^{-1}$ $Na_2S_2O_3$ until the blue color disappears.

Calculate the mass fraction of cobalt and compared it with the theoretical value.

Determination of chlorine: accurately weigh 0.2 g products into a 250 mL beaker, dissolve it with water. Titrate the solution with $0.1 \text{ mol} \cdot \text{L}^{-1}$ $AgNO_3$ standard solution until a reddish brown appears and not fade, this is the endpoint.

Calculate the mass fraction of chloride and compared it with the theoretical value.

According to the results of the above experiments, the formula of the product can be determined.

5. Notes

Activated carbon must be sufficient ground before used to provide larger specific surface area.

6. Questions

6.1　Which do you think is the more critical step to synthesis $CoCl_3$ with high yield, why?

6.2　If the cobalt analysis result is low, what are the possible factors?

Experiment 36　Determination of the Content of Vitamin C in Fruits and Vegetables by 2, 6— Dichlorobenzenone-indophenol

1. Purpose

1.1　To study the method of determining the content of vitamin C in fruits and vegetables by 2, 6-dichlorobenzenone-indophenol.

1. 2   To familiar with the basic operations of trace titration method.

2. Principle

The content of vitamin C (Vc) known as ascorbic acid is higher in general fruits and vegetables. It is affected by several factors, such as different fruits and vegetables, the same cultivars in different cultivation conditions, different maturity and so on. The content of Vc can be used as one of the quality indicators for the fruits and vegetables.

2, 6-Dichlorobenzenone-indophenol (DCPIP) is a dye. The oxidized DCPIP is red in acidic solution, and blue in neutral or alkaline solution. Vc has strong reducibility, which can reduce DCPIP to the reduced colorless DCPIP. At the same time, the Vc molecular loss two hydrogen atoms and turns to dehydrogenation Vc. The reaction is as follows:

| Vc | Oxidzed DCPIP | Dehydrogenaton Vc | Reduced DCPIP |
| | Red | | Colorless |

Before the stoichiometric point, DCPIP dropped immediately to the solution is reduced to colorless by Vc. While after the stoichiometric point, Vc has been completely oxidized by DCPIP, so the excess DCPIP dropped to the solution is still in reddish.

Calculate the content of Vc according to the consumption of DCPIP standard solution.

The content of Vc is calculate by the following formula (mg/g sample):

$$w_{Vc} = \frac{(V_{sample} - V_{blank}) \times T \times 5}{m_{sample}}$$

3. Apparatus and Chemicals

Apparatus: analytical balance; centrifuge; mortar; funnel; 50 mL erlenmeyer flask; 10 mL pipette; 50 mL volumetric flask; 5 mL micro burette.

Chemicals:

Vc standard solution: weigh accurately 100 mg Vc into 500 mL volumetric flask, dissolve it and dilute to the mark with 2% oxalic acid solution, mix thoroughly. There is 0. 2 mg Vc in 1 mL Vc standard solution.

2，6-Dichlorobenzenone-indophenol solution （0. 02%）: weigh accurately 50 mg 2，6-dichlorobenzenone-indophenol disodium salt，and dissolve it with 200 mL hot water containing 52 mg sodium bicarbonate. Cool it and dilute the solution to 250 mL，filter and take it in the brown bottle in refrigerator. Titrate it before used by the following method: Pipet 5 mL Vc standard solution into an erlenmeyer flask，add 5 mL 2% oxalic acid，titrate it with 2，6-dichlorobenzenone-indophenol until the solution changes to reddish，and not fade in 15 s，this is the endpoint. Calculate the mg number （T） of Vc for 1 mL dye.

Material: tomato，cucumber or other fresh fruits and vegetables.

4. Procedure

4.1 Preparation of sample extract

Weigh 10 g sample to a clean mortar. Add 2 mL of 2% oxalic acid solution and grind. Take the milled samples into 50 mL volumetric flask through funnel. Wash the mortar with 2% oxalic acid solution and transfer the solution also to the volumetric flask. Dilute the solution with 2% oxalic acid solution to the mark，mix thoroughly. The mixed solution is taken into 50 mL centrifuge tube，centrifuged at 3500 r/min for 10 min. The supernatant is used as the sample extract.

4.2 Titration of the sample extract

10 mL sample extract is titrated with DCPIP solution to the endpoint. Record the consumption of DCPIP each time. Repeat twice.

4.3 Determination of the blank

10 mL of 2% oxalic acid solution is used as blank，titrated with DCPIP solution to the endpoint. Record the consumption of DCPIP each time. Repeat twice.

5. Data analysis

Table 5—27 Determination of the content of Vc in sample

Reagent ＼ Serial number	1	2	3
Sample （mL）			
Initial reading of DCPIP （mL）			
Finish reading of DCPIP （mL）			
Consumption of DCPIP （mL）			
w_{Vc} （mg/g）			
w_{Vc} （mg/g）			
Relative average deviation （%）			

6. Notes

6. 1 It is not easy to observe the color change in titration if the pigment in extract is overabundance. Under this condition the solution need to be decolorized. White clay, 300 g • L^{-1} $Zn(Ac)_2$ and 150 g • L^{-1} $K_4[Fe(CN)_6]$ can be used in the process of decolorization.

6. 2 The extract is also containing other reducing substances which can react with DCPIP. But the reaction rate is slower than that of Vc. The dye should be added as quickly as possible at the beginning of titration, and then added drop by drop, constantly shake it until the pink maintain 15 s.

7. Questions

7. 1 In order to accurately determine the content of Vc, what should we pay attention to during the experiment? Why?

5.3　Design Experiments

Experiment 37　Isolation and Identification of Some Elements from Plants

1. Purpose

1.1　To understand the methods of separation and identification of chemical elements from plants.

1.2　To improve the ability of solving the chemical problems by the comprehensive utilization of elements properties.

2. Principle

The plant is mainly composed of C, H, O, N and other elements. It also contains elements such as P, I, Ca, Mg, Al, Fe, Cu, Zn and so on.

When heat plant into ashes, some main elements form volatile substances and escape outside. Many other elements are still in the ashes. These remaining elements enter the solution by acid leaching, and some elements can be isolated and identified.

In this experiment, four kinds of metal elements Ca, Mg, Al, Fe and two kinds of nonmetallic elements P, I are required to be isolated and identified.

3. Apparatus and Chemicals

Apparatus: analytical balance; mortar; evaporating dish; 100 mL beaker; centrifuge tube; centrifuge; alcohol burner.

Chemicals: HCl $(2.0 \text{ mol} \cdot \text{L}^{-1})$; HNO_3 (thick); NaOH $(2.0 \text{ mol} \cdot \text{L}^{-1})$; HAc $(1.0 \text{ mol} \cdot \text{L}^{-1})$; widely pH test paper and The reagents used to identified Ca^{2+}, Mg^{2+}, Al^{3+}, Fe^{3+}, PO_4^{3+}, I^-.

Materials: tea, kelp, pine and cypress etc.

4. Procedure

4.1 Identification of Ca, Mg, Al and Fe from pine, tea or other plants

5 g clean and dry leaves (the weight needs to be increased If not dry) are placed in evaporating dish and heated into ashes in the ventilation cupboard with alcohol lamp, grinded in a mortar. Take a spoonful of ash into a small beaker containing 10 mL 2 mol · L^{-1} HCl, heat and stir to dissolve it, filter. Identify Ca^{2+}, Mg^{2+}, Al^{3+}, Fe^{3+} in the filtrate by self-designed method.

4.2 Identification of P from one of pine, tea or other plants

Plant ash is prepared by the above method. A spoonful of ash is dissolved in 2 mL of thick HNO_3, heat and stir to dissolve it. Add 30 mL of distilled water to dilute it, filter. Identify PO_4^{3+} in the filtrate by self-designed method.

4.3 Identification of I from kelp

Kelp ash is prepared by the above method. A spoonful of ash is dissolved in 10 mL of 1 mol · L^{-1} HAc, heat and stir to dissolve it, filter. Identify I^- in the filtrate by self-designed method.

5. Notes

5.1 Methods for identify these ions can refer to appendix three, pay attention to the identification conditions and interfering ions.

5.2 The content of these ions in plants are generally not high, so the concentration of ions in the filtrate is relatively low, the quantity should not be too small when identified, 1 mL is appropriate.

5.3 Mg^{2+}、Al^{3+} are all interfered by Fe^{3+}, they should be separated before identification. Ca^{2+}, Mg^{2+} can be separated from Al^{3+}, Fe^{3+} by the method of controlling pH (refer to appendix two), and then separate Al^{3+} from Fe^{3+}.

6. Questions

6.1 What elements does the plant contain except the identified in this experiment? How to identify?

6.2 How to solve the problem that Al^{3+} is interfered by Cu^{2+} in solution?

Experiment 38　Determination the Content of Calcium and Magnesium in Eggshell

1. Purpose

1.1 To understand the processing methods for real samples (such as crushing，sieving etc.）.

1.2　To master the principle of determining the content of calcium and magnesium in eggshell by complexometric titration and acid base titration.

2.　Principle

For a long time，people only pay attention to the use of egg white and yolk，while the eggshell which is $10\% \sim 12\%$ of the total weight of egg is lost as waste. Eggshell is composed of three parts of three parts-shell，shell membrane and eggshell membrane. The main component of egg shell is $CaCO_3$，followed by $MgCO_3$，protein，and a small amount of Fe and Al pigment. The comprehensive utilization of eggshell is very profitable. It can be processed into eggshell powder fertilizer，eggshell powder feed，or pharmacy with eggshell powder directly. The methods of determining the content of calcium and magnesium in the eggshell include：complexometric titration，acid-base titration，potassium permanganate titration，atomic absorption spectrometry and so on.

In this experiment，complexometric titration and acid base titration are used to determine the content of calcium and magnesium in eggshell

Complexometric titration：

The eggshell can be dissolved into HCl solution because of the less acid insoluble matter in it. Therefore the content of calcium and magnesium can be determined by complexometric titration. The sample is dissolved，and Ca^{2+}，Mg^{2+} coexist in solution. The interfering ions such as Fe^{3+}，Al^{3+} can be sheltered by triethanolamine or sodium potassium tartrate. Adjust the solution to $pH=10$，the content of calcium and magnesium in solution can be determined with EDTA standard solution as titrant and EBT as indicator.

Acid-base titration：

Carbonate in eggshell can react with HCl，and excess HCl can be back titrated by NaOH. The total content of Ca，Mg can be calculated according to the volume of HCl standard solution.

3. Procedure

Self access to relevant information and design experimental scheme，select the appropriate apparatus and chemicals，complete the determination of calcium and magnesium content in eggshell.

4. Questions

4.1　Compare two methods，which one is more appropriate?

4.2　When the acid-base titration is used, can HCl be back titrated immediately by NaOH standard solution?

Experiment 39　Synthesis and Detection of Potassium Alum

1.　Purpose

1.1　To learn how to synthesis potassium alum with scrap aluminum.

1.2　To master the concept and application of solubility, and further study the properties of Al and $Al(OH)_3$.

1.3　To learn the principle and method of culture crystals from solution.

2.　Principle

Potassium alum whose chemical formula is $KAl(SO_4)_2 \cdot 12H_2O$ is commonly known as potassium aluminum sulfate or aluminum potassium vanadium. It is very important in industy and usually used as water purifying agent, filler and mordant etc.

The aluminum alum is prepared with scrap aluminum as raw material in this experiment. The scrap aluminum is turned into aluminum sulfate firstly, and then react with a certain proportion of potassium sulfate to prepare potassium alum. The aluminum can be dissolved by acid or alkali solution. Compare these two methods in reaction steps, removal of impurities, purify of the product aspect and so on. Choose the suitable one.

The solubility of $KAl(SO_4)_2$, $Al_2(SO_4)_3$ and K_2SO_4 at different temperatures are shown in the following table:

Table 5－28　The solubility of three salts at different temperatures　$(g/100\ g\ H_2O)$

t/K Slats	273	283	293	303	313	333	353	363
$KAl(SO_4)_2$	3.00	3.95	5.90	8.39	11.7	24.8	71.0	109
$Al_2(SO_4)_3$	31.2	33.5	36.4	40.4	45.8	59.2	73.0	80.8
K_2SO_4	7.40	9.30	11.1	13.0	14.8	18.2	21.4	22.9

3.　Procedure

Find the relevant information and design the experimental scheme yourself. Select the appropriate apparatus and chemicals. Complete the synthesis and detection of potassium alum.

4.　Notes

4. 1   The aluminum sheet should be stage added because of the violent reaction of aluminum and sodium hydroxide. Be careful not to let the lye splashed into eyes.

4. 2   The volume of solution should not be too big，because it is difficult for the crystals to precipitate in unsaturated solution.

5. Questions

5. 1   Why do we use NaOH instead of acid to dissolve Al?

5. 2   How to remove iron tramp in scrap aluminum?

Experiment 40　Determination of Boric Acid in Food Additives

1. Purpose

1. 1   To understand the principles of indirect titration.

2. Principle

Very weak acid can't be directly titrated by NaOH standard solution if its $cK_a \leqslant 10^{-8}$. If some measures are taken to meet the conditions of $cK_a \geqslant 10^{-8}$, the weak acid can be titated directly by NaOH standard solution.

The K_a of H_3BO_3 is 7.3×10^{-10}, so it can't be directly titrated by NaOH standard solution. The addition of glycerol solution to H_3BO_3 can enhance the acidity of H_3BO_3 because of the glycerol borate produced. Therefore the solution of glycerol borate whose $K_a = 3 \times 10^{-7}$ can be titrated by NaOH standard solution. The reaction is as follows：

$$
\begin{array}{l}
H_2C-OH \\
\;\;\;| \\
HC-OH \\
\;\;\;| \\
H_2C-OH
\end{array}
+ H_3BO_3 \rightleftharpoons
\begin{array}{l}
H_2C-OH \\
\;\;\;| \\
HC-O \\
\;\;\;| \quad\;\; \diagdown BOH \\
H_2C-O \;\;\diagup
\end{array}
+ 2H_2O
$$

$$
\begin{array}{l}
H_2C-OH \\
\;\;\;| \\
HC-O \\
\;\;\;| \quad\;\; \diagdown BOH \\
H_2C-OH \diagup
\end{array}
+ NaOH \rightleftharpoons
\begin{array}{l}
H_2C-OH \\
\;\;\;| \\
HC-O \\
\;\;\;| \quad\;\; \diagdown BONa \\
H_2C-O \;\;\diagup
\end{array}
+ H_2O
$$

Phenolphthalein can be used as indicator because the solution is weak alkaline at the stoichiometric point.

3. Procedure

Find the relevant information and design the experimental scheme yourself.

Select the appropriate apparatus and chemicals. Complete the determination of boric acid in food additices.

4. Questions

4. 1   What is the conjugate base of boric acid? Whether can the content of conjugate base of boric acid be determined by acid-base titration?

4. 2   Why do we use phenolphthalein as indicator when titrate H_3BO_3 by NaOH?

Experiment 41   Determination of the Content of Methanol in Liquor

1. Purpose

1. 1   To master the method of determining the content of methanol in liquor.

2. Principle

Methanol is a toxic chemical product that has acute toxicity to human body. It has serious damage on optic nerve, and can cause blurred vision, eye pain, decreased vision and even blindness. According to the national standard: the content of methanol in liquor using a variety of grains as raw materials should not exceed $0.4 \text{ g} \cdot \text{L}^{-1}$; while the potato crops as raw materials should not exceed $1.2 \text{ g} \cdot \text{L}^{-1}$. In fact, even if the most ordinary liquor, the content of methanol in it is not exceed the limit standard as long as produced by normal brewing technology.

Methanol is oxidized to formaldehyde by potassium permanganate in phosphoric acid. After the reaction between formaldehyde and schiff reagent (fuchsin sodium sulfite solution), the solution turns to blue purple. The reaction is as follows:

$$CH_3OH \rightarrow CH_3O \rightarrow \text{schiff reagent} \rightarrow \text{blue purple solution}$$

At certain acidity, the purple blue formed by formaldehyde is not easier fade than that formed by other aldehydes. Therefore this method can be used to determinate the content of methanol in liquor. Except this method, gas chromatography and liquid chromatography can also be selected.

3. Procedure

Find the relevant information and design the experimental scheme yourself.

Select the appropriate apparatus and chemicals. Determinate the content of methanol in several provided liquor samples.

4. Notes

The sample solution must be let stand still for 10 min after the addition of potassium permanganate and phosphoric acid solution. Then add oxalic acid and sulfuric acid solution to it. Fuchsin sulfite solution can not be added until the sample solution fade.

Experiment 42　Preparation of Aluminium Sulfatean from Coal Gangue or Bauxite and Product Analysis

1. Purpose

1. 1　To master the method of preparing aluminium sulfatean from coal gangue or bauxite.

1. 2　To learn how to check the purity of the product by complexometric titration.

2. Principle

The main components of coal gangue and bauxite is Al_2O_3 and SiO_2 (coal gangue also has a certain amount of carbon), a small amount of Fe_2O_3 and carbonate of Ca and Mg. The raw ingredient in different habitats are different, and the usually ratio is Al_2O_3 $10\% \sim 30\%$, SiO_2 $30\% \sim 50\%$ and Fe_2O_3 1%.

Al_2O_3 in nature is generally α type which can turn to γ type after roasted at 700 ℃ for 2 h. The temperature must be controlled carefully, otherwise phase transformation is impossible occurred at low temperature and Al_2O_3 will turn into α type at high temperature. The most suitable temperature is 700 ± 50 ℃. If the raw material is coal gangue, it will be sieved to $60 \sim 80$ mesh.

The calcined material is leached in H_2SO_4 at 100 ℃ for $1 \sim 2$ h to leach Al_2O_3. According to the content of Al_2O_3, the adding amount of sulfuric acid is slightly lower than the theoretical amount (about 80%) to prevent the pollution of the environment and waste. Concentrated by heat and purified (not dry), $Al_2(SO_4)_3 \cdot 18H_2O$ is obtained after cooling.

3. Procedure

Find the relevant information and design the experimental scheme yourself. Select the appropriate apparatus and chemicals. Prepare aluminium sulfatean from coal gangue or bauxite and analysis the product.

4. Questions

4. 1　What is the purpose of roasting raw materials when preparing aluminum sulfate from coal gangue except the conversion of crystal?

4. 2　How to remove the impurities of calcium, magnesium, iron and others?

附 录

一、定性分析试液配制方法

1. 阴离子试液（含阳离子 10 g·L⁻¹）

阳离子	配制方法
Na^+	37 g $NaNO_3$ 溶于水，稀释至 1 L
K^+	26 g KNO_3 溶于水，稀释至 1 L
NH_4^+	44 g NH_4NO_3 溶于水，稀释至 1 L
Mg^{2+}	106 g $Mg(NO_3)_2 \cdot 6H_2O$ 溶于水，稀释至 1 L
Ca^{2+}	60 g $Ca(NO_3)_2 \cdot 4H_2O$ 溶于水，稀释至 1 L
Sr^{2+}	32 g $Sr(NO_3)_2 \cdot 4H_2O$ 溶于水，稀释至 1 L
Ba^{2+}	19 g $Ba(NO_3)_2$ 溶于水，稀释至 1 L
Al^{3+}	139 g $Al(NO_3)_3 \cdot 9H_2O$ 加 1∶1 HNO_3 10 mL，用水稀释至 1 L
Pb^{2+}	16 g $Pb(NO_3)_2$ 加 1∶1 HNO_3 10 mL，用水稀释至 1 L
Cr^{3+}	77 g $Cr(NO_3)_3 \cdot 9H_2O$ 溶于水，稀释至 1 L
Mn^{2+}	53 g $Mn(NO_3)_2 \cdot 6H_2O$ 加 1∶1 HNO_3 5 mL，用水稀释至 1 L
Fe^{2+}	70 g $(NH_4)_2SO_4 \cdot FeSO_4 \cdot 6H_2O$ 加 1∶1 H_2SO_4 20 mL，用水稀释至 1 L
Fe^{3+}	72 g $Fe(NO_3)_3 \cdot 9H_2O$ 加 1∶1 HNO_3 20 mL，用水稀释至 1 L
Co^{2+}	50 g $Co(NO_3)_2 \cdot 6H_2O$ 溶于水，稀释至 1 L
Ni^{2+}	50 g $Ni(NO_3)_2 \cdot 6H_2O$ 溶于水，稀释至 1 L
Cu^{2+}	38 g $Cu(NO_3)_2 \cdot 3H_2O$ 加 1∶1 HNO_3 5 mL，用水稀释至 1 L
Ag^+	16 g $AgNO_3$ 溶于水，稀释至 1 L
Zn^{2+}	46 g $Zn(NO_3)_2 \cdot 6H_2O$ 加 1∶1 HNO_3 5 mL，用水稀释至 1 L
Hg^{2+}	17 g $Hg(NO_3)_2 \cdot H_2O$ 加 1∶1 HNO_3 20 mL，用水稀释至 1 L
Sn^{IV}	22 g $SnCl_4$ 加 1∶1 HCl 溶解，并用该酸稀释至 1 L

2. 阳离子试液（含阴离子 $10 \text{ g} \cdot \text{L}^{-1}$）

阴离子	配制方法
CO_3^{2-}	48 g $Na_2CO_3 \cdot 10H_2O$ 溶于水，稀释至 1 L
NO_3^-	14 g $NaNO_3$ 溶于水，稀释至 1 L
PO_4^{3-}	38 g $Na_2HPO_4 \cdot 12H_2O$ 溶于水，稀释至 1 L
SO_4^{2-}	34 g $Na_2SO_4 \cdot 10H_2O$ 溶于水，稀释至 1 L
SO_3^{2-}	16 g Na_2SO_3 溶于水，稀释至 1 L
$S_2O_3^{2-}$	22 g $Na_2S_2O_3 \cdot 5H_2O$ 溶于水，稀释至 1 L
S^{2-}	75 g $Na_2S \cdot 9H_2O$ 溶于水，稀释至 1 L
Cl^-	17 g $NaCl$ 溶于水，稀释至 1 L
I^-	13 g KI 溶于水，稀释至 1 L
CrO_4^{2-}	17 g K_2CrO_4 溶于水，稀释至 1 L

二、某些氢氧化物沉淀和溶解时所需的 pH

氢氧化物	开始沉淀		沉淀完全时的 pH（残留离子浓度 $<10^{-5} \text{ mol} \cdot \text{L}^{-1}$）	沉淀开始溶解时的 pH	沉淀完全溶解时的 pH
	原始浓度（1 mol·L⁻¹）	原始浓度（0.1 mol·L⁻¹）			
$Sn(OH)_4$	0	0.5	1.0	13	>14
$TiO(OH)_2$	0	0.5	2.0		
$Sn(OH)_2$	0.9	2.1	4.7	10	13.5
$ZrO(OH)_2$	1.3	2.3	3.8		
$Fe(OH)_3$	1.5	2.3	4.1	14	
HgO	1.3	2.4	5.0	11.5	
$Al(OH)_3$	3.3	4.0	5.2	7.8	10.8
$Cr(OH)_3$	4.0	4.9	6.8	12	>14
$Be(OH)_2$	5.2	6.2	8.8		
$Zn(OH)_2$	5.4	6.4	8.0	10.5	12~13
$Fe(OH)_2$	6.5	7.5	9.7	13.5	
$Co(OH)_2$	6.6	7.6	9.2	14	
$Ni(OH)_2$	6.7	7.7	9.5		
$Cd(OH)$	27.2	8.2	9.7		
Ag_2O	6.2	8.2	11.2	12.7	
$Mn(OH)_2$	7.8	8.8	10.4	14	
$Mg(OH)_2$	9.4	10.4	12.4		

三、常见离子鉴定方法汇总表

1. 常见阳离子的鉴定方法

阳离子	实验步骤及注意事项
Na^+	取 3 滴 Na^+ 试液,加 12 滴醋酸铀酰锌试剂,放置数分钟,用玻璃棒摩擦器壁,淡黄色的晶状沉淀出现,示有 Na^+ $3UO_2^{2+} + Zn^{2+} + Na^+ + 9Ac^- + 9H_2O = 3UO_2(Ac)_2 \cdot Zn(Ac)_2 \cdot NaAc \cdot 9H_2O\downarrow$ 注意:1. 鉴定宜在中性或 HAc 酸性溶液中进行,强酸、强碱均能使试剂分解; 2. 大量 K^+ 存在时,可干扰鉴定,Ag^+、Hg^{2+}、Sb^{3+} 有干扰,PO_4^{3-}、AsO_4^{3-} 能使试剂分解
K^+	加入 5 滴六硝基合钴酸钠($Na_3[Co(NO_2)_6]$)溶液于 4 滴 K^+ 试液中,放置片刻,若有黄色的沉淀 $K_2Na[Co(NO_2)_6]$ 析出,说明 K^+ 存在 注意:1. 鉴定宜在中性、微酸性溶液中进行。因强酸、强碱均能使 $[Co(NO_2)_6]^{3-}$ 分解; 2. NH_4^+ 与试剂生成橙色沉淀而干扰,但在沸水浴中加热 $1\sim2$ min 后,$(NH_4)_2Na[Co(NO_2)_6]$ 完全分解,而 $K_2Na[Co(NO_2)_6]$ 不变
NH_4^+	气室法:用干燥、洁净的表面皿两块(一大一小),在大的一块表面皿中心放 5 滴 NH_4^+ 试液,再加 5 滴 6 mol·L^{-1} NaOH 溶液,混合均匀。在小的一块表面皿中心黏附一小条润湿的酚酞试纸,盖在大的表面皿上形成气室。将此气室放在水浴上微热 2 min,酚酞试纸变红,证明有 NH_4^+,这是 NH_4^+ 的特征反应
Ca^{2+}	取 2 滴 Ca^{2+} 试液,滴加饱和 $(NH_4)_2C_2O_4$ 溶液,有白色的 CaC_2O_4 沉淀形成,证明有 Ca^{2+} 注意:1. 反应宜在 HAc 酸性、中性、碱性溶液中进行; 2. Mg^{2+}、Sr^{2+}、Ba^{2+} 的存在干扰反应,但 MgC_2O_4 溶于醋酸,Sr^{2+}、Ba^{2+} 应在鉴定前除去
Mg^{2+}	取 4 滴 Mg^{2+} 试液,加入 4 滴 2 mol·L^{-1} NaOH 溶液、2 滴镁试剂 I,沉淀呈天蓝色,证明有 Mg^{2+} 注意:1. 反应宜在碱性溶液中进行,NH_4^+ 浓度过大会影响鉴定,故需在鉴定前加碱煮沸,除去 NH_4^+ 2. Ag^+、Hg^{2+}、Hg_2^{2+}、Cu^{2+}、Co^{2+}、Ni^{2+}、Mn^{2+}、Cr^{3+}、Fe^{3+} 及大量 Ca^{2+} 干扰反应,应预先分离

阳离子	实验步骤及注意事项
Ba^{2+}	取 2 滴 Ba^{2+} 试液，加 1 滴 0.1 mol·L^{-1} K_2CrO_4 溶液，有黄色沉淀生成，证明有 Ba^{2+} 鉴定宜在 HAc—NH_4Ac 的缓冲溶液中进行
Al^{3+}	2 滴 Al^{3+} 试液、4～6 滴水和 4 滴 3 mol·L^{-1} NH_4Ac 及 4 滴铝试剂搅拌，微热，加 6 mol·L^{-1} NH_3·H_2O 至碱性，红色沉淀不消失，证明有 Al^{3+} 注意：1. 鉴定宜在 HAc—NH_4Ac 的缓冲溶液中进行； 2. Cr^{3+}、Fe^{3+}、Bi^{3+}、Cu^{2+}、Ca^{2+} 对鉴定有干扰，但加氨水后，Cr^{3+}、Cu^{2+} 生成的红色化合物分解，$(NH_4)_2CO_3$ 加入可使 Ca^{2+} 生成 $CaCO_3$，Fe^{3+}、Bi^{3+}，Cu^{2+} 可预先和 NaOH 形成沉淀而分离
Sn^{IV} Sn^{2+}	1. Sn^{IV} 还原：取 2～3 滴 Sn^{IV} 溶液，加镁片 2～3 片，不断搅拌，待反应完全后，加 2 滴 6 mol·L^{-1} HCl，微热，Sn^{IV} 即被还原为 Sn^{2+} 2. Sn^{2+} 的鉴定：取 4 滴 Sn^{2+} 试液，加 2 滴 0.1 mol·L^{-1} $HgCl_2$ 溶液，生成白色沉淀，证明有 Sn^{2+} 注意：若白色沉淀生成后，颜色迅速变灰、变黑，这是由于 Hg_2Cl_2 进一步被还原为 Hg
Pb^{2+}	取 2 滴 Pb^{2+} 试液，加 2 滴 0.1 mol·L^{-1} K_2CrO_4 溶液，生成黄色沉淀，示有 Pb^{2+} 注意：1. 鉴定在 HAc 溶液中进行，因为沉淀在强酸强碱中均可溶解； 2. Ba^{2+}、Bi^{3+}、Hg^{2+}、Ag^+ 等干扰
Cr^{3+}	向 3 滴 Cr^{3+} 试液中滴加 6 mol·L^{-1} NaOH 溶液直至生成的沉淀溶解，搅动后加 4 滴 ω 为 0.03 的 H_2O_2，水浴加热，待溶液变为黄色后，继续加热 Cr^{3+} 的氧化需在强碱性条件下进行；而形成 $PbCrO_4$ 的反应，需在弱酸性（HAc）溶液中进行
Mn^{2+}	取 1 滴 Mn^{2+} 试液，加 10 滴水、5 滴 2 mol·L^{-1} HNO_3 溶液，然后加少许 $NaBiO_3$（s），搅拌，水浴加热，形成紫色溶液，证明有 Mn^{2+} 注意：1. 鉴定反应可在 HNO_3 或者 H_2SO_4 酸性溶液中进行； 2. 还原剂（Cl^-、Br^-、I^-、H_2O_2 等）干扰反应

阳离子	实验步骤及注意事项
Fe^{3+}	1. 取 2 滴 Fe^{3+} 试液，放在白滴板上，加 2 滴 2 mol·L^{-1} HCl 及 2 滴 $K_4[Fe(CN)_6]$ 溶液，生成蓝色沉淀，证明有 Fe^{3+} 注意：1. 反应在酸性溶液中进行； 2. 大量存在 Cu^{2+}、Co^{2+}、Ni^{2+} 等离子，有干扰，需分离后再作鉴定 2. 取 2 滴 Fe^{3+} 试液，加 2 滴 0.5 mol·L^{-1} NH_4SCN 溶液，形成血红色溶液，示有 Fe^{3+} 注意：1. F^-、H_3PO_4、$H_2C_2O_4$、酒石酸、柠檬酸等能与 Fe^{3+} 形成稳定的配合物而干扰反应； 2. Co^{2+}、Ni^{2+}、Cr^{3+} 和铜盐，因离子有色，会降低检验 Fe^{3+} 的灵敏度
Fe^{2+}	1. 取 2 滴 Fe^{2+} 试液在白色滴板上，加 2 滴 2 mol·L^{-1} HCl 及 1 滴 $K_2[Fe(CN)_6]$ 溶液，出现蓝色沉淀，示有 Fe^{2+} 反应在酸性溶液中进行 2. 取 1 滴 Fe^{2+} 试液，加几滴 w 为 0.0025 的邻菲咯啉溶液，生成橘红色溶液，证明有 Fe^{2+} 反应在微酸性溶液中进行，选择性和灵敏度均较好
Co^{2+}	取 2~3 滴 Co^{2+} 试剂，加饱和 NH_4SCN 溶液 12 滴，加 8~9 滴戊醇溶液，振荡，静置，有机层呈蓝绿色，证明有 Co^{2+} 注意：1. 反应需用浓 NH_4SCN 溶液； 2. Fe^{3+} 有干扰，加 NaF 掩蔽，大量 Cu^{2+} 也干扰
Ni^{2+}	取 2 滴 Ni^{2+} 试液、2 滴 6 mol·L^{-1} 氨水、2 滴二乙酰二肟溶液放在白色点滴板上，凹槽四周形成红色沉淀证明有 Ni^{2+} 注意：1. 反应在氨性溶液中进行，合适的酸度 pH=5~10； 2. Fe^{2+}、Fe^{3+}、Cu^{2+}、Co^{2+}、Cr^{3+}、Mn^{2+} 有干扰，可加柠檬酸或酒石酸掩蔽
Cu^{2+}	2 滴 Cu^{2+} 试液，2 滴 6 mol·L^{-1} HAc 酸化，2 滴 $K_4[Fe(CN)_8]$ 溶液混合，红棕色沉淀出现则证明有 Cu^{2+} 注意：1. 反应宜在中性或弱酸性溶液中进行； 2. Fe^{3+} 及大量的 Co^{2+}、Ni^{2+} 会干扰
Ag^+	2 滴 Ag^+ 试液和 2 滴 2 mol·L^{-1} HCl 混匀，水浴加热，离心分离，在沉淀上加 4 滴 6 mol·L^{-1} 氨水，沉淀溶解，再加 6 mol·L^{-1} HNO_3 酸化，白色沉淀重又出现，证明有 Ag^+

续表

阳离子	实验步骤及注意事项
Zn^{2+}	取 1 滴 Zn^{2+} 试液，用 2 $mol \cdot L^{-1}$ HAc 酸化，加入等体积的 $(NH_4)_2Hg(SCN)_4$ 溶液，生成白色沉淀则有 Zn^{2+} 注意：1. 反应在中性或微酸性溶液中进行； 2. 少量 Co^{2+}，Cu^{2+} 存在，形成蓝紫色混晶，有利于观察，但含量大时有干扰。Fe^{3+} 有干扰
Hg^{2+}	取 1 滴 Hg^{2+} 试液，加 1 $mol \cdot L^{-1}$ KI 溶液，使生成的沉淀完全溶解后，加 2 滴 $KI-Na_2SO_3$ 溶液，$2\sim3$ 滴 Cu^{2+} 溶液，生成橘黄色沉淀，则有 Hg^{2+} CuI 是还原剂，须考虑到氧化剂（Ag^+、Fe^{3+} 等）的干扰

2. 常见阴离子的鉴定方法

阴离子	实验步骤及注意事项
Cl^-	取 1 滴 Cl^- 试液，加 6 $mol \cdot L^{-1}$ HNO_3 酸化，滴加 0.1 $mol \cdot L^{-1}$ $AgNO_3$ 至沉淀完全，离心分离，在沉淀上加 $3\sim4$ 滴银氨溶液，混匀加热至沉淀溶解，再加 6 $mol \cdot L^{-1}$ HNO_3 酸化，有白色沉淀生成，说明有 Cl^- 存在
Br^-	取 2 滴 Br^- 试液，加入数滴四氯化碳溶液后滴加氯水，振荡，有机层呈橙红或橙黄色，说明 Br^- 存在 氯水宜边滴加边振荡，若氯水过量会生成 BrCl，使有机层呈淡黄色
I^-	取 2 滴 I^- 试液，加入数滴四氯化碳溶液后滴加氯水，振荡，有机层呈紫色，说明 I^- 存在 注意：1. 反应宜在酸性、中性或弱碱性条件下进行； 2. 过量氯水将 I_2 氧化成 IO_3^-，有机层紫色将褪去
SO_4^{2-}	取 3 滴 SO_4^{2-} 试液，滴加 6 $mol \cdot L^{-1}$ HCl 酸化，加 3 滴 0.1 $mol \cdot L^{-1}$ $BaCl_2$ 溶液，生成白色沉淀，说明 SO_4^{2-} 的存在
SO_3^{2-}	向 2 滴饱和硫酸锌溶液中加 2 滴 0.1 $mol \cdot L^{-1}$ $K_4[Fe(CN)_6]$ 溶液，生成白色沉淀，继续加 2 滴 $Na_2[Fe(CN)_5NO]$、2 滴中性 SO_3^{2-} 试液，白色沉淀转换为红色沉淀（$Zn_2[Fe(CN)_5NO]SO_3$），说明 SO_3^{2-} 的存在 注意：1. 酸能使沉淀消失，酸性溶液需用氨水中和； 2. 硫离子 S^{2-} 有干扰，需要预先除去

阴离子	实验步骤及注意事项
$S_2O_3^{2-}$	1. 取 3 滴 $S_2O_3^{2-}$ 试液，加 3 滴 2 mol·L^{-1} HCl 溶液，微热出现白色浑浊，说明 $S_2O_3^{2-}$ 的存在； 2. 取 3 滴 $S_2O_3^{2-}$ 试液，加 8 滴 0.1 mol·L^{-1} $AgNO_3$ 溶液，振荡，若生成的白色沉淀迅速变黄→棕→黑色，说明 $S_2O_3^{2-}$ 存在。 注意：1. S^{2-} 存在时，$AgNO_3$ 溶液加入时，由于有 Ag_2S 生成，干扰观察 $Ag_2S_2O_3$ 沉淀的颜色变化； 2. $Ag_2S_2O_3$ 可溶于过量可溶性硫代硫酸盐溶液中
S^{2-}	1. 取 5 滴 S^{2-} 试液，稀硫酸酸化后用 $Pb(Ac)_2$ 试纸检验生成的气体，试纸变黑，即说明存在 S^{2-} 2. 取 3 滴 S^{2-} 试液与白滴板上，加 3 滴 $Na_2[Fe(CN)_5NO]$，溶液变紫色，说明 S^{2-} 的存在（反应在碱性条件下进行）
CO_3^{2-}	1. 浓度较大的 CO_3^{2-} 溶液用 1 mol·L^{-1} HCl 酸化，产生的二氧化碳气体使澄清石灰水或氢氧化钡溶液变浑浊，说明 CO_3^{2-} 存在 2. 当 CO_3^{2-} 含量较少或同时存在其他能与酸反应生成气体的物质时，用氢氧化钡气瓶法检验：取出滴管，在玻璃瓶中加少量 CO_3^{2-} 试样，从滴管上口加一滴饱和氢氧化钡溶液，再加入 6 滴 1 mol·L^{-1} HCl，立即将滴管插入瓶中并塞紧，轻敲瓶底静置数分钟，溶液浑浊，则证明有 CO_3^{2-} 注意：1. 如果氢氧化钡溶液浑浊度不大，可能是吸收空气中的二氧化碳所致，需进行空白实验比较； 2. 如果试液中含有 $S_2O_3^{2-}$ 和 SO_3^{2-}，为消除其干扰，预先加入数滴 H_2O_2 将它们氧化为 SO_4^{2-}，再检验 CO_3^{2-}
NO_3^-	1. 当 NO_2^- 同时存在时，4 滴试液中加 8 滴 12 mol·L^{-1} H_2SO_4 和 4 滴 α-萘胺，生成淡紫红色化合物，即证明了 NO_3^- 的存在 2. 当 NO_2^- 不存在时，用稍过量的 6 mol·L^{-1} HAc 酸化 4 滴 NO_3^- 试液，加少许镁片搅动，NO_3^- 还原为 NO_2^-；取 4 滴上次清液，按照下面 NO_2^- 的鉴别方法鉴定
NO_2^-	向 HAc 酸化的 4 滴试液中加入 1 mol·L^{-1} KI 和 CCl_4，振荡，有机层呈紫红色，证明 NO_2^- 的存在

续表

阴离子	实验步骤及注意事项
PO_4^{3-}	取 2 滴 PO_4^{3-} 试液，加 8~10 滴钼酸铵试剂，用玻璃棒摩擦内壁，生成黄色钼酸铵沉淀，说明 PO_4^{3-} 存在 $PO_4^{3-}+3NH_4^++12MoO_4^{2-}+24H^+=(NH_4)_3P(Mo_3O_{10})_4+12H_2O$ 注意：1. 沉淀可以溶于碱或氨水中，所以反应要在酸性条件下进行； 2. 如果存在还原剂，可使 Mo^{VI} 还原为钼蓝而使溶液呈深蓝色，需要预先除去； 3. 与 PO_3^-、$P_2O_7^{4-}$ 的冷溶液不反应，煮沸后由于生成 PO_4^{3-} 而进一步生成黄色沉淀

四、特殊试剂的配制

1. 酚酞（w 为 0.01）指示剂：溶解 1 g 酚酞于 90 mL 酒精与 10 mL 水的混合液中。

2. 百里酚蓝和甲酚红混合指示剂：取 3 份 w 为 0.001 的百里酚蓝酒精溶液与 1 份 w 为 0.001 的甲酚红溶液混合均匀（在混合前一定要溶解完全）。

3. 淀粉（w 为 0.005）溶液：在盛有 5 g 可溶性淀粉与 100 mg 氯化锌的烧杯中，加入少量水，搅匀。把得到的糊状物倒入约 1 L 正在沸腾的水中，搅匀并煮沸至完全透明。淀粉溶液最好现用现配。

4. 二苯胺磺酸钠（w 为 0.005）：称取 0.5 g 二苯胺磺酸钠溶解于 100 mL 水中，如溶液浑浊，可滴加少量 HCl 溶液。

5. 铬黑 T 指示剂：1 g 铬黑 T 与 100 g 无水 Na_2SO_4 固体混合，研磨均匀，放入干燥的磨口瓶中，保存于干燥器内。该指示剂也可配成 w 为 0.005 的溶液使用，配制方法如下：0.5 g 铬黑 T 加 10 mL 三乙醇胺和 90 mL 乙醇，充分搅拌使其溶解完全。配制的溶液不宜久放。

6. 钙指示剂：钙指示剂与固体无水 Na_2SO_4 以 2:100 比例混合，研磨均匀，放入干燥棕色瓶中，保存于干燥器内。或配成 w 为 0.005 的溶液使用（最好用新配制的）。配制方法与铬黑 T 类似。

7. 甲基红（w 为 0.001）：溶 0.1 g 甲基红于 60 mL 酒精中，加水稀释至 100 mL。

8. 镁试剂 I：溶 0.001 g 对硝基苯偶氮间苯二酚于 100 mL 1 mol·L^{-1} NaOH 溶液中。

9. 铝试剂（w 为 0.002）：溶 0.2 g 铝试剂于 100 mL 水中。

10. 奈斯勒试剂：将 11.5 g HgI_2 及 8 g KI 溶于水中稀释至 50 mL，加入 6 mol·L^{-1} NaOH 50 mL 静置后取清液贮于棕色瓶中。

11. 醋酸铀酰锌：溶解 10 g $UO_2(Ac)_2·2H_2O$ 于 6 mL w 为 0.30 的 HAc 中，略微加热使其溶解，稀释至 50 mL（溶液 A）。另溶解 30 g $Zn(Ac)_2·2H_2O$ 于 6 mL w 为 0.30 的 HAc 中，搅动后稀释到 50 mL（溶液 B）。将这两种溶液加热至 70 ℃ 后混合，静置 24 h，取其澄清溶液贮于棕色瓶中。

12. 钼酸铵试剂（w 为 0.05）：5 g $(NH_4)_2MoO_4$ 加 5 mL 浓 HNO_3，加水至 100 mL。

13. 磺基水杨酸（w 为 0.10）：10 g 磺基水杨酸溶于 65 mL 水中，加入 35 mL 2 mol·L^{-1} NaOH，摇匀。

14. 铁铵矾$(NH_4)Fe(SO_4)_2·12H_2O$（w 为 0.40）：铁铵矾的饱和水溶液加浓 HNO_3 至溶液变清。

15. 硫代乙酰胺（w 为 0.05）：溶解 5 g 硫代乙酰胺于 100 mL 水中，如浑浊须过滤。

16. 钴亚硝酸钠试剂：溶解 $NaNO_2$ 23 g 于 50 mL 水中，加 6 mol·L^{-1} HAc 16.5 mL 及 $Co(NO_3)_2·6H_2O$ 3 g，静置过夜，过滤或取其清液，稀释至 100 mL 贮存于棕色瓶中。每隔四星期重新配置。或直接加六硝基合钴酸钠固体于水中，至溶液为深红色，即可使用。

17. 邻菲咯啉指示剂（w 为 0.0025）：0.25 g 邻菲咯啉加几滴 6 mol·L^{-1} H_2SO_4 溶于 100 mL 水中。

18. 硫氰酸汞铵$(NH_4)_2[Hg(SCN)_4]$：溶 8 g $HgCl_2$ 和 9 g NH_4SCN 于 100 mL 水中。

19. 氯化亚锡（1 mol·L^{-1}）：溶 23 g $SnCl_2·2H_2O$ 子 34 mL 浓 HCl 中，加水稀释至 100 mL。

20. 甲基橙（w 为 0.001）：溶解 0.1 g 甲基橙于 100 mL 水中，必要时加以过滤。

21. 银氨溶液：溶解 1.7 g $AgNO_3$ 于 17 mL 浓氨水中，再用蒸馏水稀释至 1 L。

22. 碘化钾—亚硫酸钠溶液：将 50 g KI 和 200 g $Na_2SO_3·7H_2O$ 溶于 1000 mL 水中。

23. α—萘胺：0.3 g α—萘胺与 20 mL 水煮沸，在所得溶液中加 150 mL 2 mol·L^{-1} HAc。

24. 斐林试剂：(1) 溶解 3.5 g 分析纯的 $CuSO_4·5H_2O$ 于含有数滴 H_2SO_4 的蒸馏水中，稀释溶液至 50 mL；(2) 溶解 7 g NaOH 及 17.5 g 酒石酸钾钠于 40 mL

水中，稀释溶液至 50 mL；使用前把等体积的溶液（2）加入溶液（1）中，同时需充分搅拌。

25. 品红（w 为 0.001）溶液：将 0.1 g 品红溶于 100 mL 水中。

五、常用标准溶液的配制与标定

1. 直接配制的标准溶液

标准溶液	配制方法（均使用容量瓶）
0.05000 mol·L^{-1} Na$_2$CO$_3$	5.300 g 基准 Na$_2$CO$_3$ 溶于蒸馏水中（去二氧化碳），稀释至 1 L
0.05000 mol·L^{-1} Na$_2$C$_2$O$_4$	6.700 g 基准 Na$_2$C$_2$O$_4$ 溶于蒸馏水中，稀释至 1 L
0.01700 mol·L^{-1} K$_2$Cr$_2$O$_7$	5.001 g 基准 K$_2$Cr$_2$O$_7$，用蒸馏水溶解，稀释至 1 L
0.1000 mol·L^{-1} NaCl	5.844 g 基准 Na$_2$C$_2$O$_4$ 溶于蒸馏水中，稀释至 1 L
0.02500 mol·L^{-1} As$_2$O$_3$	4.946 g 基准 As$_2$O$_3$、15 g Na$_2$CO$_3$ 在加热下溶于 150 mL 蒸馏水，加 25 mL 0.5 mol·L^{-1} H$_2$SO$_4$，稀释至 1 L
0.01000 mol·L^{-1} CaCl$_2$	一级 CaCO$_3$ 在 110 ℃下干燥，称取 1.001 g，用少量稀盐酸溶解，煮沸赶去二氧化碳后稀释至 1 L
0.01000 mol·L^{-1} ZnCl$_2$	0.6538 g 基准 Zn 加少量稀盐酸溶解，加几滴溴水，煮沸赶尽过剩的溴，稀释至 1 L
0.1000 mol·L^{-1} 邻苯二甲酸氢钾	20.423 g 基准邻苯二甲酸氢钾溶于去二氧化碳的蒸馏水中，稀释至 1 L

2. 需要标定的标准溶液

标准溶液	配制方法	标定方法	
		实验步骤	指示剂
0.1 mol·L^{-1} HCl	浓 HCl 10 mL 加水稀释至 1 L	用本溶液滴定 25 mL 0.05000 mol·L^{-1} Na$_2$CO$_3$。近终点时煮沸赶走 CO$_2$，冷却，滴定至终点	甲基橙
0.1 mol·L^{-1} NaOH	5 g 分析纯 NaOH 溶于 5 mL 蒸馏水中，离心沉降，用干燥的滴管取上层清液，用去二氧化碳的蒸馏水稀释至 1 L	精确称取 2~2.5 g 基准氨基磺酸，用容量瓶稀释至 250 mL，取 25 mL 用本溶液滴定	甲基橙

标准溶液	配制方法	标定方法	
		实验步骤	指示剂
0.05 mol · L^{-1} $H_2C_2O_4$	6.4 g $H_2C_2O_4$ · $2H_2O$ 加水稀释至 1 L	用上面标定好的 NaOH 滴定	酚酞
0.02 mol · L^{-1} $KMnO_4$	约 3.3 g $KMnO_4$ 溶于 1 L 蒸馏水，煮沸 $1\sim2$ h，放置过夜，用四号玻璃砂漏斗过滤，贮于棕色瓶中，避光保存	取 25 mL 0.05000 mol · L^{-1} $Na_2C_2O_4$，加 25 mL 蒸馏水，10 mL 9 mol · L^{-1} H_2SO_4，加热到 $60\sim70$ ℃，用本溶液滴定，近终点时逐滴加入至微红，30 s 不褪色即为终点	自身指示剂
0.1 mol · L^{-1} $FeSO_4$	28 g $FeSO_4$ · $7H_2O$ 加水 300 mL、浓 H_2SO_4 300 mL，稀释至 1 L	用本溶液 25 mL，加 25 mL 0.5 mol · L^{-1} H_2SO_4、5 mL 85% H_3PO_4，用 0.02 mol · L^{-1} $KMnO_4$ 进行滴定	$KMnO_4$
0.1 mol · L^{-1} $(NH_4)_2Fe(SO_4)_2$	40 g $(NH_4)_2Fe(SO_4)_2$ · $6H_2O$ 溶于 300 mL 2 mol · L^{-1} H_2SO_4 中并稀释至 1 L	标定方法同 0.1 mol · L^{-1} $FeSO_4$ 溶液的标定方法	$KMnO_4$
0.05 mol · L^{-1} I_2	12.7 g I_2 和 40 g KI，溶于蒸馏水并稀释至 1 L	a. 本溶液 25 mL，用表中 0.1 mol · L^{-1} $Na_2S_2O_3$ 滴定，指示剂：淀粉 b. 取 25 mL 0.0250 mol · L^{-1} As_2O_3 稀释一倍，加 1 g NaHCO$_3$，用本溶液滴定	淀粉
0.1 mol · L^{-1} $Na_2S_2O_3$	25 g $Na_2S_2O_3$ · $5H_2O$ 用 1 L 煮沸冷却后的蒸馏水溶解，加少量 Na_2CO_3 贮于棕色瓶中，放置 $1\sim2$ 天后标定	取 25 mL 0.01700 mol · L^{-1} $K_2Cr_2O_7$ 加 5 mL 3 mol · L^{-1} H_2SO_4 和 2 g KI，以本溶液滴定	淀粉（要进行空白实验）

标准溶液	配制方法	标定方法	
		实验步骤	指示剂
0.1 mol · L^{-1} $AgNO_3$	17 g $AgNO_3$ 加水溶解并稀释至 1 L，贮于棕色瓶中，避光保存	取 25 mL 0.1000 mol · L^{-1} $NaCl$，加 25 mL 水，5 mL 2% 的糊精，用本溶液滴定	荧光黄
0.1 mol · L^{-1} $KSCN$	9.7 g $KSCN$ 溶于煮沸并冷却的蒸馏水中，稀释至 1 L	取本表中 0.1 mol · L^{-1} $AgNO_3$ 25 mL，加入 5 mL 6 mol · L^{-1} HNO_3，用本溶液滴定	(NH_4) Fe $(SO_4)_2$ · $12H_2O$ 饱和溶液 1 mL
0.1 mol · L^{-1} NH_4SCN	8 g NH_4SCN 加水溶解并稀释至 1 L	同上	(NH_4) Fe $(SO_4)_2$ · $12H_2O$ 饱和溶液 1 mL
0.01 mol · L^{-1} $EDTA$	3.8 g $EDTA$ · $2Na$ · $2H_2O$ 溶于水并稀释至 1 L	取 25 mL 0.01000 mol · L^{-1} $CaCl_2$ 或 0.01000 mol · L^{-1} $ZnCl_2$ 溶液，加 0.1 mol · L^{-1} $NaOH$ 中和后，加 3 mL pH＝10 的缓冲溶液（70 g NH_4Cl 和 570 mL NH_3 · H_2O 稀释至 1 L）和 1 mL 0.1 mol · L^{-1} $Mg-EDTA$，用本溶液滴定	铬黑 T

参考文献

［1］魏琴，盛永丽. 无机及分析化学实验［M］. 北京：科学出版社，2009.

［2］南京大学《无机及分析化学实验》编写组. 无机及分析化学实验（第 4 版）［M］. 北京：高等教育出版社，2006.

［3］伍晓春，姚淑心. 无机化学实验（英汉双语教材）［M］. 北京：科学出版社，2013.

［4］杨芳，郑文杰. 无机化学实验（中英双语版）［M］. 北京：化学工业出版社，2014.

［5］刘静. 基础化学实验［M］. 南京：东南大学出版社，2010.

［6］王新宏. 分析化学实验（双语版）［M］. 北京：科学出版社，2011.

［7］黄应平. 分析化学实验（英汉双语教材）［M］. 武汉：华中师范大学出版社，2012.